兰州新区典型岩土问题研究与工程实践

张恩祥　编著

中国建筑工业出版社

图书在版编目（CIP）数据

兰州新区典型岩土问题研究与工程实践/张恩祥编
著．—北京：中国建筑工业出版社，2022.9
ISBN 978-7-112-27844-2

Ⅰ.①兰…　Ⅱ.①张…　Ⅲ.①岩土工程－研究－兰州
Ⅳ.①TU4

中国版本图书馆 CIP 数据核字（2022）第 158690 号

　　本书以多年来在兰州新区的工程实践为基础，针对工程建设中存在的典型岩土工程问题，通过深度挖掘和系统总结编撰而成。全书共分 8 章，着重阐述了区域地下水位升降变化及其对工程建设的影响评价、暗埋不良地质体的探测与处理、深层地基土工程特性研究与工程潜力挖掘、湿陷性黄土区常规地基处理与特殊的复合地基处理、黄土区大厚度挖填改造场地存在的主要问题及应对措施等五大方面的内容。

　　本书面向广大岩土工程勘察人员，也可供岩土工程设计人员和工程建设管理人员参考。

责任编辑：石枫华　刘颖超
责任校对：张惠雯

兰州新区典型岩土问题研究与工程实践

张恩祥　编著

*

中国建筑工业出版社出版、发行（北京海淀三里河路 9 号）
各地新华书店、建筑书店经销
北京龙达新润科技有限公司制版
河北鹏润印刷有限公司印刷

*

开本：787 毫米×1092 毫米　1/16　印张：14½　字数：359 千字
2022 年 10 月第一版　　2022 年 10 月第一次印刷
定价：**78.00** 元
ISBN 978-7-112-27844-2
（39873）

序 一

甘肃中建市政工程勘察设计研究院有限公司的张恩祥总经理是业界知名专家，扎根西北、深耕"岩土"近40年，专注于岩土工程技术和行业服务的发展，积累了丰富的工程实践经验，他主持完成的兰州中川民用机场扩建工程飞行区详细勘察工程荣获第七届全国优秀勘察设计奖银奖，其中"兰州中川机场暗埋不良地质体探测"工程案例，已由顾宝和大师收录在《岩土工程典型案例述评》专著之中。

由于全国工程勘察行业社团工作的交流，我与张总初识于13年前，其后就岩土工程技术发展问题时有交流。张总在高质量完成工程项目和技术研究的同时，高度重视工程实践的总结。近日，我有幸对张总即将付梓的《兰州新区典型岩土问题研究与工程实践》一书提前一阅，受益颇多。该专著由张总及其团队在深度挖掘和系统总结的基础上编撰而成，是以其在兰州新区的工程实践为基础，针对开发建设中存在的区域性工程问题和在特定复杂场区开拓城市发展空间所遇到的共同性问题，凝练了多方面的工程实践和应用研究成果，无论对岩土工程专业技术人员还是建设单位以及相关专业的教师、学生，都是一部十分难得、具有相当深度和厚度的专业参考文献，这是因为：

1. 专著大力倡导岩土工程应遵循的科学工作方法，其是做一名合格岩土工程师的基础。众所周知，岩土工程（*geotechnical engineering*）是土木工程的一个重要基础性的分支，是结构工程设计的关键组成。但"不走运的是，土是天然形成而不是人造的，土作为大自然的产品始终是复杂的，一旦当我们从钢材、混凝土转到土，理论的万能性就不存在了。天然土绝对不会是均匀的，其性质因地而异，而我们对其性质的认知只是来自于少数的取样点"（近代土力学宗师卡尔·太沙基），因此与结构工程师最大的不同是：岩土工程师必须面对并承担更多理论计算无法精确预测的不确定性及其带来的风险，因为岩土工程师的工作对象和必须妥善处理的风险主要来自因地而异的地质、地貌环境下天然形成或人工随机填筑、组分复杂、工程性状随环境多变的材料。张总及其团队编撰的该部专著坚持将宏观背景与微观问题相结合，首先从区域自然条件、工程地质条件、水文地质条件和建设历史出发，对兰州新区五类典型岩土工程问题进行阐述，我们由此能够全面、正确地认识区域性岩土工程问题的产生特性和理解、借鉴相关工程技术研究成果，如暗埋不良地质体的探测、处理和兰州新区所在黄土地区的大厚度挖填改造场地的治理问题和湿陷性土的岩土工程治理等；同时该专著通过展示岩土工程分析技术、探测技术、取样技术和原位试验等工程勘察手段，大力倡导要获得正确的岩土工程解决方案，就必须采用"理论导向＋实测定量＋工程判断＋检测验证"（刘建航院士）的系统方法。

2. 专著明确导向扎实研究和持续创新，其是岩土工程技术服务业发展的根本。张总及其团队在专著中分享的工程实践和新技术应用研究成果为业界同仁和相关单位提供了富有价值的区域性经验和重要技术指引，专著紧密结合随社会发展涌现的新挑战和新问题开展了深入研究，不断促进探索行业服务技术的发展和服务水平的提升，如特殊不良地质体的探测技术、地下水位动态变化的预测分析技术、深层土和新型地基基础的测试与试验等，无疑具有更重要和长远的意义。

3. 专著提供的问题案例总结及专业建议，具有重要的科学价值。 很多文献、文章介绍的成果，通常只包括"成功""优点""优势"的一面。张总及其团队在专著中坦诚剖析了大厚度挖填改造场地在工程建设实践中出现的问题，是十分难得的，其体现出岩土工程师应该始终坚持的科学态度。他们所总结的兰州九类削山造地建设中存在的主要工程问题，对涉及岩土工程的问题提出具体的应对措施建议，并从规避岩土工程和环境风险的专业层面，对土地开发的系统性规划、造地标准要求、土地开发监管与验收等提出了良好的建议，体现了岩土工程专业技术服务更加广泛的价值存在。

岩土工程技术服务（*geotechnical engineering services* 或 *geotechnical engineering consultancy activities*）在国际上早已成为行业划分标准（SIC：*Standard Industry Classification*）中的专业技术服务门类之一，如联合国统计署的 CPC86729、美国 SIC 的 871119/8711038、英国 SIC 的 M71129。以 1979 年完成的国际调研为基础，由当年国家计委、建设部联合主导，我国于 1986 年开始正式"推行'岩土工程体制'"，明确"岩土工程"包括岩土工程勘察、岩土工程设计、岩土工程治理、岩土工程检测和岩土工程监理等与国际接轨的岩土工程技术服务内容，并在 1992 年颁布的《工程勘察资格分级标准》（建设部〔92〕建设资字第 25 号）的总则中加以特别说明。经过政府主管部门、行业协会和业界企业 30 多年的不懈努力，我国市场化的岩土工程技术服务体系基本建立起来，包括技术标准、企业资质、人员执业资格及相应的继续教育认定等，促使传统的工程勘察行业的内涵发生了显著的变化，实现了服务能力和产品价值的巨大提升。通过岩土工程技术服务体系，全行业为社会提供了前所未有、十分广泛和日益深入的专业服务价值，创造了显著的经济效益、环境效益和社会效益，科技水平和解决复杂工程问题的能力获得大幅度的提升，满足了国家建设发展的时代需要。住房和城乡建设部在新发布的《"十四五"工程勘察设计行业发展规划》中明确：将进一步推行岩土工程专业体制，主要包括提升岩土工程在工程建设全过程的专业集成化服务价值，推动勘察企业提供岩土工程勘察、设计、施工、监测一体化服务；发挥注册土木工程师（岩土）在岩土工程技术服务中的主导作用，落实执业责任；强化岩土工程原位测试、检测监测先进技术应用等，为传统"工程勘察行业"的发展确定了正确的方向。

在此，特别感谢为本专著付出辛勤劳动与智慧的张总及其团队同仁，并借为本专著拟序的机会，希望业界和全社会对"工程勘察行业"的转型发展和"岩土工程技术服务"的认知能够更加全面和不断深入，共同促进行业的健康可持续发展，使其为社会、为客户不断创造出新的更大价值。

全国工程勘察设计大师
中国勘察设计协会监事长
中国勘察设计协会 岩土工程与工程测量分会会长
2022 年 7 月 22 日

序 二

说起兰州新区的选址建设，就想起了新区建设之前，兰州市为了摆脱市区狭窄地形的限制，谋求城市发展新空间，向城区外围黄土梁峁沟谷扩展建设用地的曲折历程。

1986年，还是一片荒山秃岭的罗锅沟内，数十台推土机轰鸣着开始挖山填沟造地，成为兰州市先行先试的九州土地开发区。由于当时缺乏对土地开发工程的经验，土地规划与管理工作滞后，土地开发主体单位存在片面追求经济效益的倾向，未能遵照工程建设程序稳步推进，对开发施工前期的基础性勘察设计工作不够重视，已经完成的规划阶段的勘察工作半途终止，提交的土地利用规划和填挖施工建议也未能发挥应有的作用。前期开发的土地卖出后，不断产生填方地基下沉和建筑开裂事故，造成对土地开发区质量信誉的损害和严重的经济损失。

零星开发的城市建设用地，位置分散，可用面积狭小，并不能满足兰州市日益发展的大规模经济建设需求。二十年后的2008年，兰州市引进土地开发投资商，提出对兰州北部黄土丘陵山区大面积填挖整平后，建设青什、沙中两个片区的设想，并进行了规划前的工程地质勘察和地质灾害调查工作。两个片区的大面积填挖整平方案引起了媒体的重视，同时也引起了专家学者们对大面积填挖工程的可操作性和环境影响的质疑。

2010年市政府委派兰州市土地调配中心在九州开发区管委会召集大专院校和科研单位教授专家，对兰州城市发展用地决策方向进行了讨论，根据前期南北山区小规模填挖工程的经验教训，分析了大填大挖形成大面积城市建设用地实施的难度，主要在于工程规模浩大，投资困难，填挖施工条件差，用地规模和填方质量不能保证，破坏原始地貌带来的排水与环境后遗症问题等，会后不久就传来了以秦王川作为选址方案的兰州新区挂牌成立的消息。至今，兰州新区飞速发展已经十多年了。

兰州新区建设工程场地核心部位原为干旱的秦王川冲洪积盆地中下游农田，浅部地层存在次生黄土的湿陷性、人类活动形成空洞塌陷体和农田灌溉渗漏影响等不良地质现象。深部自北向南沉积了大厚度粗细颗粒相间分布比较杂乱的地层，常规勘探方法不容易查明地层分布与性状，地基土的多变性与不均匀性增加了勘察设计工作的难度。

由于环境工程地质条件与兰州城区有不同的特点，新区勘察设计与施工过程中，出现了一些被困扰的特殊岩土工程问题，曾经成为工程勘察设计讨论的热点。本书通过对兰州新区各类工程勘察与试验测试工作成果的汇总分析，有了比较明确的认识，积累了一些新的技术、方法、经验，对这些热点问题作了总结与解答，也算是本地区岩土工程勘察设计技术的一些进步吧。

1. 适用于冲洪积粗细颗粒相间地层的勘探取样方法和测试手段的改进

在粗细颗粒相间的冲洪积场地勘察时，工作方法不能墨守成规单纯追求工作效率和经济效益。改进钻探取样方法，保证样品质量，同时积极采用综合测试手段和有效的原位测试技术，力争为准确评价各层岩土的工程特性提供可靠依据。

本书介绍了在深部岩土地层采用多重管取样技术和进行旁压试验，对原状样品试验和旁压试验成果进行深入分析，取得了可信的物理力学性质指标，为深部地基土承载力与变形设计参数的评价提供了可靠依据。取样技术的改进和现场原位测试设备的应用，拓宽了勘察工作对地基土工程性质的研究手段，摆脱了样品试验成果不可信、地基评价拍脑袋的现象，充分挖掘了地基潜力，值得推广。

2. 优化大厚度冲洪积地层上地基持力层选择和基础选型的探索

以粗颗粒为主的大厚度冲洪积地层分布不均匀，对浅基础的不均匀沉降不放心，深基础找不到连续稳定且有足够厚度的端承桩持力层，设计从安全可靠角度出发，只好采用以深部泥岩为持力层的超长端承桩基础。根据建筑物设计要求经济合理地选择地基基础形式，是勘察设计人员面临的新课题。地基处理和持力层选择以及建筑物基础优化选型，成为影响建设进度与经济效益的重点。

本书介绍了在机场工程场地，浅部湿陷性土和冲洪积成因不均匀地层中进行的地基处理试验研究成果。试验采用的单一桩型与多桩型复合地基，在消除湿陷性的同时提高地基的承载与变形控制能力，为新区高层建筑与重要建筑物地基基础设计探索了新路。

3. 深部岩土物理力学性质指标评价和桩基设计理念的进步

在兰州城区，建筑物多采用稳定可靠的卵石、软岩持力层上的桩基础，设计习惯于按端承桩基础验算单桩承载力，桩身侧阻力作为安全储备常被忽略。而在兰州新区粗细颗粒相间的冲洪积场地上，桩身侧阻力的利用和发挥，是选择桩型、确定桩长、优化桩基设计的关键，但由于对深部岩土取样测试困难，物理力学性质评价缺乏依据，桩基设计需要的岩土参数定量指标，勘察评价建议的和设计人员采用的，都习惯于依据规范提供的经验值。

本书介绍了通过取样技术的改进和测试设备的应用，拓宽对深部地基土工程性质的研究手段，对通过试验测试取得的设计参数与规范推荐值进行了对比，同时还进行了不同长度不同护壁方式的灌注桩荷载传递性状及桩身应力测试的研究，准确评价深部地基土的变形与桩基设计参数，为认识超长桩的受力机理，在桩基设计中合理选择桩型发挥桩身侧摩阻力的潜力，提供了科学依据。

4. 地下暗埋不良地质体问题

历史上秦王川盆地中下游农田无规律分布有压砂保墒形成、后来农田灌溉后部分塌陷的暗埋采砂坑洞（统称不良地质体），早期机场建设时对跑道站坪造成过危害。兰州新区建设初期，标准较低的道路出现过路基下沉路面开裂现象，后期这一隐患问题并未凸显而未受到重视，许多勘察报告中也未涉及是否存在不良地质体问题。其原因是场地整平后原始地貌已经破坏，勘察阶段未能采用综合勘探测试手段深入查明，施工过程中地下暗埋不良地质体或被挖除，或只能在被发现后随机处理。

本书介绍的机场建设过程中查明和处理暗埋不良地质体的经验，是综合应用各种现场原位测试技术，经过多年探索研究的成果，也是勘察技术的进步。类似问题在其他工程场地也可能遇到，综合应用各种物探方法普查后，采用钻探或原位测试手段进行验证或检测，是值得借鉴的工作方法。

5. 湿陷性黄土场地与地基处理问题

在新区中部冲洪积盆地中下游的上部覆盖着厚度不大的次生黄土，一般属于轻微—中等湿陷性场地。如果重要建筑物场地与地基经过挤密处理消除湿陷性后，采用复合地基或桩基础仍然不能满足荷载与变形要求时，提高地基承载力降低沉降变形就成为勘察设计的主要工作目标。本书介绍了机场航站楼工程湿陷性黄土场地上，采用刚-柔性桩复合地基试验研究的成果，组合型复合地基应用是地基基础设计的成功范例。

　　兰州新区东部黄土丘陵区场地填挖整平后，填方区遇到湿陷性与压缩性控制问题，挖方区也存在大厚度原生黄土湿陷性处理深度和满足规范剩余湿陷量问题，这些都是兰州城区高阶地和土地开发区的同类问题，需要今后继续慎重对待认真研究的问题。

　　总之，《兰州新区典型岩土问题研究与工程实践》一书，是在多年工程实践经验的基础上，对新区勘察设计工作经验的总结。全书系统地论述了兰州新区的自然条件和环境地质概况，分析了建设过程中存在的主要岩土工程问题，重点介绍了应用勘探测试新技术对冲洪积地基土进行勘察评价的经验和地基基础设计施工新方法的研究成果，理论与实际相结合，资料丰富，数据翔实，是对兰州新区工程建设作出的贡献，可作为勘察设计人员在兰州新区勘察设计和研究工作中的参考。

教授级高级工程师

2022 年 5 月 6 日

前　言

兰州中心城区地处狭长的黄河河谷盆地内，受南北两山相夹的地形限制，呈典型的线状城市形态，城市空间极其有限，严重制约了兰州市的社会经济发展，削弱了兰州市作为区域中心城市应具有的聚集与扩散效应。拉大城市框架，建设兰州新区，走城市空间跨越式发展之路成为必然选择。

兰州新区是经国务院批准于 2012 年设立的，是西北地区第一个国家级新区，也是继上海浦东、天津滨海、重庆两江、舟山群岛四个国家级新区后，我国第五个国家级新区，新区位于兰州西北方向的秦王川地区，规划控制面积 806km^2。

甘肃中建勘察院自 20 世纪 60 年代末，开始涉足秦王川地区的工程地质勘察工作，20 世纪 90 年代初至今，伴随着以兰州中川国际机场为核心的航空港区的建设和兰州新区的城市建设，又广泛地参与了该地区内民航机场、水利防洪、房屋建筑、市政基础设施、土地开发利用等建设工程的岩土工程勘察、岩土工程设计、岩土工程咨询、岩土工程治理、岩土工程检测与监测等工作，获取了大量的基础性勘测成果和验证性检测与监测资料，同时，结合工程实践开展了深入的专题研究，获得了一些新的研究进展，取得了一些实用性成果。

随着兰州新区城市建设的快速发展，越来越多的勘察设计和施工企业相继承揽兰州新区的建设工程项目，参与工程建设的勘察设计人员迫切希望全面系统地了解兰州新区的基本条件和前期的工程建设经验与教训，为此，甘肃中建勘察院在系统总结和全面梳理的基础上，编撰了《兰州新区典型岩土问题研究与工程实践》一书。

本书共分 8 章。第 1 章简要介绍了在兰州新区工程建设过程中取得的主要研究成果。第 2 章介绍了兰州新区的建设背景、地质概况和历史研究程度，归纳简述了五大方面的典型岩土工程问题。第 3 章详细阐述了地下水位的上升预测，在此基础上，得出不影响实际工程的明确结论，提出应结合现状进一步完善动态监测网的建议。第 4 章介绍了暗埋不良地质体的特点和探测技术与探查评价方法，强调多种方法综合探测。第 5 章阐述了深部地基土高质量取样方法、原位测试技术和新型桩基检测技术的应用及效果。第 6 章阐述了湿陷性黄土区常规的地基处理方法及其工程实践。第 7 章介绍了在湿陷性黄土区开展的刚-柔性桩复合地基试验研究和取得的主要研究成果。第 8 章介绍了兰州新区削山造地的发展历程及经验教训，归纳总结了 9 类削山造地建设中存在的问题，提出了应对措施建议。

本书由张恩祥主持编著，项龙江、龙照、何腊平、刘若琪、曹程明、郭志元、王淼、王通、王沈力、蒋宗鑫、李伟利、李小伟、沈秋武等同志共同参与编写。

本书所涉工程案例，均是甘肃中建勘察院广大工程技术人员在兰州新区的切身实践，感谢他们付出的辛勤劳动，感谢他们为本书的编著提供了丰富翔实的工程实践素材。

华遵孟老先生对编撰此书提出了殷殷期望和指导思路，对书稿进行了审阅，并提出了宝贵的意见，在此表示诚挚的谢意。郭志元、彭丽娟进行了书稿的校核、图表整理、出版编辑等方面工作，在此一并表示感谢。

本书凝聚了甘肃中建勘察院三代岩土人的智慧结晶，编撰此书，供参与兰州新区建设的广大岩土工程从业者参考借鉴，也谨以此书献给兰州新区的拓荒者和建设者们！

由于水平有限，时间仓促，书中难免有不妥之处，敬请读者批评指正。

目　录

第1章

绪　言

　　兰州是甘肃省的省会所在地，地处西北地区发展的轴心地带——西陇海兰新经济带中段的中心，是一带一路国家大战略下西北地区发展的战略性节点，起着东部地区、中部地区和西南地区联系大西北的桥头堡作用和通往新疆、青海、西藏等边远地区的重要枢纽作用。建设以兰州为中心的都市圈，是兰州城市空间发展的客观要求，是西部大开发区域中心城市建设的必然选择，也是发挥区域中心城市聚集与扩散效应的重要途径。

　　然而，兰州的中心城区处于东西向狭长的黄河河谷盆地内，受南北两山制约，城市建设用地与环境容量有限，百万人口级别的大城市规模已经接近饱和。特别是 20 世纪 50 年代以来，兰州作为国家石油化工和冶金基地来建设，使其成为新兴的工业城市，环境压力较大，不允许在城区继续大量发展工业。20 世纪 80 年代起，兰州城区曾试图走蔓延式外扩发展之路，尤其是九州开发区、大青山开发区以及向高坪寻求城市建设用地的探索，或是以失败告终，或是发展容量有限，不足以彻底解决城市建设用地问题，这就从客观上要求兰州的城市发展必须加强都市圈和城市群发展理论支撑下的有机疏散，走城市空间跨越式发展之路。

　　秦王川地处兰州、白银两市的结合部和兰州、西宁、银川三个省会城市共生带的中间位置，是兰州周边最大的一块高原盆地，空间开阔，地势平坦，非常适宜大规模开发建设，是兰州市待开发的最大的土地后备资源区，因而成为兰州开拓城市发展空间，跳出老城建设新区，跨越发展再造兰州的确定之地。

　　2010 年 11 月，甘肃省以秦王川为主区域的兰州新区挂牌成立。2012 年 8 月，国务院印发了《国务院关于同意设立兰州新区的批复》，兰州新区继而成为全国第五个、西北第一个国家级新区，被赋予"西北地区重要的经济增长极、国家重要的产业基地、向西开放的重要战略平台和承接产业转移示范区"的战略定位，自此，总面积达 1744km^2 的兰州新区进入了快速发展阶段，以国际航空港、铁路口岸、先进装备制造、绿色化工、新材料、生物医药、新能源汽车、数据信息、贸易物流、文化旅游等优势产业为主的一大批工程建设项目陆续落地。

　　兰州新区所处的秦王川，除以兰州中川国际机场为核心的国际航空港发展区外，其他区域历史上多为未经开发之地，局部的建设区域开发强度也极低，对本区域的工程地质、水文地质、环境地质等方面的系统性研究尚较为空白。在城市建设过程中，陆续出现的地下水位升降变化及其对工程建设的影响评价、暗埋不良地质体的探测与处理、深层地基土工程特性研究与潜力挖掘、大厚度湿陷性黄土地基处理与大厚度挖填场地治理等问题，已成为兰州新区开发建设的区域性工程问题，有些也是在其他复杂场地开拓城市发展空间所遇到的共同性问题。因此，通过结合工程实践开展相关问题的研究，明确赋存环境和环境条件，找出变化规律，提供准确可靠的工程性质参数，作出经济合理的工程评价，提出应对措施建议，对兰州新区的城市建设和工程建设具有重要的支撑作用。

甘肃中建勘察院自 20 世纪 60 年代末，开始涉足秦王川地区的工程地质勘察工作，20世纪 90 年代初至今，伴随着以兰州中川国际机场为核心的航空港区的建设和兰州新区的城市建设，又广泛地参与了该地区内民航机场、水利防洪、房屋建筑、市政基础设施、土地开发利用等建设工程的岩土工程勘察、岩土工程设计、岩土工程咨询、岩土工程治理、岩土工程检测与监测等工作，获取了大量的基础性勘测成果和验证性检测与监测资料，不仅为兰州新区的工程建设提供了高质量技术服务，也为系统地认识和分析兰州新区存在的主要区域性工程地质问题打下了基础。同时，结合工程实践，对该区域内典型的环境地质问题与岩土工程问题进行了较为深入和系统的研究，获得了一些新的研究进展，取得了一些实用性成果。总结甘肃中建勘察院在兰州新区工程建设过程中形成的有关岩土工程方面的经验、方法、理论、施工工艺、试验及检测技术和研究成果，主要有如下几个方面。

1. 区域地下水位变化趋势分析

秦王川历史上是甘肃省中部的干旱地区之一，水资源匮乏严重制约了当地的社会经济发展。20 世纪 70 年代开始，甘肃省分期实施了一项跨流域大型调水工程——引大（大通河）入秦（秦王川）灌溉工程，将水量丰沛的大通河水跨流域调至秦王川地区的自流灌溉工程，设计年引水量 4.43 亿 m^3，其中，农业供水量 3.86 亿 m^3，农村生活供水 0.14 亿 m^3，其他供水 0.43 亿 m^3，总灌溉面积 97.973 万亩。

随着"引大入秦"灌溉工程的逐步实施和全面配套，灌溉面积和用水量逐年增加，秦王川地区的面貌发生了根本性变化，该区域逐渐成为甘肃省重要的灌溉农业区。但同时，随着灌溉回归水的不断入渗和补给地下水，地下水自北向南径流运移过程中，受秦王川特殊的盆地构造形态所控制，在秦王川盆地南部区域出现了地下水位上升、土地沼泽化与湿地化、土壤次生盐渍化等一系列环境地质条件的变化，地下水位上升及其影响成为该区域工程建设必须考虑的问题。

1994 年至 1996 年，甘肃中建勘察院以兰州中川民用机场扩建工程为工程建设背景，开展了秦王川盆地的环境水文地质条件研究工作，该项研究工作以秦王川盆地水文地质调查与地下水位变化趋势分析为立足点，在充分收集整理前人成果资料的基础上，结合对秦王川盆地进行的全面调查研究以及地下水补、径、排条件，首先采用水均衡要素分析计算和水均衡计算，验证了各均衡要素的分析计算是比较合理和准确的，计算方法及计算参数能够正确地反映客观实际。其次，利用多年的地下水动态观测资料，建立了整个秦王川盆地地下水渗流场数学模型，通过地下水数值模拟计算和数学模型的校正与验证，确定了可靠的数学计算模型，提出了在引大入秦灌溉工程逐步实施的条件下，秦王川盆地内和兰州中川机场范围地下水位 5、10、15 年后的变化趋势。

2. 暗埋不良地质体探查技术

兰州秦王川盆地原为干旱农业区，历代农民旱田耕作时，为减少蒸发，就地开挖明坑、竖井和平巷，开采砂砾石，在农田中压砂保墒。因挖砂采空，在地下形成了大小、深度和形状各异的砂坑、砂井和砂巷。后期旱作农田平整改造为水浇地时，破坏了原始赋存条件，原有采砂明坑和竖井被填埋后，由于灌溉水入渗，不断引起采空区和填埋区的塌陷和沉陷，形成了各类暗埋的不良地质体，工程实践中，暗埋不良地质体的探查具有很大的技术难度，主要有三个方面的原因：

一是分布与成因的随意性：由于农民采砂活动随意性很大，形成的砂坑、砂井与砂巷位置形态与规模大小没有规律，不像人防、煤窑开挖那样有一定的方向、足够的延伸长度和比较稳定的原始状态。

二是后期演变的复杂性：砂巷、砂坑的原始形态不规则，在后期人类活动影响下，原始形态又不断产生变化，在平田整地时原有砂坑、砂井被填埋，地面平整不留遗迹，在灌溉水入渗后，采空区顶板黄土不断坍落，部分坍至地表后又再次回填。经过坍落、浸水、回填等后期演变，暗埋不良地质体的空洞大小、充填物质成分、密度、湿度情况各不相同。

三是缺乏明显的探测物性条件：由于采空区体积小，后期坍落演变情况复杂，空洞或软弱体与周围正常地层物性差异不明显，缺乏像岩溶空洞那样明显的探测物性差异，大大增加了采用工程物探方法探测的难度。

兰州秦王川盆地内分布的这一特殊的暗埋不良地质体，是工程建设存在的重大安全隐患，也是工程勘察的重点和难点。甘肃中建勘察院通过在诸多工程中的不断探索、研究和实践，总结出了一套较为行之有效的探查方法，即暗埋不良地质体探查工作应坚持多种方法综合探查的原则，以植物生长调查与访问为先导、物探方法有效性验证为基础、多种物探方法综合分析为异常普查与详查手段、钻探或触探为验证手段的工作步骤和方法，多种技术取长补短，相互印证，相辅相成，达到了效果好、工作量小、经济而快速的良好效果。

3. 深层地基土工程特性研究

兰州新区所处的秦王川盆地开发建设相对较晚，兰州新区设立前，该区域的工程建设规模普遍较小，所涉及的岩土层和工程勘察的目标层也主要为30m以下的浅的地层，而对深部地基土工程特性的研究，受限于工程需求的不充分、取样质量的不可控性、测试手段的单一性、试验方法的局限性等因素，其研究水平普遍不高，为工程设计提供的岩土参数的裕度偏大，导致理论计算结果与工程实测结果相差数倍，影响了工程的经济合理性。兰州新区成立后，新区的城市建设进入快速发展阶段，工程建设规模也逐渐向高、深、广、大发展，涉及的岩土层也逐渐向深部地层延伸，充分认识深部地基土的工程特性，为工程经济合理、安全可靠的设计提供准确的岩土参数，成为开展深层地基土工程特性研究的重大推动力。

在研究过程中，主要有两条不同的技术研究路线，一是以研究地基土强度为主、变形为辅的原位测试技术路线，采用分层旁压试验原位测试为主、载荷试验进一步核验的综合评价方法；二是以研究地基土变形为主、强度为辅的土工试验技术路线，主要通过改良钻进工艺和取样方法提高取样质量，对比分析不同取样方法对试验成果的影响程度。最后，将两条技术路线所获得的对应参数进行综合评估，确定合理的原位测试计算公式中的修正系数。

通过结合工程实践开展的深层地基土工程特性研究，对秦王川盆地典型的深层地基土的工程特性有了新的认识，主要岩土参数均有明显的提高，与以往的认识相比，饱和黏性土的变形指标提高了1～2倍，强度指标（承载力特征值）提高了1.0～1.5倍，其他岩土层的相关指标也有不同程度的提高，以此研究成果进行的工程设计得到了实体工程的验证，不仅经济效益明显，而且是安全、可靠的。

4. 钻孔灌注桩桩基试验研究

随着兰州新区建设的快速发展，钻孔灌注桩在各类建设工程中的应用越来越广泛，以深层地基土和泥岩层为桩端持力层的长桩及超长桩的应用也越来越多，限于对长桩及超长桩在深层地基土中桩基荷载传递机理的认识不足，根据常规勘察所提供的岩土参数进行桩基设计的单桩竖向承载力计算值与实测值之间的矛盾日渐凸显，也引来了工程相关方对桩基设计岩土参数准确性的质疑。

目前，工程中多采用桩基载荷试验来验证和优化桩基设计；而在地层结构复杂多变的情况下，仅依据有限的桩基载荷试验确定的单桩竖向承载力来优化设计，存在不确定性增加、可靠度降低的工程风险。因此，开展以桩身内力测试和桩基荷载传递机理研究为主的桩基试验研究，是一种行之有效的技术思路。既能充分认识各层桩侧土的侧阻力性状与成桩效应，也能充分认识桩端土端阻力性状与成桩效应，从而解决由于地层结构复杂多变所带来的不确定性与可靠度问题。

工程实践中，甘肃中建勘察院采用分布式光纤法，测试和研究不同桩身截面处的桩身内力分布和桩侧土的侧阻力发挥状况。结果表明，对于长桩及超长桩，试桩在整个抗压静载试验过程中，所有地层桩身侧摩阻力均有发挥，除部分地层侧阻力达到极限外，多数地层侧摩阻力随加载量增加而逐渐增大，未达收敛状态，实际测试的侧阻力普遍高出勘察建议值2.0～3.0倍。而在桩端土方面，长桩及超长桩的桩端阻力占加荷总量的比例最大不超过10%，呈现端承摩擦桩和摩擦桩受力特征。

5. 湿陷性黄土区的刚-柔性桩复合地基试验研究

兰州新区广泛分布湿陷性黄土，工程建设过程中，又高又重的大型建筑对地基处理的要求越来越高，单一的地基处理方法已无法满足工程需要；而组合型复合地基技术由于能综合多种桩体的优点，充分发挥土体及桩体材料的工程特性，可以经济、合理地解决这一矛盾。为此，甘肃中建勘察院综合挤密桩消除黄土湿陷性和刚性桩提高承载能力的优点，开展了由刚性桩和土桩组成的二元（刚-柔性桩）复合地基处理湿陷性黄土的承载变形特性和作用机理研究，具体内容包括自重湿陷性场地复合地基足尺试验、刚-柔性桩复合地基承载变形机理分析、刚-柔性桩复合地基处理湿陷性黄土工程参数研究三个方面。

在自重湿陷性场地复合地基足尺试验方面，分别开展了素土桩复合地基、灰土桩复合地基、刚性桩复合地基、刚-柔性桩复合地基足尺试验。通过试验结果，对比分析不同桩体复合地基处理效果，重点研究了刚-柔性桩复合地基承载特性。

在刚-柔性桩复合地基承载变形机理分析方面，结合已有的研究资料和足尺试验成果，针对其受力特性，深入研究了其承载破坏全过程的桩、土共同作用原理、刚性桩和柔性桩荷载传递机理、变形发展模式、破坏模式以及复合地基荷载沉降曲线特征等。

在刚-柔性桩复合地基处理湿陷性黄土工程参数研究方面，基于岩土理论，结合试验资料研究桩间土加固后密度、含水率、黏聚力指标的变化对复合地基承载力的影响幅度，确定相应参数的修正系数，考虑桩土相互作用，提出简单实用的多元复合模量的确定方法。

研究结果表明，素土挤密桩兼有挤密和置换湿陷性黄土的作用，挤密处理改善了土体性质，消除了地基湿陷性，初步提高地基承载力，消除了负摩阻力影响，同时挤密后的地基土侧摩阻系数得到了提高。采用强度高的刚性桩进一步加固素土挤密桩复合地基，刚性桩可将上部荷载传递至湿陷性黄土以下较坚硬地层，从而大幅度提高原挤密地基的承载力并使地基变形得到有效控制。

研究结果还表明，褥垫层的设置改善了桩土共同作用特征，减少了刚性桩的应力集中，使素土挤密桩、桩间土在初始加荷阶段便参与了承担荷载，改良了复合地基的工作性能，对保证桩土共同承担荷载起着明显的效用，是保证桩土共同作用形成复合地基的一项重要措施。在褥垫层作用下，刚性桩-素土挤密桩复合地基 p-s 曲线呈缓变型，设计中可采用"沉降控制"的原则确定地基承载力特征值。

6. 大厚度挖填改造场地主要问题及应对

兰州新区周边为黄土丘陵区，该区域的工程建设均需要在土地综合开发整治的基础上进行，这一过程将形成区域广大、规模可观的大厚度挖填改造场地，由于兰州在黄土丘陵区的开发经验不足，相关研究工作滞后，兼之历史上鲜有成功案例可以借鉴，一些大厚度挖填改造场地上的工程建设出现了各种各样的问题，究其根源，均与挖填改造场地未经很好的治理有密切关系。总结经验教训，主要有以下几方面值得引起重视的问题：

一是土地开发缺少科学的标准要求，挖填无序，造地标准低，致使形成的大厚度挖填改造场地，普遍具有填土性质差、填方体沉陷显著、工程地质条件更加复杂多变的特点。

二是土地开发缺少系统性的规划，总体布局不合理，开发时序欠统筹，防洪工程设计缺失等，致使地质环境趋于恶劣，一定程度上加剧了暴雨所引发的诸如洪水、泥流、塌陷、边坡失稳等次生灾害及不良地质作用的发生。

三是土地开发忽视工程改造与环境的相互影响，黄土地区挖填场地不仅改变了原始地形形态，也改变了场地的水文地质环境；反过来，这些变化也会以地下水位上升、地表水侧向入渗和地面长期积水垂向入渗等形式对岩土性质产生影响，造成场地与地基的稳定性变差、地基土的工程性质发生显著变化，在工程使用阶段场区地面塌陷现象较为严重。

四是大厚度挖填改造场地上填土的地基处理难度大，不仅缺乏相关的研究，更缺乏成功的实体工程的检验，因此，限制了大厚度填方区域的开发利用。即使对于必须涉及的浅表线状工程和面状工程，事故率也大幅增加。

基于历史经验教训，为应对在大厚度挖填改造场地上普遍存在的问题，在政府层面一是要加强土地开发的系统性规划及造地标准要求的制定，二是要强化土地开发的监管力度和指标化验收。在工程建设层面，应因地制宜地加强布局设计，建筑物尽量布设在挖方区，填方区进行建设时，应对填土进行全深度地基处理。采用单一的工程处理措施难以满足工程要求时，应根据大厚度填土以及湿陷性黄土的特性和工程要求，采用防排水、场地治理、地基处理、地基基础设计的综合措施，防止对建设场地及其上建筑物产生危害。

上述几方面的研究，是甘肃中建勘察院伴随兰州新区十余年的发展，针对兰州新区开发建设中存在的区域性工程问题和共同性问题，紧密结合工程实践所进行的研究和探索。通过对相关问题的认识，找出其原因和本质，探求新的方法和原则，以满足地基土工程特性研究的需要，为工程经济合理、安全可靠的设计提供高质量的依据，是开展研究的主要目的。这些研究成果有力支撑了有关工程的建设，对兰州新区的其他建设工程也具有参考、借鉴作用。同时，也应该清醒地认识到，对部分问题的研究尚需要进一步拓展和深入，获取更大的成果，为兰州新区的城市建设增光添彩，这是我们的真切期望，更是我们的奋斗目标。

第 2 章

兰州新区建设背景与区域地质概况

2.1 兰州新区工程建设发展概况

2.1.1 兰州新区的由来

兰州是全国唯一的黄河穿城而过的省会城市，其中心城区位于狭窄的黄河河谷地带，河谷两侧横卧着两条延绵不绝的山脉，跟全国其他地处河谷地带的城市一样，在空间发展上都受到河谷地形的制约。相比之下，兰州河谷盆地是一个串珠状菱形河谷盆地，东西狭长、约 60km，南北极为狭窄，最宽处不足 5km，最窄处仅 1km 左右，因此，兰州所受的空间制约更为特殊，在全国罕见，城市面积的发展也极为缓慢。根据统计资料，20 世纪 70 年代初，兰州的城市面积便已经达到了 126km²，而在 40 余年过去后，周边省份的许多城市面积已经实现了好几番的增长，兰州的城市面积却只有 220km² 左右，远远落后于同级同区域的其他城市，对兰州市的经济发展形成了严重制约。在兰州城关区，其平均人口密度达到了每平方公里 2 万人，而核心区人口密度更是突破每平方公里 5 万人，不仅在西部，即便放在全国范围来看，也属紧凑程度最高的城区之一。

走出河谷寻找城市发展的新空间，摆脱地理位置的限制，消除产业发展受到的城市空间制约，成为兰州最为急迫的事情。然而从现实来看，兰州市往南、往北，都是连绵的山脉和山地，兰州新城区的选址，相对可操作的只有东部的榆中盆地和西部的秦王川盆地两个选择。东部的榆中盆地，是甘肃传统农业区，人口密集，再加上和平镇已几无空间，定远、夏官营、三角城等处空间也不大，土地资源依然有限，且与甘肃其他城市的串联并不方便，因此并非优选之地。西部的秦王川盆地，平坦地带面积约 440km²，加上盆地外围低缓的荒山丘陵未利用地，可开发总面积达 800km² 以上，土地资源十分丰富；兼之，地处兰州、白银两市的结合部和兰州、西宁、银川三个省会城市共生带的中间位置，区位优势明显；引大入秦工程的正式投运保证了比较充足的水资源，以航空机场为区域枢纽所构建的交通与通信等基础设施条件较好，已有一定的产业基础。因此，秦王川地区成为兰州新城区发展的佳选之地和主区域之一，也将成为后来兰州新区的核心区域。

2009 年 12 月，国务院正式批复《甘肃省循环经济总体规划》。这是我国第一个由国家批复的区域循环经济发展规划，实现了循环经济由理论到实践的重大突破。2010 年 5 月，随着国家新一轮西部大开发战略的实施，国务院办公厅出台了《关于进一步支持甘肃经济社会发展的若干意见》，肯定了甘肃在全国的重要战略地位，并明确提出"要积极推进兰州新区发展"。自此，甘肃省以"中心带动、两翼齐飞、组团发展、整体推进"的区域发展战略和跨越式发展新部署进行深入实施阶段。兰州的发展也由此获得了前所未有的机遇，于2010年8月适时提出了开发秦王川、建设新城区的"再造兰州"战略；同期，兰州新区经国务院正式批准设立并挂牌，兰州市成立了兰州新区管委会；之后，为了加快兰州新区建设，兰州市按照省委要求，对兰州新区管委会的管理体制进行调整，成立了兰州新区党工委和管委会筹委会，兰州新区成为又一个甘肃省的新开发区。

2012年年初，国家发改委发布《西部大开发"十二五"规划》，将兰州新区列入西部地区重点建设的城市新区之一，兰州新区的发展进入了国家视野。2012年8月20日，国务院印发了《国务院关于同意设立兰州新区的批复》，批复甘肃省《关于设立兰州新区的请示》，同意设立兰州新区。由此，兰州新区成为西北第一个国家级新区，也是继上海浦东、天津滨海、重庆两江、舟山群岛四个国家级新区后，我国第五个国家级新区。

2.1.2 兰州新区的战略定位及意义

国务院批准的兰州新区建设，确定了四大战略定位：一是西北地区重要的经济增长极，二是国家重要的产业基地，三是向西对外开放的战略平台，四是承接产业转移的示范区。这是国家深入实施西部大开发战略，特别是对西开放的一个重大举措，也是国家对甘肃经济社会发展给予关心支持，再一次量身定制的重大战略决策。这个政策的出台，为甘肃省转型跨越发展、富民兴陇创造了有利条件。

兰州新区的设立，对于甘肃的经济社会发展，包括整个国家对西部开放有四个方面的重大意义：一是对于改善兰州的发展空间不足，改善兰州的城市功能布局，提高兰州的城市服务能力，特别是中心城市的带动辐射能力非常有利，可以在更高的层次、更大的范围优化配置生产要素，促进兰州和白银两个城市的经济合作，加快推进兰州和白银核心经济区发展；二是有利于充分发挥甘肃省具有的通道区位优势，有利于与周边地区实现合作发展，提升跨区域的合作，共同打造对西开放的平台，特别是对建立西宁—兰州—银川省会都市经济圈，进一步提升兰州和甘肃对外开放新形象具有重要意义；三是有利于甘肃的结构调整，设立这样一个平台，能够实现承接利用甘肃的丰富资源、区位优势和政策优势的中东部地区的产业，为甘肃的转型跨越发展提供产业支撑；四是有利于探索欠发达地区如何实现新型工业化、城镇化、农业现代化的跨越发展和赶超进位发展之路。兰州新区的设立及其国家级的战略定位，在甘肃的发展史上具有重大的里程碑意义。

2.1.3 秦王川基本情况

秦王川盆地位于甘肃省兰州市永登、皋兰两县境内，其南北长40km，东西最宽处16km，总面积约800km^2。其东、南毗邻皋兰县，西衔永登庄浪河，北接景泰，属典型的黄土高原丘陵地貌，该区中部是平原地带，地势平坦开阔，海拔1800～2300m，是兰州地区方圆几千平方公里内地势最平坦、面积最大的高原盆地，非常适宜大规模集中连片开发。盆地周边地区为海拔较低的荒山丘陵，可以通过移山造地和未利用地开发，为生态建设和未来发展提供大面积的后备土地资源。

秦王川古名"晴望川"，因平川地势平坦，宽阔空旷，绵延数十里望不到边际，晴天远望时常常会看到海市蜃景的幻境，天晴方能望见川之雄阔而得名，又由于秦王川一马平川，黄土青山遥相辉映，也被称作黑川。大业十三年（公元 617 年），秦王川成为西秦霸王薛举屯牧之地，将原来的"晴望川"改名为"秦王川"，并一直沿袭至今。

秦王川现今是甘肃中部极度干旱和缺水的地区之一，但在两千多年前，秦王川并不是现在的这个样子。在公元前 200 多年前的春秋战国时期，秦王川一带气候温暖湿润，水草丰美，匈奴人经常从这里南下牧马，直抵黄河岸边，将黄河对岸的大山称之为皋兰山（河边的大山之意）。秦王川的气候变化是从汉代开始的，气候变迁研究表明，中国北方乃至中亚的大陆性气候，在漫长的历史岁月中处于南北波动的状态，大约两千年为一个大循环，中间还有不少的波动。到汉代时，秦王川的气候逐渐发生变化，丰美水草也就渐渐消失，大地因干旱的周期性发生逐渐呈现出荒漠化状况。由于干旱缺水，在历史上，秦王川更多是以游牧民族放牧之地的面貌出现。

明末清初时期，社会人口明显增长，秦王川的先民们开始将游牧之地和荒滩开拓为农耕之地，并将黄土之下的砂石采掘出来铺设于地表进行农田保墒，形成西北干旱地区非常有特色的压砂地景象（图 2.1-1），并至今还传诵着"此地原来是荒滩，祖先明末才种田"的歌谣，这种做法的大规模使用一致延续到 20 世纪 60～70 年代，现如今在比较偏僻的黄土丘陵沟谷内尚有零星使用。可以这样说，秦王川是甘肃中部砂田的起源地之一，是秦王川由游牧文明向农耕文明的转折标志，这也是秦王川真正意义上的第一次大开发。

但这样的开发对经济的促进作用十分有限，民众依旧困苦，直至 20 世纪 60 年代末，秦王川的多数农民依旧居住在沿黄土丘陵坡脚开掘的土窑洞中（图 2.1-2）。

图 2.1-1　秦王川压砂地　　　　　　　　图 2.1-2　秦王川土窑洞遗址

真正让秦王川有了巨大变化的是在中华人民共和国成立后，20 世纪 70 年代初，国家在秦王川修建了中川机场及与之配套的陆路交通体系（图 2.1-3），使偏僻闭塞的秦王川能够通达外部，促进内外经济交融。20 世纪 70～80 年代，甘肃又实施了引大入秦工程，将大通河的水源源不断地引入秦王川，使该地区由靠天吃饭的干旱农业区转变为甘肃省重要的灌溉农业区（图 2.1-4、图 2.1-5）。同时，又配套实施了移民搬迁工程，将居住于土窑洞的农民整体搬迁至平原区，至此秦王川才逐渐走向繁荣，昔日的荒原悄然发生着变化，这是秦王川的第二次大开发。

如今，随着兰州新区的建设，秦王川正经历具有历史意义的第三次大开发，秦王川的更加繁荣昌盛指日可待，秦王川的明天会更加美好。

图 2.1-3　20 世纪 70 年代的中川机场候机室　　　图 2.1-4　引大入秦工程引水渡槽

图 2.1-5　秦王川灌溉农田区

2.1.4　兰州新区规划范围及概况

兰州新区规划区域东界为皋兰县西岔川东缘向北延伸至永登县秦川镇东界；北界为引大东二干渠；南界为永登县树屏镇尹家庄—水阜乡涝池公路北缘。南北最长处约 49km，东西最宽处约 23km，规划控制面积 806km²。其地理坐标为：东经 $103°29'22''\sim103°49'56''$，北纬 $36°17'15''\sim36°43'29''$。新区规划范围涉及永登县的秦川镇和中川镇的全部行政区划范围以及永登县的树屏镇、龙泉寺镇、上川镇和皋兰县的西岔镇、水阜乡的部分地区，规划初期（2012 年）总人口约 10 万人。

根据总体规划，兰州新区的功能定位为"一台、五区、两心、一极"，规划形成"两带一轴，两区四廊"的总体空间结构（图 2.1-6）。"两带"是指产业集聚发展，形成两条产业集聚发展带。"一轴"是指以水系为轴，打造行政文化中心、旅游休闲中心、商务金融中心和科技研发中心，形成综合服务片区和高新技术产业研发片区。"两区"是指北部生态农业示范区与南部生态林业休闲区，共同形成兰州新区的生态屏障。"四廊"是指依托山体、水系，形成贯穿南北的三条城市绿廊和一条城市外围环状绿廊。

兰州新区在区域上分为北部现代农业和生态建设示范区、中西部中心发展区和东南部荒山丘陵综合开发利用示范区三个区域。其中，兰州新区北部及中西部地区，主要位于秦王川盆地内，地势开阔，地形平缓，适宜大规模集中连片开发建设，城市建设条件较为良好。引大入秦水利工程横穿新区，有利于现代农业和生态建设，为新区北部现代农业和生态建设示范区的发展奠定了基础；兰州中川机场作为国内干线机场、西北枢纽机场和欧亚航路国际备降机场，具有推动区域经济发展的空港引擎作用；中石油国家战略石油储备库、吉利汽车、三一重工在内的多家国内外大型企业的落户，在兰州新区中心发展区形成了产业集聚的良好态势。

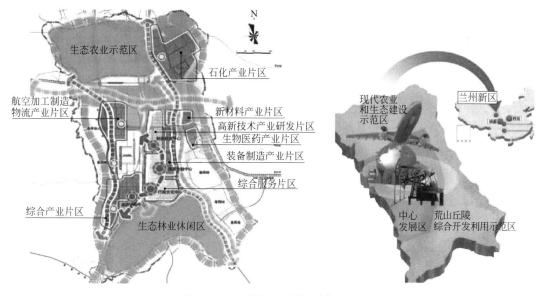

图 2.1-6　兰州新区总体规划示意图

兰州新区的规划遵照国务院确定的四大战略定位而制定，也随着兰州新区的不断发展和更加远大的战略定位与新的战略举措要求而不断优化完善，最新出台的兰州市《"十四五"规划和二〇三五年远景目标纲要》中明确提出，加快"大兰州"经济圈建设，加快建设以兰州为中心，白银、定西、临夏为腹地，辐射周边地区的兰白经济圈；加快建设区域性金融中心，打造以兰州为中心的一小时经济圈；加快兰州—西宁城市群建设；建设向西开放的重要门户。"纲要"中还提出以优化主城四区为核心，兰州新区和榆中生态创新城为两翼，红古、永登、皋兰为支点的"一心两翼多点"城市发展布局，打造兰州市三城协同的市域空间格局，其中的西翼就是兰州新区（图 2.1-7）。

兰州新区即将打造兰西城市群第三极，提升对全省乃至西部地区的辐射带动能力，西部大开发造就了兰州发展的新格局，"十四五规划"无疑将给兰州新区带来千载难逢的发展机遇，也为以更高的站位重新审视和充实兰州新区的发展规划提出了新的要求。兰州新区的目标将不止于再造兰州，还将重振西部山河。

图 2.1-7 一心两翼大兰州经济圈示意图

2.1.5 工程建设发展概况

兰州新区成立前，秦王川地区开展的大规模工程建设活动主要在第二次大开发时期，标志性的工程建设发展体现在四个方面：一是以中川机场为核心的航空港区的建设，二是以引水工程和灌溉工程为核心的引大入秦工程建设，三是移民安置点及乡镇建设，四是临港区产业园的建设。相关的发展概况简介如下。

1. 兰州中川国际机场工程建设发展概况

兰州中川国际机场前身系兰州东岗机场，由于东岗机场处于兰州城市范围内，场地狭窄，设备简陋，周边建筑物超出净空限制。自 1957 年起多次进行新机场选址，1958 年选定距兰州市北 70 多公里的中川为新机场所在地，1968 年 11 月动工，1970 年 7 月 26 日正式投入使用。南北跑道长 3600m，宽 45m，两侧各设 7.5m 宽道肩，道面为水泥混凝土结构。可供伊尔－18 和轰 6 以下飞机昼夜起降。

随着甘肃经济的发展和改革开放程度的提高，兰州中川机场旅客吞吐量也迅猛增长。1993 年，中川机场旅客吞吐量只有 39 万人次，1995 年跃至 50 万人次，并保持着持续的增长势头，加之黄土湿陷、地表水渗漏、旅客超负荷等因素，已不能满足保障需求。为满足旅客吞吐量增长势头，1995 年国务院批准兰州中川机场一期扩建，1998 年，飞行区工程竣工验收，投入使用，等级为 4D 级，跑道长 3600m，并配套建设 1 条平行滑行道及 4 条联络道，站坪机位数 11 个，可满足空客 A300、A310、A320，波音 757、767 飞机起降。短指廊停机方式，设 8 座登机桥，站坪长 544.5m，宽 191.4m，水泥混凝土结构。T1 航站楼于 1997 年 6 月正式开工建设，2001 年 7 月航站区扩建完成，建筑面积约 2.75 万 m²，其中国际厅面积约 4000m²，设计标准可满足年旅客 260 万人次、高峰小时 1300 人次吞吐量需要。

2. 引大入秦工程建设发展概况

为了彻底改变甘肃省秦王川地区农业生产水平低下和农村经济落后的面貌，解决本地区工农业生产和群众的生活用水问题，甘肃省启动了引大入秦工程建设。该项目于 1976 年获得甘肃省批准立项，同年开工兴建，1981 年缓建，1986 年经国家计委批准，利用世界银行贷款进行建设，1987 年全面复工建设，1991 年该项目列为国家重点建设项目。工程设计年引水量 4.43 亿 m³，灌溉面积 97.973 万亩。其中，农业供水量 3.86 亿 m³，农村生活供水量 0.14 亿 m³，其他供水量 0.43 亿 m³。1995 年主体工程基本建成，2000 年工程供水能力达到设计标准，投资近 30 亿元，经 20 多年建设完成。

甘肃引大入秦工程既是一项跨流域调水的大型水利工程，也是一项大型自流灌溉工程，其众多项目创造了数个甘肃、中国乃至亚洲之最。工程所引之水来自发源于祁连山脉的大通河，在甘肃天祝与青海互助交界的天堂寺处引水。工程包括引水枢纽、总干渠、东一干渠、东二干渠，隧洞 71 座，渡槽 38 座，倒虹吸 3 座，支渠 45 条。其中，总干渠从天堂寺渠首引水，全长 87km，设计流量 32m³/s，加大流量 36m³/s，总干渠到香炉山后设总分水闸，将水分至东一干渠和东二干渠，东一干渠全长 59.38km，东二干渠全长 63.03km。水经东一干渠和东二干渠进入秦王川地区后，再经支、斗、农渠分水进入田间地头。工程引水 10 余年来，引大入秦的实际灌溉面积每年已达 35 万～40 万亩，引大入秦工程对秦王川地区带来的社会效益和经济效益日渐凸现。

3. 移民安置点及乡镇建设发展概况

引大入秦工程全线通水后，秦王川成为甘肃最大的水利自流灌区之一，农业生产条件发生根本性改变，能够承载更多的农业人口助推秦王川的农业发展，同时也促进了秦王川三镇的城镇化发展。

早在中川机场建成初期，随着交通条件及经济条件的改善，居住于山边土窑洞的人们陆续搬迁至盆地平原区建村而居，后随着机场进一步扩建又建设了新农村。秦王川通水具备农业生产条件后，甘肃省启动移民工程，在秦王川建立了众多的移民安置点和移民村，将甘肃省其他贫困地区的部分贫困农民，相继迁移至秦王川，迁移农户达万余户。另外，甘肃还在秦王川设立专门的移民安置点，安置舟曲县地质灾害避险搬迁群众。

随着秦王川地区人口的大幅增加，乡镇产业、物流、商贸以及服务业等得到快速发展，秦王川三镇的乡镇化建设也在加速，并逐步形成了以乡镇为核心的区域化经济中心。

4. 临港区产业园建设发展概况

兰州中川机场作为国内干线机场、西北枢纽机场和欧亚航路国际备降机场，具有推动区域经济发展的空港引擎作用。随着机场的几次扩建，空港区更加完善，吸引与聚集效应进一步加强，在临港区逐渐有吉利汽车、三一重工等多家国内外大型企业落户。经过多年的开发建设，临港区产业园已经落地建设了一批产业项目，形成了产业集聚的良好态势，初步具备了一定的产业基础。

兰州新区成立后，秦王川地区开始进入第三次大开发时期，更高的战略定位，使秦王川的发展方向发生质的蜕变，这片承载着国家重任、承载着兰西城市群崛起之梦的土地，打开了通往新型城市的"发展之门"。

兰州新区的城市框架构建，首先是从基础设施建设开始的，160km² 范围内的道路、给水排水、燃气、电力、通信等市政基础设施的建设，在短短的不足 10 年间全面完成，构成了较为完备的基础设施网络；兰州至中川的城际铁路、高速公路、水秦快速路的修建，打通了兰州新区向外联系的快速通道；涉及绿色化工、信息数据、新能源材料、生物医药等十大领域的数百个产业项目落地在不同的产业园区，综合保税区、国家可持续发展实验区、国家级产业孵化大厦、国家电子商务示范基地等一批国家级平台陆续投建，使得产业集群快速形成，产业集聚效应逐步显现；甘肃财贸职业学院、甘肃卫生职业学院、甘肃能源化工职业学院等学校入驻兰州新区职教园区，形成规模化的职业教育集群；瑞玲商贸中心、进口商品中心、奥特莱斯、兰石小区、彩虹城等商圈服务体系渐趋完善，成为新区最繁华的商贸中心；秦王川国家湿地公园成为西部地区最大的湿地公园，为兰州新区打造宜居宜业宜游的生态城市增添了色彩；建成的西部恐龙园、长城影视、兰州国际嘉年华、晴望川民俗文化村等 10 余个大型景区，使得兰州新区的旅游商贸产业日益完善；建成总学位达 3.8 万个的现代化标准幼儿园和中小学，覆盖幼儿园、小学、中学的教育体系基本完善；建成总床位达 2100 多张的二甲医院和三甲综合医院，医疗卫生体系逐步健全。

经过近十年的建设，兰州新区从一张白纸上起步，艰苦创业，攻坚克难，实现了一次又一次跨越，GDP 逆速增长，连续多年位居国家级新区前列，产业投资增长率突破50%。如今，兰州新区常住人口增至 45.5 万人，面积扩展到 1744km²，一座宜居宜业宜游的现代化生态城市正在秦王川崛起（图 2.1-8）。

图 2.1-8　秦王川国家湿地公园

当前，兰州中川国际机场三期扩建正在如火如荼地进行，兰州新区以机场为基点，规划构建的航空、铁路、公路三位一体的现代化交通网络和"四纵四横"的核心区交通骨架也在逐步落地，中川机场环线铁路已列入国家发改委重点项目。

未来，兰州新区还将打造连接兰州、白银和兰州新区三地的"三纵一横"的交通脉络，将交通路网交织得越发繁密，将可连接的区域枝丫伸向更远处，丰满西翼的骨架。同时，还将打造以中通道、中兰客专兰州段和兰州新区高铁南站为骨干网的"半小时同城化交通圈"，为实现兰州市三城协同的市域空间格局打下坚实的基础。

2.2　兰州新区自然条件与区域地质概况

2.2.1　兰州新区的自然概况

1. 地理位置及交通

兰州新区位于兰州北部秦王川盆地，地处兰州、西宁、银川三个省会城市的中间位置，距兰州市区 38.5km，距西宁 198km，距银川 420km。新区内拥有甘肃省最大的国家级航空港资源，形成了外向连接北京、上海、广州、桂林、成都、西安、乌鲁木齐、沈阳、香港等 40 多个国内大中城市和日本冲绳、马来西亚的空中航线网络。在陆域方面，兰州新区及周边交通设施较为完善，西部有 312 国道和连霍高速通过，中部有 201 省道穿越，东部有 109 国道通过，南部为中川机场高速和兰白高速，区域的交通条件较为良好。

随着新区建设的开展，新区规划构筑"三纵一横"的区域交通联系廊道。兰州—张掖城际铁路、机场高速、快速路形成纵向的西部复合型交通廊道；兰州新区—安宁快速路形成纵向的中部交通廊道；兰州新区—城关快速路、兰州市区—兰州新区市域轨道形成纵向的东部交通廊道；白银—兰州新区城际铁路、白银—中川机场高速形成横向的兰州新区—白银交通廊道。区域交通联系廊道的逐渐形成，将进一步加强兰州新区与周边的交通联系，提升交通联系的品质。

2. 气候气象

兰州新区深处内陆，气候类型属大陆性冷温带半干旱气候区。总的气候特点是降水稀少，蒸发强烈，风大沙多，干燥寒冷，冬季较长，日照充足，昼夜温差大，气象要素随时间和空间的变化较大，其主要气象指标特征值如表 2.2-1 所示。

气候主要特征数值表　　　　　　　　　　　　　　　　表 2.2-1

项　　目	永登站	皋兰站
年平均气温（℃）	4.1	7.2
极端最高气温（℃）	34.4	38.9
极端最低气温（℃）	−28.1	−25.4
多年平均降水量（mm）	310.6	263.4
多年平均蒸发量（mm）	1800	1675.6
日最大降水量（mm）	70	45.7
1 小时最大降水量（mm）	46.7	32
多年平均相对湿度（%）	53	57
最大冻土深度（cm）	146	125
年均日照（h）	2655.2	2768

兰州新区气象要素以距新区最近且特征相近的皋兰气象站资料为代表。据皋兰气象站多年的气象资料统计，区内多年平均降水量为 263.4mm，降水多集中于 7、8、9 三个月，其降水量约占全年降水量的 80% 以上（图 2.2-1）。降水量的年际变化较大，年际间降水

量变化率为 23%，夏秋两季多发生大雨。区内日最大降水量为 45.7mm，小时最大降水量为 32.0mm，10min 最大降水量为 12.5mm。

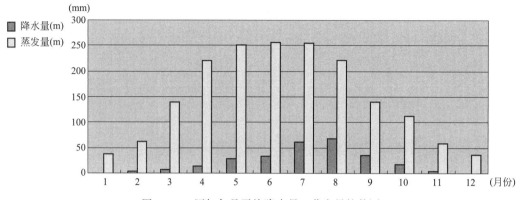

图 2.2-1　历年各月平均降水量、蒸发量柱状图

区内多年平均气温 7.2℃，多年平均蒸发量 1675.6mm，是降水量的 6.4 倍。年均日照 2768h，无霜期 144d，昼夜温差大。一年中最低气温出现在 1 月的中、下旬，历年来最低气温为零下 25.4℃，最高气温出现在 7 月或 8 月，极端最高气温为 38.9℃。多年平均相对湿度为 57%，最大风速 17.0m/s，主导风向为北东，次风向为南西。区内最大冻土层深度 125.0cm，为季节性冻土，冻结时间由 11 月至翌年的 3 月，存在一定的冻融冻胀危害。

3. 水文

兰州新区所处的秦王川盆地内，无常年性地表径流，只有在降雨集中的季节，降暴雨才能形成暂时性洪流并汇集于低洼的沟槽中，但一般情况下又很快消耗于渗漏和蒸发，降雨较大时才能形成向盆地外排泄的洪流。在盆地南部出口的当铺村一带，低洼沟槽中地下水溢出地表呈面流状向下游汇集形成常年性沟谷溪流，引大入秦工程实施以来，随着灌溉面积的增加，沟谷的排泄量也在逐年增长，如 1994、1996 和 2002 年分别测得沟谷溪流流量为 3195.07、9997.34、13896m³/d。兰州新区水系属于黄河流域，区内主要沟谷有碱沟、大黑沟、龚巴川和沙沟。

碱沟：为黄河一级支沟，位于黄河北岸，主沟道大致呈南北向分布，为秦王川盆地地表水、地下水的主要排泄通道，属季节性的洪水沟谷，沟谷内大部分时间段有地表流水。上游与天祝县毛毛山南麓的四泉沙沟、正路沟相接，由北向南经秦王川，在中川镇的芦井水一带汇入碱沟，其下游称为李麻沙沟。冬春两季沟内水流很小甚至干涸，夏秋季流量一般为 2~3m³/s，暴雨发生时其流量剧增，在沟口附近产生洪水灾害。全流域面积约 995.5km²，主沟长 42.5km。

大黑沟：为碱沟的一级支沟，属季节性的洪水沟谷，主沟道长约 5.5km，呈南北向分布，在刘家湾汇入碱沟。冬春两季沟谷内水流很小甚至干涸，夏秋季流量一般为 0.2~0.5m³/s，主要由地下水补给，主沟长 5.5km。

龚巴川：为蔡家河右岸的一级支流，是常年干涸的河沟，只有在暴雨发生时有水流出现。在石洞寺与黑石川沟汇合后形成蔡家河，并获得泉水补给后，成为一常年流水的河流。蔡家河的年径流量为 481.6×10⁴m³。在兰州新区内龚巴川主沟谷的流程长约 31km。

沙沟：也是蔡家河右岸的一级支流，常年干涸，只有在暴雨发生时才有流水。在上游由双庙沟和姚家川汇合而成，在兰州新区内沙沟及其上游的姚家川和双庙沟的主沟谷长约 16km。

2.2.2　兰州新区的地形地貌

兰州新区呈马鞍形，包括秦王川盆地中南部及其周边山地，根据不同形态特征和成因类型，区内可划分为剥蚀堆积平原（秦王川盆地）、剥蚀堆积丘陵两种地貌类型。

1. 剥蚀堆积平原地貌

秦王川盆地北部为低山，东西南三面为低缓的黄土丘陵。该盆地地势自东北向西南倾斜，盆地基底为上新近系（N）河湖相及山麓相的碎屑堆积物，厚 400～500m，以淡紫红色、橘红色泥岩、泥质砂岩、砂砾岩为主，其上为晚更新世—全新世（Q_3—Q_4）冲洪积砾石层，厚达 36～59m，浅表覆盖薄层次生黄土。从沉积物的成分分析，秦王川盆地为剥蚀和堆积盆地，沿沉降幅度增加的方向，由剥蚀盆地逐渐过渡到堆积盆地。从构造方面考虑，秦王川盆地又是一个断陷盆地，形成于第三纪。第四纪以来，由于西侧断裂的挤压逆冲活动以及北部和南部的褶皱隆起，该盆地成为一个封闭式的断陷盆地。

秦王川盆地的中南部，是兰州新区的主要规划区，高程 1900～2180m，相对最大高差约 280m。盆地内地形开阔，较为平坦，地势总体由北向南倾斜，纵坡比降约为 9‰，在盆地东部和西部边缘有两条由北向南的古沟道，东古沟道沿解放村—源泰村—中川村—方家坡一线展布，西古沟道沿双龙泉—尹家庄—赖家坡—西槽一线展布，两条古沟道在当铺和六井子一带汇合，在西槽以南和方家坡以东为一条条形洼地，与碱沟相通。盆地内局部地段发育有 1～3m 的冲沟，方家槽—郁家窑存在一条南北向展布的黄土残丘，长约 7km，宽 0.5～1.5km，相对高差 20～50m。

2. 剥蚀堆积丘陵地貌

分布于秦王川盆地的西部、南部和东部，环抱盆地区。海拔 1782～2215m，相对高差一般在 30～60m，东南部相对高差 50～150m。东北部及南部局部地段基岩出露，其余地段覆盖黄土，厚度一般为 10～35m，个别地段大于 50m。黄土丘陵顶部圆浑，山体坡度一般在 15°～20°。沟谷非常发育，多呈 V 形，侵蚀（冲蚀）作用强烈，水土流失严重，植被覆盖率小于 5%。丘陵地貌区内较大的沟谷主要有龚巴川、孙家川和碱沟。

龚巴川：位于兰州新区的东部，其上游段主沟道走向自北向南，在西岔以南其主沟道的走向由西北向东南方向径流，是秦王川盆地东部地表水、地下水排泄的通道。该沟谷宽度为 300～800m，川地开阔、平坦，主沟道下切深度一般为 1～3m，两岸沟坡平缓，坡体较为完整，沟谷比降小于 10‰，主要为耕地。

孙家川：位于兰州新区的西部，主沟道走向大致呈南北向，该沟谷宽度为 20～500m，川地开阔、平坦，主沟道下切深度一般为 1～2m，两岸沟坡平缓，坡体较为完整，沟谷比降小于 10‰，主要为耕地。

碱沟：为秦王川盆地西部地表水、地下水的主要排泄通道。其上游段地形较为开阔，由多条小型的支沟组成，主沟谷沟道形态不太明显。在甘露池以北的上游段支沟沟道的纵比降一般为 110‰～180‰，沟谷下切深度一般为 1～4m，其宽度变化较大。在芦井水至甘露池的中游段支沟谷纵比降为 8‰～30‰，经人工整修形成深度一般在 2～3m，宽度为 10～16m，较为规则的沟道。自芦井水以南，沟谷的纵比降又逐渐加大，其比降为 20‰～60‰，两侧地形较为平坦，微向主沟道倾斜，两侧沟台地的宽度为 300～700m，为当地居民主要的居住地和耕植区。在罗家村一带主沟道的宽度为 8～12m，下切深度 3～4m。至盐碱地下游地段，碱沟主沟道下切力度逐渐加大，至树屏镇一带已冲切蚀形成了一宽 28～35m、深 20～25m 的深切沟槽，两岸坡体近于直立，两岸小型的崩塌发育，为下游沟道泥石流提供了大量的固体物质来源。

2.2.3 兰州新区的水文地质条件

1. 地下水类型及分布特征

秦王川地区的地下水类型分为基岩裂隙水、第三系碎屑岩裂隙孔隙水和平原区第四系松散层孔隙水三种类型，基岩裂隙含水层富水性差，且主要分布于秦王川盆地北部周边，非主要研究对象，这里不再赘述，下面仅介绍后两者。

第三系碎屑岩裂隙孔隙水：可分为潜水和承压水两种类型，潜水主要分布于盆地中部南北向展布的黄茨滩—廖家槽—尖山庙—何家梁—西槽东梁一线。因该区域基岩相对较高，第四系松散层中含水很少或几乎没有含水，有少量的地下水赋存于第三系基岩风化层中，地下水位埋深 20～30m，含水层渗透系数小于 0.5m/s，第三系风化层潜水与第四系松散层孔隙潜水关系密切，互为补排，构成统一的含水层。承压含水层分布在盆地的中部和南部，含水层为上第三系中新统咸水河组下部的砂岩或砂砾岩，含水层厚 50～100m，水位埋深 16～60m。第三系碎屑岩裂隙孔隙承压含水层分布广泛，但多埋藏于盆地的中下部，其上部的泥岩层基本构成了区域性隔水顶板，与第四系潜水含水层无明显的水力联系。

第四系松散层孔隙水：广泛分布于秦王川盆地平原区，主要含水层为中上更新统—全新统松散含水层系，根据含水层的性质可分为潜水含水层和承压水含水层两类。潜水含水层的岩性、厚度及埋藏条件变化较大，在东部古沟槽区，大致位于解放村—甘露池—五墩子—中川村—方家坡一线，其北端入口为黑马圈河，地下水位埋深由北部漫水滩的 20m 左右，向南至五墩子一带加深至 50m 以上，再向南又逐渐变浅，至中川村达 35m 左右，中川村以南由北向南又逐渐变浅，地下水位埋深 3～35m。在西部古沟槽区，大致位于双龙泉—下古山—上井滩—史喇口—西槽—当铺一线，引大东一干渠以北区域，地下水位埋深 18～47m，由北向南逐渐加深，引大东一干渠以南区域，地下水位埋深 3～37m，由北向南逐渐变浅，至盆地南部当铺一带溢出地表。承压含水层主要分布于盆地南部当铺、隆号一带及李麻沙沟沟道区，透水层与隔水层交互沉积，属多层结构，层次由北向南逐渐增多，颗粒由粗变细，含水层厚度较小，承压水位在盆地南部一般高出地表 1～3m，而在沟道内承压水位则低于地表 1～3m。该承压水与其上部潜水的隔水层一般不稳定，时有贯穿和"天窗"存在，使上下水体水力联系密切，构成统一的含水系统，可视为统一的多层介质潜水含水层。

2. 地下水含水层

盆地内地下水除北部寒武系和奥陶系基岩裂隙水及盆地基底的第三系碎屑岩裂隙孔隙水之外，主要为冲洪积平原区的孔隙潜水，其含水层主要是砂砾碎石、砾砂、细砂。砂砾碎石属细粒堆积，主要分布在东、西两大古沟槽区。在西古沟槽的史喇口以北地区和东古沟槽的何家梁及中川村以北地区，颗粒较粗，而以南区域则颗粒较细，含水层的厚度除在西古沟槽的史喇口以北、东古沟槽的中川村以北达 5～8m 外，其余各处一般为 3～5m，含水层呈多层分布，相邻层间由粉质黏土等相对隔水层隔开。

3. 地下水的补给、径流与排泄

秦王川盆地地下水的补给来源主要有盆地北部山区基岩裂隙水、沟谷潜流、盆地内降水入渗、灌溉渠系水入渗和田间灌溉水入渗几类，其中，灌溉渠系水入渗和田间灌溉水入渗是盆地地下水的主要补给源之一，且是总补给量中最大的变量和增量。

盆地内第四系孔隙潜水总的径流方向是由北向南运动，地下水主要沿数个古沟槽自北向南运动，地下水呈股状流而不是呈面流，水力坡降 0.5‰～2.3‰，受地质条件影响，径流条件在不同的地段存在明显的差异。

秦王川盆地地下水的排泄形式主要有泉水溢出、地面蒸发、植被蒸腾、沟谷潜流及人工开采等，其中，潜水溢出和沟谷潜流是主要的地下水排泄方式。

4. 盆地的隔水特征

秦王川盆地的北部及东北部以寒武系和奥陶系的片岩为主要岩性，岩体本身不透水，东、西、南三面均由上第三系泥岩或砂质泥岩组成，亦属不透水层，因此盆地周边的基岩具有良好的隔水性能。而盆地基底以第三系地层为主，局部分布白垩系地层，岩性主要为泥岩、砂质泥岩、砂砾岩和砂岩，除深部的砂砾岩和砂岩略含水而微透水外，其余岩层均属不透水不含水岩层，就水文地质特征来说，秦王川盆地的基底也具有良好的隔水性能。

第三系基底地形特征以波谷形态为主，并以断头山—红井槽—五道岘—尖山庙梁为界，将盆地基底分为东西两大古沟槽，古沟槽呈 "U" 字形，中部的分水岭北窄南宽，高程自北向南逐渐降低，相对高差达三百余米。黄茨滩以北分布有近东西向的小洼槽，两侧分别与东、西古沟槽连通。

2.2.4 兰州新区的区域地质概况

1. 区域大地构造部位

兰州新区位于青藏高原东北缘地貌阶梯带附近，根据构造发展史、沉积建造、构造形式、岩浆活动及变质作用等特征，在大的区域上可划分为西北准地台、祁连山褶皱系、西秦岭褶皱系等三个一级大地构造单元，它们可进一步划分为若干个二级构造单元（表 2.2-2、图 2.2-2），从图和表中可以看出，兰州新区所处的大地构造部位属祁连山褶皱系中祁连隆起带的东段。

大地构造单元及次级单元划分简表　　　　　　　　　　　　　表 2.2-2

一级构造单元	二级构造单元
中朝准地台（Ⅰ）	阿拉善台隆（Ⅰ$_1$）
	鄂尔多斯西缘坳陷带（Ⅰ$_2$）
祁连山褶皱系（Ⅱ）	走廊过渡带（Ⅱ$_1$）
	北祁连优地槽褶皱带（Ⅱ$_2$）
	祁连中间隆起带（Ⅱ$_3$）
	南祁连冒地槽褶皱带（Ⅱ$_4$）
西秦岭褶皱系（Ⅲ）	礼县—柞水冒地槽褶皱带（Ⅲ$_1$）
	南秦岭冒地槽褶皱带（Ⅲ$_2$）

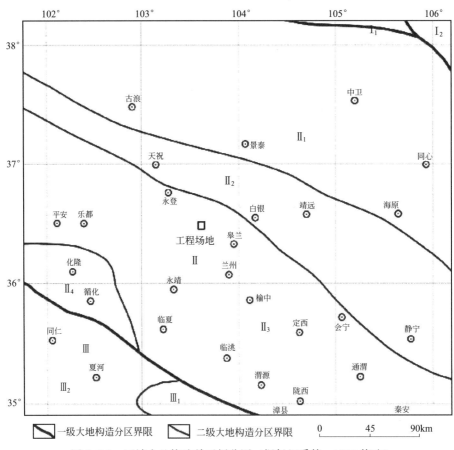

图 2.2-2　区域大地构造单元划分图（据任纪舜等，1980 修改）

2. 区域新构造运动特征

兰州新区位于青藏高原东北缘，是我国重要的地貌梯级过渡带，其新构造运动十分强烈，以断裂和断块活动为基本特征。其主要活动特征表现为构造活动的继承性和新生性，在时间上具有阶段性，在空间上具有差异性。新近纪以来，青藏高原向北持续推挤及自身的阶段性强烈隆起，致使本区的新构造运动具有明显的自西南向北东分带特征（表 2.2-3、图 2.2-3），从图和表中可以看出，兰州新区所处的区域构造分区为陇中黄土高原轻微隆起区（I_{2-2}）。

区域新构造分区一览表　　　　　　　　　　　　　　　　　　表 2.2-3

祁连断块上升区（I）	河西走廊强烈坳陷区（I_1）	大黄山强烈隆起区（I_{1-1}）
		武威盆地坳陷区（I_{1-2}）
	中祁连断块隆起区（I_2）	祁连山东段强烈隆起区（I_{2-1}）
		陇中黄土高原轻微隆起区（I_{2-2}）
秦岭断块上升区（II）	—	
鄂尔多斯块体上升区（III）	鄂尔多斯西缘坳陷区（III_1）	

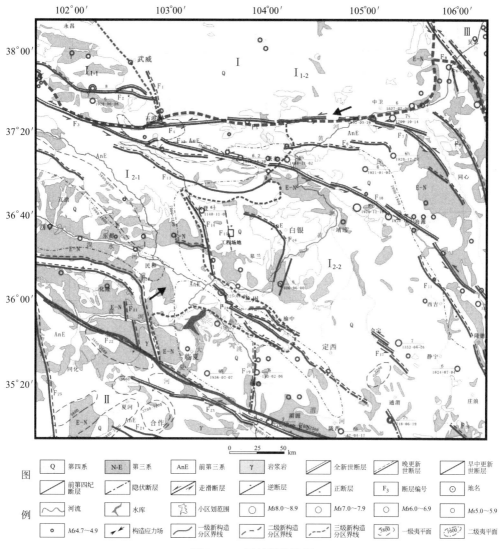

图 2.2-3　区域新构造图

3. 近场区主要断裂及活动性

秦王川盆地属永登—河口凹陷中的次一级地质构造，中川隐伏基底隆起带中近南北向的断陷盆地，形成于中更新世（Q_2）末期，根据前人研究，盆地西侧丘陵前缘发育有向盆地逆冲的秦王川盆地西缘断裂（F_2），盆地东侧丘陵前缘发育有向盆地逆冲的秦王川盆地东缘断裂（F_3）；但根据甘肃省地震工程研究院 2016 年和 2017 年开展的专题研究结果，证实秦王川盆地西缘断裂（F_2）是存在的，秦王川盆地东缘断裂是不存在的，具体情况如下：

2016 年，甘肃省地震工程研究院在前人研究确定的秦王川盆地西缘断裂（F_2）区域布设了 6 条浅层人工地震测线和 6 条控制性电法测线，证实断裂从北端的庙湾沿盆地西缘向南经中川机场，止于哈家嘴北，南北延伸超过 25km，总体走向近南北，倾向西，表现为逆断层的性质，视倾角北缓南陡，变化区间为 45°～70°，断距落差具有分段性的特点，其中，中川机场南侧的 DZ7 测线古近系底部错断位移量最大（超过 50m），断层上断点埋

21

深集中在 150m 左右。由于该断层上断点错断古近系顶部，即上断点位于新近系下部地层中，第四系在地震剖面上未见有强反射波，上断点未到达第四纪地层中，因此判断秦王川盆地西缘断裂为新近纪活动断层。上盘次级断层为逆断性质，视倾角 40°～60°，上断点埋深 190m 左右。对 6 处人工地震确定的断裂点进行联合钻探验证，最大孔深 50m，揭露出新近纪地层，并选择典型地段进行人工探槽开挖。综合表明，秦王川盆地西缘断裂上断点位于新近纪地层中下部，向上未穿过第四纪地层，因此，综合判定秦王川盆地西缘断裂为古近纪活动断裂。

秦王川盆地西缘断裂规模小，未出露地表，亦不具有在地表形成破裂的构造能力和控制中强地震空间分布的控震能力，因此该断裂对秦王川盆地的构造稳定性不构成影响，亦不影响兰州新区的规划与发展。

同年，甘肃省地震工程研究院在前人研究确定的秦王川盆地东缘断裂区域布设了 4 条浅层人工地震测线进行探测，测线的地震时间剖面在盆地东缘反射同相轴连续性较好，并未发现明显错断的迹象。通过对比分析钻孔在工程地质剖面中所揭露的地层厚度、岩性特征等，得出沿工程地质剖面线，主要地层在可能的断层两侧，其分界面、岩性特征和沉积结构均无变化。第一，在钻孔中没有发现断层物质或构造变形岩芯；第二，剖面中上部第四纪堆积层与下伏新近纪地层属于正常沉积结构，没有发现新老地层异常的构造现象，属于正常沉积序列。剖面上部第四纪地层厚度变化大，横向上存在尖灭和不连续现象，这与秦王川盆地高低水位多变的沉积环境密切相关，而与地质构造无关。综合以上分析可知，秦王川盆地东缘断裂不存在，盆地东缘与黄土丘陵地貌部分地段所显示的线性特征为古河道侵蚀作用所致，与断裂无关。

4. 秦王川盆地地质环境演变

兰州新区所处的秦王川盆地形成于第三纪，中更新世晚期由于受区域性控制断裂及盆地西侧边界断裂的挤压逆冲活动影响而成为一个断陷盆地。中更新世晚期至晚更新世早期，盆地北部的金强河与黑马圈河沿盆地两侧古河道穿越盆地注入黄河，从而堆积了厚层状的冲洪积砂砾石层，晚更新世晚期至全新世早期由于盆地北部坪城坳陷盆地的继续抬升，庄浪河溯源侵蚀袭夺，金强河河流改道（图 2.2-4），全部经由庄浪河注入黄河，致使秦王川盆地失去物质来源，从而形成一个现今所见的半封闭式的干旱盆地。

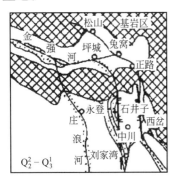 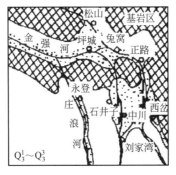 

图 2.2-4　秦王川盆地形成演变图

1—基岩山区；2—缓慢上升区；3—堆积区

秦王川盆地北部以三条砂沟作为盆地进水来源通道，在盆地南部及东南部有四条通向盆地之外的大型沟道（苏建德等，2001），以此连接黄河。从高分辨率卫星影像图中可以看出，发育于北部基岩山地的水系流经盆地，形成了近南北向顺盆山交界处汇聚的主河道，其中东河道与前人所划分的秦王川东缘断裂地表形迹相吻合，由此也是确认秦王川盆地为一新陷盆地的结论（现已验证秦王川盆地东缘断裂并不存在）。盆地西侧河道顺黄崖沟、西泉、马家山一线流经，被中北部的炮台村—韩家墩小隆起分隔，形成以西为主、以东为辅的分汊河道，继续向南延伸形成同方向的李麻沙沟河道。而秦王川盆地西缘断裂的三段式排列与盆地西侧的河道位置大致吻合。将今论古，则秦王川盆地早期河道分布与现今地表地形结构相似，只是在后期整体隆起的构造背景下，以面状水系为主演化为向主河道汇集的分汊式河道演变。该断裂现今所观察到的地貌控制边界其实是河道（水系）侵蚀作用所致，而与断裂的活动作用无关，即秦王川盆地西缘断裂不具有控制现今地貌形态的作用。

2.3　兰州新区工程地质研究进展及程度

自 20 世纪 70 年代以来，甘肃地矿系统及一些科研院所、勘察单位曾先后在秦王川做过区域地质、水文地质普查、灾害地质勘察及地质灾害的研究工作（表 2.3-1），积累了较为丰富的基础性资料，为兰州新区工程建设的前期准备奠定了一定的基础。区域地质工作对秦王川盆地区域的地层岩性、地质构造的分布规律和成因进行了较详细的论述；水文地质工作基本查明了秦王川盆地区域的水文地质条件及区域性特征，但盆地边缘及外围黄土丘陵分布区研究资料较为缺乏；工程地质工作由于秦王川盆地开发建设相对滞后，前期建设在区内零散分布，工作相对较为薄弱，所涉及的岩土层主要为 30m 以内的浅地层，对深部地基土的工程特性研究，受限于各种因素，其研究水平普遍不高；环境地质、灾害地质工作仅在秦王川盆地及周边开展了地质灾害评估工作。总体而言，以往工作各自的工作重点不同，研究水平有差异，缺乏系统性的综合研究。

工程区域以往地质工作成果说明表　　　　　　　　表 2.3-1

类别	工作部门	工作项目及成果	时间(年)
区域地质	甘肃地质局区调队	1:20 万兰州幅、临夏幅、乐都幅、景泰幅地质图及说明书	1970—1975
	甘肃地质局区调队	1:5 万兰州市幅、西固城幅、榆中、金崖乡、羊寨、阿干镇幅地质图及说明书	1988—1995
	甘肃地质局区调队	1:100 万甘肃省地质图及说明书	1998
	甘肃省地质局	1:100 万甘肃省构造体系图及说明书	1977—1979
	甘肃省地质调查院	1:25 万兰州幅区域地质调查报告	2001—2002
	兰州市工程地震评价所	兰州新区地震活动环境初步评估报告	—
矿产地质	甘肃省地矿局	甘肃省兰州幅矿产资源分布图及说明书	1965
	甘肃省地矿局	甘肃省矿产资源及矿产图	1970
	甘肃省地矿局	甘肃省矿产分布图及说明书	2010

续表

类别	工作部门	工作项目及成果	时间(年)
水文地质、工程地质	甘肃省地矿局	1:100万甘肃省岩土体工程地质类型图及说明书	1986—1988
	甘肃省地矿局	甘肃省工程地质远景区划报告	1987
	甘肃省地矿局	1:100万甘肃省工程地质图及说明书	1988
	甘肃省地矿局	1:10万甘肃省中部兰州—皋兰—永登地区水文地质普查报告	1978
	甘肃地质局区调队	甘肃省水文地质图	1995
	甘肃省地质局	甘肃省地下水资源分布图及说明书	1986
	甘肃省地质局	甘肃省水文地质远景区划报告	1985
	甘肃省地质局	甘肃省城市供水水源地现状评价及可持续发展对策研究报告	2004
	部分岩土工程勘察报告		历年
环境地质、地质灾害勘察	甘肃地质局区调队	甘肃省环境地质报告书	1996
	兰州水文地质工程地质中心等	黄河流域环境地质图系及说明书	1988—1992
	兰州水文地质工程地质中心等	西北地区环境地质图系及说明书	1988—1992
	甘肃地矿局水文一队	秦王川灌区地下水资源及地质环境勘察报告	1993
	冰川所、省交通科学研究所	甘肃泥石流	1982
	甘肃省地矿局	甘肃省东部滑坡泥石流分布图及说明书	1996
	甘肃省地矿局	甘肃省东部地质灾害研究报告	1993
	甘肃省地质环境监测院	兰州市城关区、七里河区、西固区、皋兰县、永登县地质灾害调查与区划报告	2005—2006
	甘肃有色系统	兰州新区规划方案地质灾害危险性评估报告	2010

20世纪90年代中期至21世纪初，甘肃引大入秦灌溉工程的全面实施，导致秦王川盆地南部区域出现地下水位上升的现象，同时，由于灌溉水的入渗及蒸发，在局部区域出现了土壤盐渍化的现象，结合工程实际，一些勘察单位和高等院校相继开展了秦王川灌区地下水动态分析研究和秦王川盆地灌后土壤盐分变化特征研究，采用不同的评价方法和数值模型对地下水位的上升进行预测，对土壤盐分变化规律进行分析，取得了相应的研究成果。

1996年至今，兰州中川国际机场相继开展了一期、二期和三期的扩建工程，结合工程需求，甘肃省地震研究院开展了多期工程场地地震安全性评价工作，一方面系统收集了区域范围内的地震地质、地震活动等资料，对区域地震构造环境和地震活动性进行了评价，另一方面通过资料收集、野外地震地质调查和地球物理勘探等，对秦王川盆地西缘断裂等主要断裂的活动性进行了鉴定，并通过钻探、探槽和实验进行验证。

1996年至今，甘肃中建勘察院结合兰州新区不同的工程需求，相继开展了地下水位上升预测研究、暗埋不良地质体探查技术研究、深层地基土工程特性研究、钻孔灌注桩桩基试验研究、湿陷性黄土区的刚-柔性桩复合地基试验研究等项工作，相关内容在后续章节予以详细阐述，在此不再赘述。

另外，在不同时期，不同的专家学者结合秦王川工程建设中出现的突出问题，进行了相关的研究与总结，主要如下：

　　袁道阳、杨斌、周俊喜等通过对秦王川盆地东西两侧隐伏断裂的探测及区域河流阶地的对比，研究了该盆地的形成和演化特征，认为秦王川盆地形成于第三纪，在中更新世晚期，由于受东西两侧边界断裂挤压逆冲活动的影响，而成为一个封闭式的断陷盆地。中更新世晚期—晚更新世早期，金强河及黑马圈河沿盆地两侧古河道穿过秦王川盆地，注入黄河，从而使盆地内堆积了较厚的冲洪积砂砾石层；晚更新世晚期—全新世早期，由于坪城盆地的持续抬升，河流改道，使秦王川盆地成为一个干旱盆地。

　　张向红、杨斌等通过地质地貌、物探、槽探及钻探等综合探测研究，发现秦王川盆地西缘发育有一条北西向隐伏断层，且从中川机场扩建工程区通过。详细研究了断层的规模、几何分段和活动年代等有关问题，对该断层对工程场地的影响进行了评价。

　　柳煜、李明永等对秦王川盆地西缘断裂进行了综合研究。综合研究表明，该断裂发育在新近纪地层内部，并未上穿第四纪沉积物，属于前第四纪隐伏断层。秦王川盆地在古近纪—新近纪山间泛湖盆的基础上，由于区域构造应力不均匀挤压抬升，形成山间负向地形，成为第四纪多变环境下河流堆积的坳陷盆地，秦王川盆地西缘断裂不具有控制中强地震空间分布的作用和形成地表破裂的能力，对盆地的构造稳定性不构成影响，亦不影响兰州新区的规划发展。

　　朱中华、张潜等通过收集秦王川南部灌区地质和地下水水文资料，结合灌区水文地质勘察工作，查明灌区水文地质现状，并结合勘探、现场及室内试验进行水文地质勘察，进一步查明灌区的气候、水文、地形地貌、区域地质及水文地质特征，通过对地下水补给系数、灌溉入渗、潜水蒸发等的研究，分析灌溉入渗、潜水蒸发对地下水补给的影响；在依据水量平衡原理的基础上，对灌区地下水资源进行均衡计算和评价，并分析地下水的动态变化规律，而且研究区域地表、地下水的相互转化关系，建立地表、地下水联合调度模型，预测灌区在现状和规划条件下的地下水运移规律，预报土壤盐渍化可能发生的区域及规模，以提供治理秦王川南部土壤次生盐渍化的理论依据。

　　华遵孟、张恩祥、沈秋武等通过多年的工程实践，探讨了西北干旱地区特有的农田采砂活动及后期演变过程形成的空洞及软弱土体分布与成因类型，总结出暗埋不良地质体探查是运用收集资料、地面调查、物探普查、钻探与触探详查验证等一整套工作程序进行的综合探查方法，强调物探普查技术方法的适宜性选择要慎重，要在分析场地物性条件的基础上，通过前期对比试验优选精度高、效率高、成本低、成果直观的方法，由点到面逐步推广开展工作。提出了暗埋不良地质体的处理可根据其分布深度、成因类型和充填状态确定，一般采用强夯法处理，强力夯实空洞及松软坍落土与回填土。分布深度 10m 以上时，也可采用灌砂灌浆法结合其他方法，探灌结合进行处理。

　　龙照、张恩祥等通过详细分析嵌岩灌注抗拔桩在上拔荷载作用下的承载机理与基本破坏形态，在前人研究成果的基础上探讨了桩—岩侧壁界面破坏形态下嵌岩灌注抗拔桩的极限承载力，并应用莫尔强度理论导出了桩周岩体剪拉破坏形态下极限承载力与倒锥体高度和岩石强度等因素的定量关系，进而推导出了复合破坏形态下嵌岩灌注抗拔桩的极限承载力计算公式和确定拉拔荷载作用下的临界嵌固深度计算公式。

　　张森安、何腊平、郭斌等通过兰州地区自重湿陷性黄土场地的刚-柔性桩复合地基载荷试验，对于不同挤密方法的挤密处理效果及刚柔性桩组合形成复合地基进行地基承载力测试。测试刚性桩、柔性桩与桩间土应力比以及单桩、桩间、复合地基载荷试验成果，就自重湿陷性黄土挤密法与刚性桩组合处理后刚-柔性桩复合地基承载力进行了探讨。认为刚性-挤密桩复合地基是处理自重湿陷性黄土有效的处理方法，刚-柔性桩复合地基 p-s 曲线呈缓变型特征，其承载力特征值难以根据"承载力控制"原则判断，可按"沉降控制"的原则来确定。刚性桩在受荷初期荷载分担比并不大，随荷载增加刚性桩在荷载分担中起主导作用。

张森安、曹程明等通过挤密桩处理自重湿陷性黄土刚性桩桩载试验与抗拔试验，对比分析了挤密法地基处理不同施工工艺对刚性桩桩侧阻力的影响，探讨了挤密法地基处理后刚性桩侧阻力的确定以及影响因素，认为挤密法处理自重湿陷性黄土场地湿陷性是有效方法，挤密法处理后刚性桩侧阻力为正摩阻力，其桩侧阻力与挤密处理的加强桩体形状、大小、置换率以及刚性桩布设也是密切相关，刚性桩侧阻力与接触面积直接相关。挤密桩体对刚性桩有摩擦悬挂作用，同时对桩间土有约束限制作用，阻碍土的下沉变形和侧向挤出，挤密处理的置换率大及刚性桩侧阻力大。

张森安、曹程明结合挖填改造与梁峁的大厚度Ⅳ级（很严重）自重湿陷性黄土建设场地的勘察资料，就大厚度湿陷性黄土场地的湿陷性评价、地基湿陷可能性以及地基处理方法进行分析讨论，湿陷性试验压力对湿陷系数的测定结果产生明显影响，造成湿陷等级、类型与湿陷下限深度的明显差别。大厚度自重湿陷性黄土地基，在无深部浸水条件下，不会产生地基土湿陷性变形；同时，在建筑物荷载作用下，地基土深部的附加压力小于湿陷起始压力，附加压力下湿陷变形已不占主要地位；深部一旦浸水，湿陷变形是否发生，将取决于自重压力与湿陷起始压力两者的大小。

丁晓妹、李向阳通过对秦王川盆地土壤中含盐量及盐分组成的分析，并与引大入秦实施前有关资料作对比，研究了秦王川地区盐分组成状况以及灌溉后盐渍化情况，认为受秦王川盆地较高的蒸降比、成土母质、土壤结构、地形地貌等因素的影响，盆地内非盐渍化与盐渍化土壤的分布及盐分组成呈现出不同的变化特征，并且盐分组成具有较强的变异性，区域整体盐分含量呈典型的漏斗形，可将灌区内盐分含量随深度变化分为五种类型，与灌前对比土壤次生盐渍化的面积明显扩大。

上述研究取得的成果，大幅度提高了工程技术人员对兰州新区工程地质条件及工程地质问题的认识，对提高兰州新区的工程建设质量、保证工程经济合理和安全可靠，起到了积极的作用。

2.4 兰州新区典型岩土工程问题

2.4.1 地下水位上升问题

1994—1996 年，兰州中川民用机场扩建工程进入可行性研究阶段，与之配套的环境地质评价工作和岩土工程勘察工作也相继开展，而水文地质勘察和地下水评价是该项目工程勘察的主要任务之一。彼时，甘肃省跨流域大型调水工程——引大（大通河）入秦（秦王川）灌溉工程也刚投产运营。在引大入秦灌溉工程实施前，秦王川盆地内地下水表现为北部山区以单一而微量的沟谷潜流补给、南部平原区以少量灌溉水入渗补给为主，排泄以泉水溢出、蒸发和开采为主的均衡状态。在引大入秦灌溉工程实施后，随着区内渠系、田间灌溉入渗量的大幅度增加，原有的地下水均衡态势将遭到破坏，对径流排泄条件不是很好的半封闭性盆地来说，区域性地下水位的抬升将成为发展的必然趋势，而机场拟建场址正处于秦王川盆地南部地下水潜流区向泉水溢出区过渡的敏感地段，常规的水文地质勘察无法量化地评价和预测这种变化。因此，如何准确地预测地下水位上升幅度，评价地下水位上升对机场建设工程的影响，成为必须进行研究和解决的课题。同时，这一研究对涉及地下水的其他建设工程的场地与地基的地震效应评价和深基础耐久性评价也是必需的。

2.4.2　暗埋不良体探查问题

秦王川地区原为干旱农业区，大约 300 多年前开始，农民旱田耕作时，为了减少土壤水分蒸发，保持土壤湿度和温度，防止盐碱化，常在耕地表层铺盖一层 10～15cm 厚的砂砾石，形成压砂田，也称压砂地。所用砂砾石多就地开挖明坑、竖井和平巷获取，因挖砂采空，在地下形成了大小、深度和形状各异的砂坑、砂井、砂巷等空洞体，后期旱作农田平整改造为水浇地时，原有采砂竖井井口被填埋，部分砂巷后期坍落发展至地面形成陷坑后被二次填平；采砂明坑也被压砂田表层砂砾耕土填埋，在现地表很难看出采砂遗迹。这种前期形成或后期演变的空洞及软弱土体，是秦王川地区特别典型的影响工程建设的暗埋不良地质体。

与小煤窑采空区、人防工程、岩溶土洞等同类探查对象相比，暗埋砂坑、砂巷具有成因的随意性、后期演变的复杂性和缺乏明显的探测物性条件的典型特征，造成其探查具有更大的难度，单纯依靠或片面强调钻探与触探等常规手段的作用，工作无的放矢，将大量浪费探查工作量并易漏探造成隐患，而片面强调物探或地面调查的作用，易出现误判漏探，将浪费处理工程量或造成工程隐患。因此，应结合工程实际研究这类暗埋不良地质体的综合探查方法及探查工作应遵循的基本原则。

2.4.3　深层地基土强度与变形问题

秦王川盆地冲洪积平原区，第四系地层多呈现细颗粒的粉土、粉质黏土与粗颗粒的砂砾石土交互沉积的特征，总厚度普遍大于 50m，且由北向南，细颗粒土层在垂向上的占比越来越高，对建设工程涉及的深基础的影响占比也越来越大。然而，秦王川盆地开发建设相对较晚，工程建设规模普遍较小，所涉及的岩土层主要为 30m 以内的浅地层，而对深部细颗粒地基土，特别是深部地下水位以下细颗粒地基土的工程特性研究较为欠缺。在少量的建设工程中，由于取样质量问题导致测试的岩土参数差异性极大，兼之缺乏与之相互验证的适宜的原位测试手段，从而影响了深层地基土强度与变形指标的合理评价。评价指标偏低时，会影响地基基础设计的合理性和建设工程的经济性；评价指标偏高时，会影响地基基础设计和建设工程的安全可靠性。因此，应着重研究适宜的深部地基土取样技术，确保取样质量，消除由取样引起的误差或错误。同时，应选择适宜的原位测试方法，加强不同手段测试试验结果之间以及与工程实体检测和监测之间的相互对比验证。

2.4.4　湿陷性黄土地基处理问题

目前，针对不同厚度的湿陷性黄土地基，有很多成熟的地基处理方法，常规的如换填法、强夯法、挤密法、DDC 法、SDDC 法等，各有优缺点，也各有适用范围，地基处理达到的效果主要体现在消除湿陷性、提高承载力、降低压缩性、增强水稳性和降低渗透性等几个方面。其中，消除一定深度范围内地基土的湿陷性，是各类工程建设均需予以考虑的，但提高承载力及承载力提高的幅度大小，是受限于工程设计要求和地基处理方法的。随着一些对地基承载力要求更高的建设工程的实施，单一的、常规的地基处理方法已不能满足工程的实际需求，而组合型复合地基技术由于能综合多种桩体复合地基的优点，合理组合能充分发挥土体及桩体材料的工程特性，在一般地区及非湿陷黄土区已经得到较为广泛的应用，但在湿陷性黄土地区尚未见到实际应用，考虑将常规的挤密法与刚性桩相结合构成新型的复合地基，应用于湿陷性黄土地区，是一种非常有发展前景的地基处理技术。

2.4.5 大厚度挖填场地治理问题

随着城市建设的迅速发展，自 20 世纪 80 年代开始，兰州地区工程建设用地逐步向南北两山斜坡地带扩展，同时也向市区外围的黄土丘陵区发展。不仅黄土梁峁斜坡地带挖填整平为零星的工程建设用地的项目越来越多，对荒凉贫瘠的黄土梁峁沟谷与斜坡地带进行大规模、大面积挖填整平的土地开发，也在这一时期成为缓解兰州城市建设用地困难的出路，受到政府和开发商的特别关注。几十年来，在兰州老城区周边不仅出现了罗锅沟（九州开发区）、大青山、大沙沟等开发较早的大厚度挖填改造土地开发区，也出现了恒大山水城、兰州碧桂园、保利领秀山、恒大文旅城等一大批近十年来开发的大厚度挖填改造场地建设区。同时，兰州新区成立后，在秦王川盆地周边海拔较低的荒山丘陵区，也通过大规模的挖填改造进行建设用地开发。

与一般黄土场地相比，梁峁斜坡地带土地开放区工程建设用地工程地质条件更为复杂和不利。由于兰州在黄土丘陵区的开发经验不足，兼之相关研究工作的滞后，在工程建设过程中出现了诸多值得引起重视的问题，如建设场地室外工程及建筑物地基基础沉陷开裂的工程事故不断发生，建设场地外围滑坡、泥石流及地下水位上升等地质灾害事故也显著增多，因此，总结大厚度挖填改造场地工程建设过程中的经验和教训，指导今后土地开发工程的规划、勘察、设计、治理、施工与管理，是十分迫切和必要的。

第3章

兰州新区地下水位变化趋势分析

3.1 环境水文地质条件

兰州新区位于引大入秦水利工程灌溉区秦王川盆地内。在引大入秦水利工程实施前，秦王川盆地内地下水表现为北部山区以单一而微量的沟谷潜流补给、南部平原区以少量灌溉水入渗补给为主，排泄以泉水溢出、蒸发和开采为主的均衡状态。在引大入秦水利工程逐步实施后，随着区内渠系、田间灌溉入渗量的大幅度增加，上述原有的均衡状态将遭到破坏，而对径流排泄条件不是很好的半封闭性盆地来说，区域性地下水位的抬升将成为发展的必然趋势。因此，预测地下水位上升发展趋势、评价其对工程建设的影响，是兰州新区所处的秦王川地区环境水文地质条件研究的主要任务之一。

秦王川盆地水文地质调查与地下水位上升预测工作，是在充分收集整理前人成果资料的基础上，于1996年4月至8月间对秦王川盆地进行了全面的调查和研究。利用多年的地下水动态观测资料，建立了整个秦王川盆地地下水渗流场数学模型。在引大入秦灌溉工程逐步实施的条件下对盆地内和兰州中川机场范围内地下水位进行了5、10、15年的预测。

3.1.1 自然地理与地质条件

1. 自然地理概况

秦王川盆地内海拔高度1890~2300m，地形由北向南倾斜，地面平均坡降在10‰以上。盆地南北长42km，东西宽10~14km，面积约504km^2。

秦王川盆地地处内陆，属大陆干旱性气候，具降雨稀少、蒸发强烈、日照时间长、四季分明等特点，多年平均气温5~6.3℃，多年平均降水量241.1mm，蒸发量1800~2100mm。降水在年内分配不均，主要集中在7~9月，见表3.1-1。

秦王川盆地及其外围区多年月平均降水量　　　　　　　　　表 3.1-1

观测站	1月降水量（mm）	2月降水量（mm）	3月降水量（mm）	4月降水量（mm）	5月降水量（mm）	6月降水量（mm）	7月降水量（mm）	8月降水量（mm）	9月降水量（mm）	10月降水量（mm）	11月降水量（mm）	12月降水量（mm）	全年
马家坪	1.4	2.4	6.6	16.5	30.6	31.9	59.9	70.1	43.5	21.6	4.6	1.0	290.1
中川	0.9	1.7	3.6	9.82	6.70	29.2	57.6	68.5	37.2	19.2	6.8	0.7	241.1

盆地内无常年性地表径流，只有在降水集中季节，暴雨可形成暂时性洪流汇集在低洼的沟槽中，但很快消耗于渗漏和蒸发，降雨较大时可形成向盆地外泄的洪流。在盆地南部出口当铺一带，地下水溢出形成常年性的沟谷溪流排向区外，其流量 36.98～115.71L/s。

2. 地质概况

秦王川盆地属山间凹陷盆地，处于永登—河口凹陷中的次一级构造中川隐伏基底隆起带。盆地北部为低山，东、西、南三面为低缓的黄土丘陵，相对高出盆地 40～60m。盆地内主要为洪积平原所占据，其间分布有低缓的南北向展布的垄岗状残丘。盆地内堆积有10～57m 厚的第四系冲洪积砂碎石层，上覆薄层粉土。盆地的基底由第三系泥岩、砂砾岩构成，厚 400～500m，局部地带为白垩系杂色泥岩。

根据盆地内基底起伏状况和松散沉积物厚度的变化可知，盆地内东、西边缘各分布有一条被埋藏的呈南北向延伸的凹槽，其中的松散沉积物厚度可达 40～50m，而盆地其他地带的沉积厚度一般小于 30m。从两条凹槽的展布推断，它们分别是早期的四眼井沙沟和黑马圈河的古河道。盆地基底地形的这种基本特征对区内地下水的分布、埋藏起着控制性作用，见图 3.1-1。

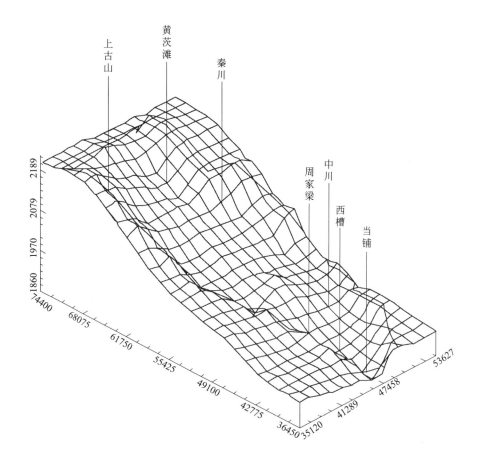

图 3.1-1　秦王川盆地基底分布示意图

3. 洪流冲沟及排洪设施

洪流冲沟分布于盆地的西、北部黄土丘陵区和基岩山区。西部黄土丘陵区较大的洪流冲沟有史喇口沟和庙沟。北部山区冲沟较多，主要有黑马圈河、路沟、黄崖沟、四眼井沙沟等。

史喇口沟出山口位于中川机场西北的史喇口村，汇水面积 24.5km²，主沟槽长 9.0km，平均坡降 13.11‰。据调查访问，自中川机场建成启用至 1996 年的 30 多年间，该沟内曾发生过三次大的洪水，其中最大的一次发生于 1968 年 6—7 月，洪水淹没沟口多家农舍及机场区，洪水历时 24h 以上，洪峰持续时间 4h 左右。该沟道洪水对机场区形成的威胁最大。机场建成后民航管理部门沿史喇口—周家梁—新农村四队—西槽乡—当铺一线开挖了一条长约 10km 的排洪渠。但因多年来未曾发生洪水，排洪渠除出山口段较为完好外，其余渠段多遭不同程度的破坏，尤其是排洪渠通过的居民点渠段，大多被垃圾填埋或辟为耕地、道路等，泄流通道不畅。

庙沟出山口位于机场办公区的西北侧，汇水区面积 6.5km²，主沟槽长 2.25km，平均坡降 58.8‰。民航管理部门自出山口起顺机场办公生活区向南至马家山，再向东至西槽建有排洪、排污渠一条（与史喇口排洪沟在西槽乡南汇合）。马家山以上段渠道宽 5~10m，深 2~5m，其中机场生活区段以混凝土预制板衬砌，渠道较为通畅。马家山以下段宽 2~10m，深 0.3~3.0m，大部分渠段窄而浅，并与区内农灌斗渠、毛渠混用，泄流通道不畅。

北部山区各洪流冲沟发洪频率与时间同史喇口沟基本一致，最大的洪水发生时间亦为 1968 年。据调查，四眼井沙沟洪水的最远流程到上、下井滩和郁家窑一带，黄崖沟洪水的最远流程到黄茨滩一带，路沟和黑马圈河洪水至上、下漫水滩和甘露池一带。各沟洪水均未波及盆地南端和机场区。

由于区内缺乏洪水径流实测资料，根据调查沟口断面洪水一般淹没深度和兰州市气象台多年实测资料，最大日降雨量 71.8mm，最大时降雨量 27mm，采用推理公式和地区经验公式计算，史喇口沟的最大洪峰流量可达 116.36m³/s，庙沟的最大洪峰流量可达 66.57m³/s，见表 3.1-2。

山洪流量计算表 表 3.1-2

洪水冲沟名称	推理公式 $Q_p=[K_1(1-K_2)P/(XP_1)n']1/(j-n'y)$	经验公式 $Q_p=KS_pF2/3$
史喇口沟	116.36m³/s	107.05m³/s
庙沟	66.574m³/s	44.20m³/s
公式来源	铁一院	水电科研所

4. 引大入秦水利工程概况

引大入秦水利工程是一项跨流域的大型引水工程，主体工程位于兰州市永登县境内，引水渠首位于大通河天堂寺，跨越甘肃省天祝藏族自治县境。

引大入秦水利工程系统包括总干渠及其枢纽、干渠、支渠以及斗渠以下的田间配套工程。总干渠长 86.94km，干渠三条，总长 122.41km，支渠 45 条，总长 687km，斗渠及斗渠以下的田间渠系总长约 1460km。工程规划灌溉面积 5.73×10⁴hm²，设计引水流量为 32m³/s，加大流量 36m³/s，年引用水量 4.43×10^8 m³。

引大入秦工程在秦王川盆地内的渠系工程有东一干渠及其十六支渠、十七支渠、十八支渠，东二干渠及其十四至二十一支渠、支干渠、电干渠及其以下支渠。设计总灌溉面积约 3.81×10^4 hm²，其中东干灌区 8963hm²，东二干渠及电干渠 2.911×10^4 hm²。灌区内综合毛灌溉定额 7620m³/hm²，净灌溉定额 4200m³/hm²。灌溉期为 3 月 20 日至 6 月 20 日（春灌、苗灌）和 9 月 1 日至 10 月 31 日（冬灌），总计灌水天数 154d 左右。

引大入秦水利工程主体工程完成于 1993 年，东一干渠于 1994 年 10 月 1 日建成通水，并于 1995 年基本实现了全面灌溉，东二干渠预计到 2000 年全部实现灌溉，全灌区 2005 年后全面实施灌溉。

东一干渠及其支渠均以水泥块衬砌，干渠呈东西向展布，各支渠呈近南北向展布。十六支渠依山而建，距离机场生活区较近。十七支渠分布在机场东侧，贯穿中川机场二期工程范围。东一干渠及其各支渠的基本情况见表 3.1-3。

1995 年度东一干渠及其支渠基本情况调查表　　　　　　　　表 3.1-3

渠道名称	秦王川盆地内长度(km)	渠道有效利用系数	渠首最大引水流量(m³/s)	渠首平均引水流量(m³/s)	渠首引水总量(1×10⁴m³)	输水天数(d)
东一干渠	20	0.90	11.60	7.89	9256.54	132
十六支	19	0.85	1.46	1.08	1159.23	132
十七支	24	0.39	1.00	0.87	937.00	132
十八支	29	0.85	3.52	2.39	3062.47	132

备注：本表数字均依据永登县东干渠工程管理处 1995 年度配水计划。

3.1.2 地下水的类型、分布及埋藏特征

秦王川盆地内的地下水有第四系松散岩类孔隙潜水（含第三系上部风化层孔隙潜水）和第三系中、下部砂砾岩孔隙裂隙承压水两类。

第四系松散岩类孔隙潜水含水层主要分布于盆地东、西两侧的古河道中，古河道以外的第四系中仅分布厚度很薄的含水层，部分地带因基底相对较高出现第四系透水不含水地段。

第四系潜水含水层岩性、厚度及埋藏等变化较大，按其分布可分为以下几个区。

1. 东部古河道区

大致位于解放村—甘露池—六墩子—中川—牛路槽一线，它的北端入口为黑马圈河。在中川以北含水层岩性为砂砾石，厚度 5～8.4m，渗透系数 25～44m/d，地下水埋深由北部漫水滩的 20.0m 左右，向南至陶家墩、五墩子一带加深至 50m 以上，之后又逐渐变浅，至中川达 35.0m 左右。中川以南含水层岩性以细砂、砾砂为主，局部地段为砂砾石，厚度一般为 4～10m，渗透系数 13～27m/d，地下水位埋深 3～35m，由北东至西南逐渐变浅，见图 3.1-2。

2. 西部古河道区

西部古河道是盆地北部四眼井沙沟在盆地内的延续，它沿贾家湾—下古山—上井滩—史喇口—西槽乡—当铺一线展布。在引大东一干渠以北地区含水层岩性为砂砾石，厚度小

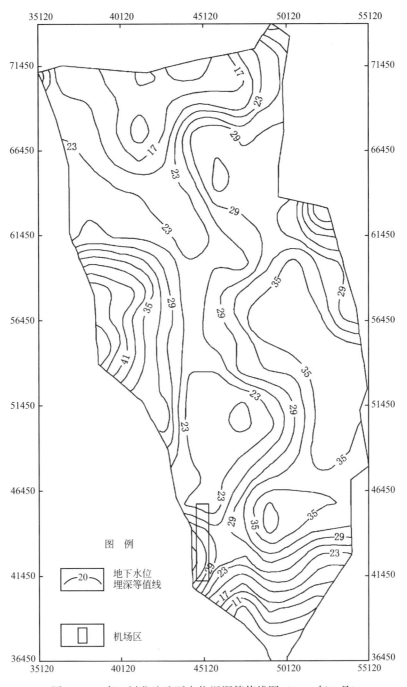

图 3.1-2　秦王川盆地地下水位埋深等值线图（1996 年 8 月）

于 5.0m，渗透系数 12～15m/d，地下水位埋深 18～47m，由北向南逐渐变深。在引大东一干渠以南地区含水层岩性由北部的砂砾石层向东南渐变为砂砾、细砂层，渗透系数的变化与岩性变化相一致，由史喇口的大于 25m/d，向南减小至 7～12m/d，含水层厚度 4～40m，由北向南逐渐增厚。本区地下水位埋深小于 45.0m，由北向南逐渐变浅，至盆地出水口当铺一带溢出地表。中川机场位于西部古河道区的中下部，地下水位埋深除周家梁附近较浅，达 13～17m 外，其余地带均在 21.7～36.0m，见图 3.1-3。

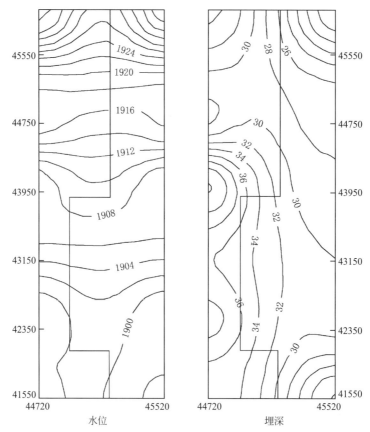

图 3.1-3　中川机场范围地下水位及埋深等值线图（1996 年 8 月）

3. 北部古河道区

分布于盆地北部山前黄崖沟—达家东梁一带，近东西向展布。含水层岩性为砂（砾）碎石及第三系基岩风化层，厚度一般为 3～4m，地下水位埋深 3～14.0m。砂（砾）碎石含水层渗透系数 10～15m/d，基岩面风化层渗透系数小于 0.5m/d。

4. 第三系风化层潜水分布区

包括除上述古河道区以外的所有其他地区，主要分布于盆地中部呈南北向展布的黄茨滩—廖家槽—尖山庙—何家梁—西槽东梁一线。因该带基岩面相对较高，含水层主要为第三系基岩面风化层，地下水位埋深 10～30m。含水层渗透系数 0.5m/d 左右。

第三系孔隙裂隙承压水含水层分布在盆地的中部和南部，含水层岩性为中新统咸水河组砂岩和砂砾岩，厚度 50～100m，水位埋深 16～60m。第三系孔隙裂隙承压含水层分布广泛，但多埋藏于盆地的中下部，其上部泥岩基本上构成了区域性隔水顶板，与第四系潜水含水层无明显的水力联系。

3.1.3　地下水补排条件及与地表水系的关系

1. 补给

秦王川盆地地下水的补给来源主要有盆地北部山区基岩裂隙水和沟谷潜流的补给、盆地内降水的入渗补给及盆地南部渠系田间灌溉水的入渗补给等三类。

分布于盆地北部的低山主要由寒武—奥陶系地层构成。岩性以石英岩、云母片岩等为主,裂隙较为发育,其中赋存的裂隙水大部分转化为沟谷潜流或地表径流补给秦王川盆地,但水量不大。资料表明,黑马圈河解放村沟谷段的潜水天然径流补给量为 $1224 \sim 2500 \mathrm{m}^3/\mathrm{d}$,四眼井沙沟双龙泉沟谷段的潜水天然径流补给量为 $1100 \mathrm{m}^3/\mathrm{d}$,黄崖沟沙河的潜水天然径流补给量为 $259 \mathrm{m}^3/\mathrm{d}$。

秦王川盆地多年平均降水量为 241.1mm,但降水在时空分布上极为不均,能够形成径流的降雨很少,而历时短的降水不易产生入渗补给,因此地下水接受降水入渗的补给量极为有限。按 $0.04 \mathrm{L}/(\mathrm{s \cdot km}^2)$ 的径流模数计算,$504 \mathrm{m}^2$ 范围内降水入渗补给量为 $20.16 \mathrm{L}/\mathrm{s}$,即 $1741.8 \mathrm{m}^3/\mathrm{d}$。

渠系田间灌溉水的入渗补给,现状主要发生在盆地南部的西槽乡、西岔乡辖区内,以引水、提水灌溉为主,其次为面积不大的井灌区。据调查,引大东一干渠现有十六支、十七支、十八支三条支渠实施灌溉,平均灌溉面积约 $5489 \mathrm{hm}^2$,西岔电灌区灌溉面积约 $1644 \mathrm{hm}^2$。若田间灌溉入渗系数取 0.185,现状灌溉定额按 $6750 \mathrm{m}^3/\mathrm{hm}^2$ 计,则仅田间灌溉入渗补给地下水量即达 $890.61 \times 10^4 \mathrm{m}^3/\mathrm{a}$。显然,渠系田间灌溉水的入渗量是本区地下水的主要补给来源。

2. 径流

秦王川盆地第四系潜水总的径流方向是由北向南运动,平均水力坡度为 9‰~14‰,见图 3.1-4。受地貌条件、地层结构和基底形态的控制,径流条件在不同地带存在着明显的差异。在盆地的北部和中部,含水层颗粒粗、透水性好,地形坡度大,地下水的水力坡度较大,平均在 10‰~12‰,在局部地带由于受第三系风化层弱透水层的影响,地下水径流不畅,水力坡度稍微变缓。在第四系砂砾石分布地带,尤其在东、西古河道区,地下水径流较畅通,水力坡度可达 12‰以上。

在盆地南部,随着含水层颗粒的相对变细,地下水水力坡度逐渐变缓,一般在 2‰~9‰,地下水径流方向大致沿东、西古河道的走向朝着当铺出水口运移汇集。

3. 排泄

秦王川盆地地下水的排泄形式有泉水溢出、陆面蒸发、沟谷潜流及人工开采等四种。

泉水溢出和陆面蒸发主要发生在盆地南部边缘当铺—芦井水一带。由于盆地基底的相对抬升,含水层厚度变薄和颗粒相对变细,地下水径流不畅,埋藏变浅至 5.0m 以内,致使一部分地下水消耗于陆面蒸发和植物蒸腾,而其余地下水基本上全部溢出地表,并通过李麻沙沟排向区外。据 1994 年 6 月和 1996 年 6 月的同期实测资料,泉水溢出量分别为 36.98L/s 和 115.74L/s。两年内泉水溢出量增加了三倍多,表现出引大入秦东一干渠实施灌溉前后,入渗补给量与泉水溢出量同步增加的一致性。

盆地内地下水以沟谷潜流排泄的主要出口分布在盆地的东南部,自北而南有大槽沟、西岔沟和姚家川沟。据调查,各沟谷地下水潜流排泄量分别为:大槽沟 $134.9 \mathrm{m}^3/\mathrm{d}$,西岔沟 $545.8 \mathrm{m}^3/\mathrm{d}$,姚家川沟 $50.1 \mathrm{m}^3/\mathrm{d}$。

人工开采以农业灌溉和人畜饮水为主,井灌区主要分布于盆地的南部和北部,现有开采井 42 口,保灌面积 $160.2 \mathrm{hm}^2$。人畜饮水以盆地西北角双龙泉上游地下水截引工程为主,供秦川、古山两乡约 2.0 万人的生活用水。显然,现状条件下,人工开采是地下水的

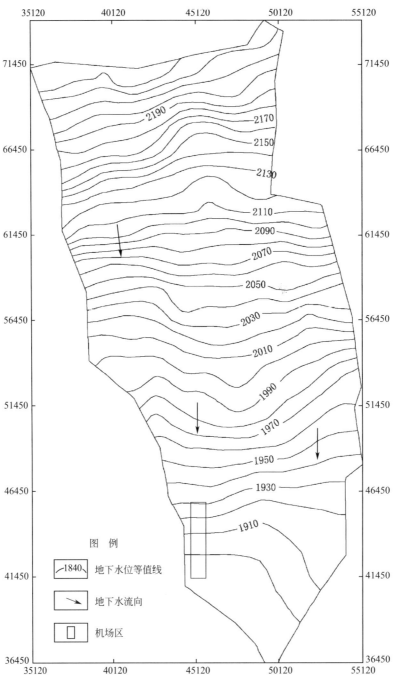

图 3.1-4 秦王川盆地地下水位等值线图（1996 年 8 月）

主要排泄途径之一。

4. 地下水与地表水系的关系

前已述及，区内无常年性地表径流，只有在 3—6 月和 9—10 月的农业灌溉期，引大入秦工程各级渠系的季节性地表径流遍布全区。各级渠系的入渗补给量是本区地下水的季节性主要补给源之一。

盆地的北部、西部山区分布有诸多的洪水冲沟，在降水量相对集中的 6—9 月，可产生短暂的洪流进入盆地，该部分地表径流除部分消耗于蒸发外，绝大部分在径流过程中渗漏补给地下水。洪水流量较大时，部分径流排向区外，洪流的入渗补给构成盆地地下水的瞬时性补给源。

盆地南端的李麻沙沟常年接纳盆地内地下水的溢出（泉水），形成沟谷溪流排向区外，为盆地地下水的主要排泄渠道。

3.1.4　地下水水位动态特征

秦王川盆地第四系孔隙潜水水位受气候及人为开采、灌溉的影响，季节性变化和年际变化十分显著，尤其是 1994 年引大入秦灌溉工程东一干渠实施灌溉后，随着灌溉面积及灌水量的逐年增加，灌溉对地下水位动态变化过程的影响愈加剧烈，成为影响地下水位动态变化的首要因素。

根据地下水位动态观测资料，中川机场区及其外围地下水动态类型属入渗—径流型，地下水位的高值期一般出现在 4—6 月和 8—10 月，低水位期则出现在 12 月和翌年的 1—2 月。年内地下水位的变化幅度 0.5～2.7m，地下水位的高值期与灌溉期基本对应，反映了地下水位受灌溉水入渗影响下的动态变化过程。

机场区及外围地下水年际变化趋于逐年上升过程。在引大入秦灌溉工程实施前的 1992 年和 1993 年，水位波动不大。1994 年后地下水位呈现逐步上升的趋势，其中 1994—1995 年间累积上升幅度为 0.2～2.5m，平均上升幅度 1.02m，年平均上升 0.51m。

据 1994 年 6 月和 1996 年 6 月同期区域水文地质调查统计结果（表 3.1-4、表 3.1-5），东一干渠以北地区地下水位升降无明显的分布规律，水位变幅 −3.60～4.00m，地下水位上升和下降观测井数各占 12 眼，且累计上升值与下降值的和为 2.00m，二者基本接近。东一干渠以南地区除中川村两眼民井水位下降外，其他 22 眼井水位全部上升，上升幅度 0.20～5.50m，平均上升幅度为 1.387m，年平均上升 0.693m。

秦王川盆地东—干渠以北地区水位埋深调查统计表　　　　　表 3.1-4

区域	点号	位置	1994 年	1996 年	水位变幅（m）
东部古河道区	D25	黄茨滩乡	37.05	36.75	0.30
	D27	达家西梁	10.55	9.75	0.80
	D28	达家东梁	15.50	13.60	1.90
	D29	上漫水滩	19.45	19.20	0.25
	D32	甘露池	29.95	29.80	0.15
	D33	沙梁墩北 2.0km	35.00	31.00	4.00
	D34	沙梁墩	25.60	29.20	−3.60
	D11	小横路	39.65	40.80	−1.15
	D09	上三盛号	49.50	51.50	−2.00
	D12	五墩子	55.62	54.80	0.82
	D08	上华家井	38.35	41.00	−2.75

续表

区域	点号	位置	1994 年	1996 年	水位变幅（m）
东部古河道区	D07	上华家井	38.75	39.00	−0.25
	D06	下华家井	28.65	30.85	−0.20
	D05	下华家井	24.80	26.37	−1.57
西部古河道区	D13	四墩子	45.66	44.50	1.16
	D46	贾家湾	17.00	18.00	−1.00
	D44	王家梁	12.20	11.80	0.40
	D43	古窑	13.10	14.80	−1.70
	D42	东古山上庄	9.95	10.00	−0.05
	D47	上古山村	24.35	21.70	2.65
	D40	炮台	23.35	21.20	2.05
	D49	尹家庄	23.25	41.50	0.55
	D51	上井滩	46.00	46.31	−0.31
	D50	下井滩	46.35	46..80	−0.45
平均水位变幅					0.0833

秦王川盆地东一干渠以南地区水位埋深调查统计表　　　　表 3.1-5

区域	点号	位置	1994 年	1996 年	水位变幅（m）
东部古河道区	D36	中川	31.10	35.80	−4.70
	D35	中川	36.80	37.00	−0.20
	D14	罗圈湾	36.00	33.50	2.50
	D37	山字墩	31.31	29.00	2.31
	D15	道水塘	33.10	30.30	2.80
	D16	上牛路槽	26.31	25.40	0.91
	D19	中牛路槽	24.50	19.00	5.50
	D24	陈家梁	22.12	21.00	1.12
	D20	下牛路槽	13.70	13.00	0.70
	D22	方家坡	16.53	7.50	6.03
	D23	隆号	6.33	3.30	3.03
西部古河道区	D03	赖家坡	41.95	41.00	0.95
	D04	赖家坡	40.90	40.30	0.60
	D58	史喇口	34.00	33.20	0.80
	D56	周家梁	13.20	13.00	0.20
	K19	华家梁	35.84	35.31	0.53
	K20	华家梁	41.10	39.65	1.45
	K21	华家梁	40.09	38.80	1.29
	K22	华家梁	39.52	38.37	1.15
	D54	西槽	23.50	22.00	1.50
	D53	西槽	24.95	21.80	3.15
	K5	新农村五队	31.44	30.70	0.74
	K8	当铺	4.57	4.00	0.57
	D57	当铺	2.05	1.70	0.35
平均水位变幅					1.387

3.1.5　地下水水化学特征

1. 区域水化学基本特征

秦王川盆地地下潜水的水化学特征主要受气候条件、地层岩性及地下水补、径、排条件的控制。其总的化学特征是矿化度高（1.04～9.89g/L）、硬度大（430.72～4899.65mg/L）、偏碱性（pH 值 7～9）、水化学类型以 $Cl^- - SO_4^{2-} - Na^+ - Mg^{2+}$ 型和 $Cl^- - SO_4^{2-} - Mg^{2+} - Na^+$ 型为主的微咸水及咸水。

本区地下水水质在空间上无明显的分带变化规律，但根据地下水矿化度的变化，可大致分出以下几个不同的水质带。

（1）矿化度 1～3g/L 的微咸水带

分布于盆地东、西古河道的绝大部分地区，另外在盆地中部和南部的局部地带亦有分布。SO_4^{2-} 含量 454.17～845.89mg/L，Cl^- 含量 287.90～1139.12mg/L，pH 值 7.45～8.70。

（2）矿化度 3～5g/L 的咸水带

主要分布于涝坝村—黄茨滩—陈家井—周家梁一带和达家西梁至甘露池的北部古河道区，其次在四墩子以南和墙圈附近亦有零星分布。SO_4^{2-} 含量 503.37～1850.75mg/L，Cl^- 含量 762.68～2350.12mg/L，pH 值 7.02～7.93。

（3）矿化度大于 5.0g/L 的咸水带

主要分布在盆地南部出口陈家河、刘家湾（李麻沙沟）及盆地东北部边缘小川子、石门沟等地和盆地中部周家庄—华家梁以西一带，Cl^- 含量最高可达 6634.04mg/L，SO_4^{2-} 含量最高达 4370.49mg/L，pH 值 7.31 左右，总硬度可高达 4899.65mg/L。

由上述水化学分布特征可以看出，东西古河道区水质相对较好，而盆地中部基底隆起区地下水水质普遍较差。

造成秦王川地下水矿化度普遍较高的原因除盆地北部的主要补给源沟谷潜流的水质较差外，盆地内径流条件差、气候干旱，地下水在径流过程中不断溶滤和蒸发浓缩也是形成本区高矿化度微咸水、咸水的主要原因。

2. 机场区水化学特征及水质动态

机场区及其外围地下水矿化度 1.608～17.452g/L，总硬度 196.53～5902.46mg/L，多属 $Cl^- - SO_4^{2-} - Na^+$、$Cl^- - SO_4^{2-} - Na^+ - Mg^{2+}$ 型和 $Cl^- - SO_4^{2-} - Na^+ - Ca^{2+}$ 型微咸水和咸水。史喇口、周家梁及其以北水质最差，属高矿化度的咸水，其余地带基本为微咸水区。

据 1994 年 6 月至 1996 年 6 月对机场区及其外围 6 个井孔的水质动态监测表明，本区地下水水质具如下动态变化规律：

（1）除个别项目外，6 月份各类离子含量及矿化度、硬度普遍较低，而 3 月份普遍较高；

（2）各井孔地下水中硬度和 Cl^-、Ca^{2+}、Mg^{2+} 含量在 10 月份出现低值，而多在 1 月份出现高值；

（3）周家梁、史喇口、当铺井孔地下水中矿化度、SO_4^{2-}、Na^+ 等在 1 月份出现低值，而在 10 月份多出现高值；

（4）地下水硬度和 Cl^-、Ca^{2+}、Mg^{2+} 的年际变化不甚明显，但矿化度和 SO_4^{2-}、Na^+ 含量均有明显的下降趋势。

据分析，上述地下水水质动态变化规律除与自然地理、气候等条件有关外，还与灌溉期大量低矿化度水的入渗补给关系密切。6月份灌溉入渗量最大，低矿化度水的稀释作用产生了地下水含盐量低值期；而3月份为非灌溉期，地下水经过长期的溶滤、蒸发作用，出现地下水含盐量相对高值期。从总体上看，引大入秦灌溉工程实施后，各类离子含量、矿化度、硬度等均有降低的趋势，即水质向好的方向发展。

3.1.6 包气带透水层基本特征

秦王川盆地内包气带土层岩性主要为冲积相砂碎石和粉土、砂、含砾砂，局部地区夹有多层厚度不大的中细砂和粉细砂层，总厚度 4.0～50.0m。厚度的变化大致表现为以盆地中下部尖山庙、何家梁、中川一线为界，南部自北而南厚度从 40.0m 左右断变为10.0m 以下；北部则大致以尖山庙—上红井槽—下红井槽—黄茨滩一线断续出露的第三系泥岩为界，分为东西两个区域。其厚度均由不到 10.0m，向东、西两侧黄土丘陵区逐渐增厚至 40.0m 以上（与东、西古河道相一致），靠近丘陵区又略为减薄。

盆地内包气带岩土层具粗细混杂、多期沉积交错叠置、结构复杂的特点。从总体上看，在水平方向上由北向南颗粒由粗变细，自东西两侧黄土丘陵区向盆地内部古河道区则由细变粗。在垂向上多呈现为粉土层和砂碎石层的多层互层状结构，地表普遍覆盖有0.5～10.0m 以上厚薄不一的粉土层，构成秦王川灌区的主要耕作层。

包气带透水层岩性以砂砾（碎）石层为主，其次为砂、砾砂等。据试验成果资料，表层粉土的渗透系数为 0.1～2.47m/d，含砾粉土为 0.24～8.15m/d，砂层为 0.43～10.13m/d，砂层和碎石层为 1.65～43.2m/d。由此可见，砂层和碎石层是本区包气带的主要透水层，粉土是极弱透水层，其余为中等透水层。表层粉土的分布厚度变化是决定降水和灌溉水入渗的重要因素。

3.2 地下水均衡计算

3.2.1 计算区的确定及均衡方程

均衡计算的对象为第四系孔隙潜水，计算的范围为整个秦王川盆地平原区，面积为 $504km^2$。均衡期的选择，依据调查和收集资料的完整程度，取 1995 年 1 月 10 日至 1996年 1 月 10 日一个水文年。

根据前述地下水补、径、排条件，秦王川盆地内的第四系孔隙潜水的补给以北部基岩裂隙水的潜流补给及盆地内的灌溉水入渗补给为主，排泄主要是盆地南端的泉水溢出、蒸发蒸腾和盆地东侧大槽沟、西岔沟、姚家川沟的径流流出等。由动态观测资料及多年地下水位变幅的统计得知，本区地下水处于正均衡状态，其均衡方程式可近似表达为：

$$(Q_渠 + Q_田 + Q_降 + Q_潜) - (Q_泉 + Q_蒸 + Q_开 + Q_侧) = \Delta Q_储 \qquad (3.2-1)$$

式中 $Q_渠$——渠系入渗量；

$\qquad Q_田$——田间灌溉水入渗量；

$Q_降$——大气降水入渗量；

$Q_潜$——潜流补给量；

$Q_泉$——泉水溢出量；

$Q_蒸$——潜水陆面蒸发量；

$Q_开$——人工开采量；

$Q_侧$——地下水侧向流出量；

$\Delta Q_储$——均衡期始末地下水储存量变化量。

3.2.2　均衡要素分析计算

1. 渠系入渗量

计算公式为：

$$Q_渠=[S \cdot M \cdot (1-\varepsilon) / (\varepsilon - q)] \cdot \beta \tag{3.2-2}$$

式中　S——净灌溉面积（hm^2）；

M——净灌溉定额（m^3 / hm^2）；

ε——渠系综合有效利用系数；

q——渠系水面蒸发量（m^3），$q = S'WT/365$，其中 S' 为水面面积（m^2），W 为蒸发度（m），T 为行水时间（d）；

β——包气带综合损耗系数，一般取 0.9。

均衡期内计算区主要有引大东干渠灌区和西岔电力提灌区实施灌溉。东一干渠总长59.38km，有效利用率89%～92%，计算区内行水段长度不足 10.0km，有效利用率可达98%以上，故东一干渠渠水入渗量不大，可忽略不计。西岔电力提灌区干渠主要分布于计算区外，计算区内的入渗量不大，亦忽略不计。故渠系水入渗量只计算支渠、斗渠的入渗量，斗渠以下渠道的入渗量均纳入田间灌溉水入渗补给量中计算。

计算参数及计算结果见表 3.2-1。

渠系水入渗量计算表　　　　　　　　　　　　　　表 3.2-1

渠名	灌溉期	渠系综合有效利用系数	灌溉面积（hm^2）	净灌定额（m^3/hm^2）	水面蒸发量计算				渠系入渗量（$1\times10^4 m^3$）	合计
					水面面积（m^2）	蒸发度（m）	行水时间（d）	蒸发量（$1\times10^4 m^3$）		
陈家井直属斗渠	春灌	0.740	9.3	2700			35	0.412	0.4232	
	苗灌	0.740	1156.73	2100	22000	1.95	36	0.424	76.4315	132.3724
	冬灌	0.740	877.07	2025			61	0.716	55.5177	
十六支	春灌	0.648	72.47	2910			35	0.710	9.6711	
	苗灌	0.691	1339.33	2138	38000	1.95	36	0.730	114.5070	190.2420
	冬灌	0.691	921.47	2025			61	1.238	73.9839	
十七支	春灌	0.724	154.73	2700			35	0.898	13.5256	
	苗灌	0.724	2595.87	2145	48000	1.95	36	0.924	190.2079	303.0436
	冬灌	0.724	1449.67	2025			61	1.564	99.3104	

续表

渠名	灌溉期	渠系综合有效利用系数	灌溉面积（hm²）	净灌定额（m³/hm²）	水面蒸发量计算 水面面积（m²）	蒸发度（m）	行水时间（d）	蒸发量（1×10⁴m³）	渠系入渗量（1×10⁴m³）	合计
十八支	春灌	0.708	962.47	2730	58000	1.95	35132	1.084	96.5552	643.9953
	苗灌	0.717	2829.20	2150			36	1.113	215.0743	
	冬灌	0.691	4099.07	2025			61	1.890	332.3658	
西岔提灌区	全年	0.720	1643.80	3480	40000	1.95	—	2.821	197.6759	197.6759
合计	—	—	18111.18						—	1475.3292

2. 田间灌溉水入渗量

计算公式为：

$$Q_{田} = S \cdot M \cdot \alpha \qquad (3.2\text{-}3)$$

式中 α——田间灌溉水入渗系数；

    S——净灌溉面积（hm²）；

    M——净灌溉定额（m³/hm²）。

田间灌溉入渗系数的大小与灌溉制度，灌水定额和灌溉地段的包气带岩性、厚度、湿度、土地平整程度等多种因素有关。引大入秦工程灌溉入渗系数按地下水位埋深的不同分别确定，取值范围为 0.1～0.25，见表 3.2-2。

灌溉入渗系数取值范围 表 3.2-2

水位埋深(m)	<10	10～20	20～30	30～40	>40
入渗系数	0.25	0.22	0.15	0.12	0.10

秦王川盆地是一个新型的灌溉区，现状灌溉制度、计划及各轮次实际灌溉面积、灌溉范围等具有很大的不确定性，不同地下水位埋深区所对应的灌溉面积实际上是难以确定的。因此，具体计算时考虑到本区地下水位埋深多小于 40m，且砂井、砂巷遍布，土地平整程度差等实际情况，灌溉入渗系数取表 3.2-2 前四项中的平均值 0.185。

田间灌溉水入渗量计算结果见表 3.2-3。

田间灌溉水入渗量计算成果表 表 3.2-3

灌溉区名称	灌溉期	灌溉面积（hm²）	净灌溉定额（m³/hm²）	田间入渗量（1×10⁴m³）	合计(10⁴m³)
陈家井直属斗渠	春灌	9.3	2700	0.4645	78.2607
	苗灌	1156.73	2100	44.9390	
	冬灌	877.07	2025	32.8572	
十六支	春灌	72.47	2910	3.9014	91.3965
	苗灌	1339.33	2138	52.9745	
	冬灌	921.47	2025	34.5206	
十七支	春灌	154.73	2700	7.7288	165.0477
	苗灌	2595.87	2145	103.0106	
	冬灌	1449.67	2025	54.3083	

灌溉区名称	灌溉期	灌溉面积 （hm²）	净灌溉定额 （m³/hm²）	田间入渗量 （1×10⁴m³）	合计（10⁴m³）
十八支	春灌	962.47	2730	48.6095	314.7023
	苗灌	2829.20	2150	112.5314	
	冬灌	4099.07	2025	153.5614	
西岔提灌区	全年	1643.80	3480	105.8278	105.8278
合计	—	18111.18	—	—	755.2350

3. 大气降水入渗量

降水入渗补给仅限于地下水位埋深小于 5.0m 的地区和单次降水大于 10.0mm 的降水量。计算公式为：

$$Q_{降}＝\alpha \cdot F \cdot X/1000 \tag{3.2-4}$$

式中 α——降水入渗系数；

F——发生降水入渗补给的面积（m²）；

X——有效降水量（mm）。

秦王川盆地多年平均降水量约 241.1mm，其中 6—10 月降水量 210.7mm，约占全年降水量的 87.4%，其他月份的降水量很小。因此，取 6—10 月的降水量为发生入渗的有效降水量。

地下水埋深小于 5m 的地区分布于盆地南部出口当铺一带及北部涝池滩、古窑一带，据调查统计其分布面积约为 $1262×10^4 m^2$。

降水入渗补给系数取 0.22。经计算，降水入渗补给地下水的量为 $58.4987×10^4 m^3/a$。

4. 潜流补给量

潜流补给主要发生于盆地北部的低山丘陵区。山区基岩裂隙水大部分以沟谷潜流或地表径流形式进入秦王川盆地，其中主要的沟谷有黑马圈河、四眼井沙河和黄崖沟沙河等，潜流补给量计算公式为：

$$Q_{潜}＝K \cdot I \cdot S \tag{3.2-5}$$

式中 K——含水层渗透系数（m/d）；

I——地下水水力坡度；

S——过水断面面积（m²）。

计算参数均采用前人勘探试验资料。计算结果见表 3.2-4。

沟谷潜流补给量计算成果表 表 3.2-4

沟谷名称	渗透系数 （m/d）	水力坡度 （‰）	断面面积 （m²）	潜流量 （1×10⁴m³/d）	备注
黑马圈河	91	15	1831.5	91.25	冶金部勘察公司
四眼井沙河	246.31	23	195	40.32	甘肃建工局设计院
黄崖沟沙河	11.35	16	1427.3	9.46	水利水电设计院
合计	—	—	—	141.03	

5. 潜水陆面蒸发量

潜水陆面蒸发主要发生于盆地北部和南端当铺一带地下水浅埋区，其计算公式为：

$$Q_蒸 = Z \cdot F / 1000 \qquad (3.2\text{-}6)$$

式中　Z——地下水陆面蒸发强度（mm/a）；

　　　F——发生陆面蒸发区的面积（m^2）。

由于计算区内未积累潜水蒸发方面的资料，陆面蒸发强度参照相似相邻地区景电一期灌溉工程对陆面蒸发强度的试验资料（表 3.2-5）确定。从表中可以看出，潜水蒸发主要发生于地下水位埋深小于 5.0m 的区域，埋深大于 5.0m 时蒸发量已很小。故计算中只考虑水位埋深小于 5.0m 的区域。蒸发强度的取值在盆地南端采用地下水埋深 0～5.0m 的算术平均值 260.94mm/a。在盆地北部采用 2.5～5.0m 的算术平均值 30.2mm/a。

不同地下水位埋深的蒸发强度表　　　　　　　　　　表 3.2-5

地下水位埋深(m)	0	0.5	1.0	1.5	2.0	2.5	3.0	3.5	4.0	4.5	5.0	6.0	7.0
蒸发强度(mm/a)	1385	595.5	306.7	231.7	170	86.4	60.1	15.1	10.8	4.8	4.0	2.0	1.0

潜水陆面蒸发量计算结果见表 3.2-6。

潜水陆面蒸发量计算成果表　　　　　　　　　　表 3.2-6

计算区域	蒸发强度(mm/a)	蒸发区面积(m^2)	蒸发量($1×10^4 m^3/a$)
盆地南端	260.94	2328762	60.7667
盆地北部	30.20	10288750	31.0720
合计	—	12617512	91.8387

6. 泉水溢出量

泉水溢出发生于盆地南端出口当铺—芦井水一带。据 1994 年 6 月和 1996 年 6 月同期实测资料，泉水溢出量分别为 36.98L/s 和 115.74L/s。以这两次实测数据的平均值计算，泉水溢出总量为 $240.8089×10^4 m^3/a$。

由于盆地内地下水径流至盆地南端区域时，除部分消耗于陆面蒸发外，基本上全部以泉水形式溢出地表排向区外，因此泉水溢出带上游地下水的断面径流量实际上就是本区地下水的泉水溢出量。故泉水溢出量亦可用下式求得：

$$Q_泉 = K \cdot I \cdot S \qquad (3.2\text{-}7)$$

计算断面位于当铺 K8 号孔—牛路槽口—陈家梁一线，断面面积 $96154m^2$，含水层渗透系数 13.46m/d，水力坡度 5.148‰。经计算，断面径流量为 $6626.7m^3/d$，即 $243.1889×10^4 m^3/a$。

上述两种计算方法结果基本一致。

7. 地下水侧向流出量

地下水侧向流出量主要包括盆地东部大槽沟口、西岔沟、姚家川沟谷潜流排泄量，计算公式为：

$$Q_侧 = K \cdot I \cdot S \qquad (3.2\text{-}8)$$

计算参数及结果见表 3.2-7。

地下水侧向流出量计算成果表　　　　　表 3.2-7

计算断面名称	渗透系数(m/d)	水力坡度(‰)	断面面积(m²)	径流排泄量(m³/d)	合计(1×10⁴m³/d)
大槽沟	8.64	12.2	1280	134.92	
西岔沟	17.09	15.4	2074	545.84	26.6764
姚家川沟	12.87	9.27	420	50.10	

8. 人工开采量

人工开采量包括农业灌溉开采量及人畜饮水开采量两项。

据调查，区内现有农业灌溉开采井 42 眼，保灌面积 160.2hm²。灌溉定额按 4800m³/hm² 计，则地下水农灌开采总量为 76.90×10³m³/a，扣除 20% 的灌溉回归水后，地下水净开采量为 61.52×10⁴m³/a。

农村人畜综合用水定额按 70L/(人·d) 计，则 2.0 万人生活用水开采量为 51.10×10⁴m³/a。

以上两项合计为 112.62×10⁴m³/a。

9. 均衡期始末储量变化量

计算公式为：

$$\Delta Q_{储} = \mu \cdot \Delta H \cdot F \tag{3.2-9}$$

式中　μ——含水层重力给水度；

　　　ΔH——均衡期始末地下水水位变幅值（m）；

　　　F——计算区面积（m²）。

据中川机场区及其外围井孔地下水动态观测资料，1995 年 1 月 10 日与 1996 年 1 月 10 日同期水位比较，除个别井孔水位有所下降外，大部分井孔地下水位呈上升趋势，上升幅度 0.06～1.03m，平均上升 0.52m（表 3.2-8）。

均衡期机场区及外围水位变幅统计表　　　　　表 3.2-8

井孔编号	K5	K7	K8	K9	K19	K20	K21	K22	D58
1995 年 1 月 10 日	1895.95	1892.37	1890.14	1898.40	1916.56	1921.56	1897.33	1897.52	1922.75
1996 年 1 月 10 日	1895.60	1893.40	1891.14	1898.79	1916.99	1921.62	1897.86	1897.79	1923.20
水位变幅值(m)	−0.35	+1.03	+1.00	+0.39	+0.43	+0.06	+0.53	+0.27	+0.45

注："+"为上升，"−"为下降。

区域水文地质调查结果表明，1994 年 6 月至 1996 年 6 月间，在东一干渠以北地区地下水位升降无明显的分布规律，水位变幅 −3.60～4.00m，但各井孔累计上升值和下降值基本接近，因此可认为该区水位变幅值近似为零；在东一干渠以南地区，地下水位普遍上升，上升幅度 0.20～5.50m，年平均上升幅度约 0.6933m，与机场区地下水动态观测结果基本一致。

依据上述资料，地下水储量变化量只计算东一干渠以南地区。水位变幅值取 0.6933m，给水度取 0.20，计算区面积在 1:5 万地形图上量得为 138.056km²。由此算得均衡期地下水储量变化量为 1914.2845×10⁴m³。

3.2.3 均衡计算

依据前述各均衡要素的分析计算结果，地下水均衡计算见表 3.2-9。从表中可看出，本区地下水补给总量为 $2430.0929\times10^4\,\mathrm{m}^3$，地下水排泄总量为 $474.324\times10^4\,\mathrm{m}^3$，两者相差 $1955.7689\times10^4\,\mathrm{m}^3$，与均衡期地下水储量变化量 $1914.2845\times10^4\,\mathrm{m}^3$ 非常接近。计算结果说明，前述各均衡要素的分析计算是比较合理和准确的，计算方法及计算参数能够正确地反映客观实际。

1995 年地下水均衡计算成果表

表 3.2-9

项目		数量（$\times10^4\,\mathrm{m}^3$）	分项占总量的百分比（%）
补给项	渠系入渗量	1475.3292	60.71
	田间灌溉入渗量	755.2350	31.08
	沟谷潜流入渗量	58.4987	2.41
	大气降水入渗量	141.03	5.80
	合计	2430.0929	100
排泄项	陆面蒸发量	91.8387	19.36
	泉水溢出量	243.1889	51.27
	侧向流出量	26.6764	5.62
	人工开采量	112.62	23.74
	合计	474.324	100
均衡差（$\times10^4\,\mathrm{m}^3$）		1955.7689	
均衡期始末储量变化量（$\times10^4\,\mathrm{m}^3$）		1914.2845	

3.3 地下水数值模拟计算与预测

3.3.1 水文地质概念模型

1. 水文地质概念模型

秦王川盆地的地下水有第四系松散岩类孔隙潜水（含第三系上部风化层孔隙潜水）及第三系深层裂隙孔隙承压水两类，两者之间以第三系上部泥岩为隔水层，并构成第四系潜水含水层的统一基底和第三系承压水的隔水顶板，两者水力联系不大。现状及引大入秦灌溉工程实施后，灌溉水的入渗补给主要影响第四系潜水含水层，因此，本次计算的对象为第四系孔隙潜水含水层。

2. 计算区范围的确定

兰州中川机场区位于秦王川盆地西南部地下水径流区，属于秦王川盆地水文地质系统中的一点，机场区地下水位的变化实际上是这一系统补给、径流、赋存过程中的局部反映，因此，对机场区地下水位上升趋势的预测，以整个秦王川盆地来全面考虑和分析，方能描绘其整体性变化趋势，从而取得切合实际的预测评价结果。

3. 边界条件的概化

垂直边界：计算区潜水含水层的底边界为第三系相对隔水的泥岩，可忽视其顶托越流补给。含水层的顶边界为潜水水位，渠系、田间灌溉水入渗是地下水的主要垂向补给量，人工开采、陆面蒸发是地下水的主要垂向排泄量。

水平边界：计算区潜水含水层的四周边界均为第二类边界。其中，盆地北部的四眼井沙河、黑马圈河及黄崖沟沙河地下潜流补给盆地，设定为已知流量补给边界；盆地南部、东部的李麻沙河、姚家川沟、西岔沟和大槽沟为第四系潜水的主要排泄通道，设定为已知流量排泄边界；盆地四周的其他大部分地段为低山丘陵及黄土覆盖下的低山丘陵区，基岩裂隙水对平原区地下水的补给量甚微，设定为零流量边界。

4. 含水层内部结构的概化

盆地内潜水含水层及包气带透水岩层均属冲洪积相砂碎石及砂，其总的特征是厚度变化大、岩性结构复杂、渗透性能差，且在纵横方向上差异明显等。因此，将含水层概化为非均质各向同性。

含水层渗透性根据抽水、注水、渗水试验成果，结合区内地质、地貌特征及地下水分布、运移规律，将计算区划分为 14 个均质化区（图 3.3-1）。

5. 含水层水力特征的概化

计算区含水层厚度不大，但区域性灌溉引起的地下水位变化表现为整体性缓慢上升状态，故将地下水流概化为二维非稳定流，且渗流符合达西定律。

3.3.2　数学模型及计算方法

1. 数学模型

依据上述水文地质模型，计算区潜水二维流的数学模型为：

$$\begin{cases} \partial/\partial x\left[k(h-B)\partial h/\partial x\right]+\partial/\partial y\left[(h-B)\partial h/\partial y\right] \\ +QE(x,y,t)-QV(x,y,t)=\mu\cdot\partial h/\partial t \\ h(x,y,o)=H_0(x,y) \\ k(h-B)\partial h/\partial n\,|\,\Gamma_2=-q(x,y,t) \end{cases} \quad (x,y)\in D,t>0 \quad (3.3\text{-}1)$$

式中　　h——地下水水位高程（m）；

k——含水层渗透系数（m/d）；

B——含水层底板高程（m）；

$QE(x,y,t)$——垂向入渗补给强度$[\mathrm{m}^3/(\mathrm{d}\cdot\mathrm{m}^2)]$；

$QV(x,y,t)$——含蒸发在内的开采强度$[\mathrm{m}^3/(\mathrm{d}\cdot\mathrm{m}^2)]$；

$q(x,y,t)$——单位时间内通过边界单位长度的侧向补给量$[\mathrm{m}^3/(\mathrm{d}\cdot\mathrm{m}^2)]$；

$H_0(x,y)$——初始水位（m）；

n——边界上的内法线；

μ——潜水含水层给水度；

D——计算区域；

t——时间（d）；

Γ_2——二类边界。

2. 网格剖分

计算区域采用不规则三角网格剖分，剖分时遵循以下原则：

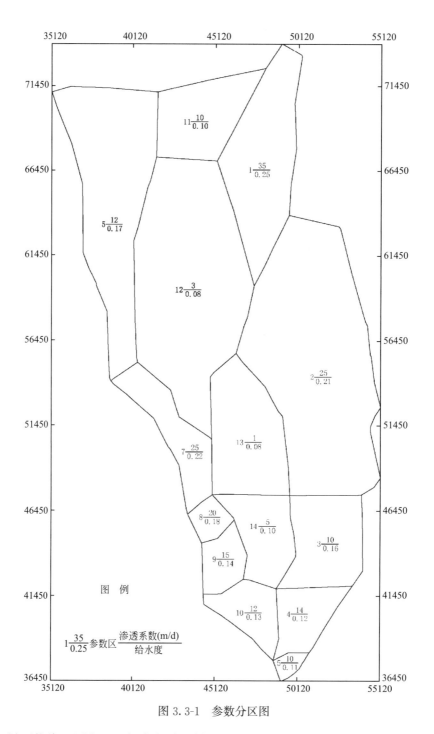

图 3.3-1　参数分区图

（1）尽可能将观测点和已知水点放在结点上；

（2）三角形的每个内角尽量为 30°～90°，最长边与最短边之比不超过 3∶1；

（3）计算区南部和机场区结点应尽量加密，计算区北部根据水点的分布可适当稀疏，但相邻单元的大小不能相差太大。

依据上述单元剖分原则，将计算区剖分为 207 个单元，单元面积 0.258～11.191km²，平均面积 2.114km²；剖分结点总数 129 个，其中二类边界结点 49 个（图 3.3-2）。

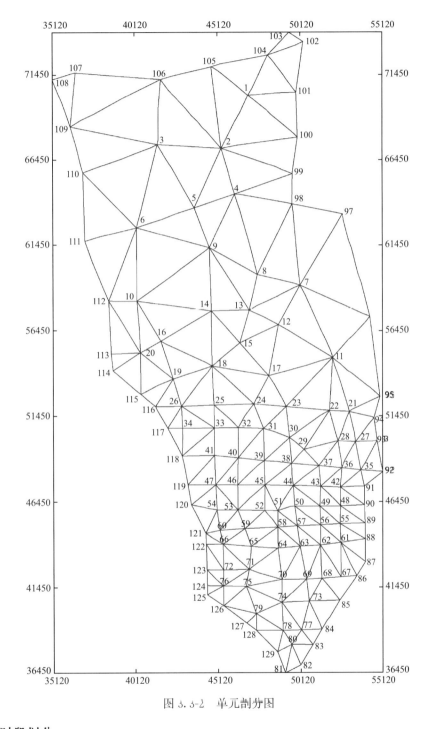

图 3.3-2　单元剖分图

3. 时段划分

模型计算时间为 1994 年 6 月至 1996 年 5 月两个水文年，时段步长以 30d 划分（对应月份的天数计，即 28～31d），共划分为 23 个时段。

3.3.3 源汇项的概化和分配

源汇项实际上就是前述均衡计算中的各项均衡要素，包括渠系入渗、田间灌溉水入渗、降水入渗、沟谷潜流补给、蒸发、泉水溢出、人工开采及地下水的侧向流出等。

1. 垂向入渗补给量

垂向入渗补给量包括渠系入渗量、田间灌溉水入渗量和降水入渗量，根据其分布特征均概化为面状入渗补给，入渗量按强度分配，计算公式为：

$$QE = a(Q_渠 + Q_田)/S_1 T_1 + Q_降/S_2 T_2 \tag{3.3-2}$$

式中　QE——垂向入渗补给强度 $[m^3/(d·m^2)]$；

　　　S_1——净灌溉面积（m^2）；

　　　T_1——灌溉时间（d）；

　　　S_2——发生降水入渗区的面积（m^2）；

　　　T_2——发生降水入渗的时间（d）；

　　　a——土地利用系数，为 0.76；

$Q_渠$、$Q_田$、$Q_降$——符号意义同前。

渠系入渗、田间灌溉水入渗的发生时间为 3—6 月和 9—10 月，降水入渗发生时间为 6—10 月。各时段对应的 $Q_渠$、$Q_田$、$Q_降$ 分别按式（3.2-2）、式（3.2-3）和式（3.2-4）求得。

2. 垂向排泄量

垂向排泄量包括陆面蒸发及人工开采两项。人工开采区分布零散，且开采井孔位难以准确确定，因此按其分布区域，同潜水陆面蒸发一样概化为面状排泄，排泄量按强度分配，计算公式为：

$$QV = E/35000 + Q_开/S_3 T_3 \tag{3.3-3}$$

式中　QV——垂向排泄强度 $[m^3/(d·m^2)]$；

　　　E——潜水陆面蒸发强度，根据地下水位的埋深区间，按表 3.2-5 确定（mm/a）；

　　　S_3——开采井分布区面积（m^2）；

　　　T_3——开采时间（d），同灌溉时间一致；

　　　$Q_开$——意义及计算方法同前。

3. 边界量的分配

泉水溢出分布于盆地的南端出口，因溢出区相对集中，且呈线状分布，泉水流量受农田灌溉等影响，季节性变化较大。故根据其溢出带宽度和溢出区上游 K8 号孔水位动态观测资料，按单位时间（时段）分配到对应的边界上去。计算公式为：

$$q = Q(k)/B \tag{3.3-4}$$

$$Q(k) = Q_1 + [(Q_2 - Q_1)/(H_2 - H_1)](H_k - H_1) \tag{3.3-5}$$

式中　q——泉水溢出区对应边界的排泄强度 $[m^3/(d·m^2)]$；

　　$Q(k)$——时段内的泉水溢出量（m^3/d）；

　　　B——泉水溢出区对应的边界长度（m）；

Q_1、Q_2——分别为 1994 年 6 月和 1996 年 6 月实测泉水流量（m^3/d）；

H_1、H_2——分别为 1994 年 6 月和 1996 年 6 月 K8 号孔实测地下水位高程（m）；

　　H_k——k 时段内 K8 号孔实测地下水位高程平均值（m）。

沟谷潜流补给量及地下水侧向流出量比较稳定，根据它们的补给（排泄）带宽度分配到其进（出）口所处三角形单元对应的边界上。

3.3.4　数学模型的校正和验证

1. 数学模型的校正

源汇项的确定是在区域地下水均衡成果的基础上计算求得的，可认为其基本正确，模型运行时不予校正。计算区各分区的参数初值是根据抽水试验资料和按经验确定的，具有一定的局限性，需经进一步的调试校正，以求得更为准确的水文地质参数。

选取 1994 年 6 月至 1996 年 2 月引大入秦灌溉工程实施初期（9～10 月冬灌面积保持原来状态）的地下水位相对稳定期作为校正模型的时段。

参数的校正采用试算法进行，调试结果参数区划分基本正确，参数值较给定的初值多有所增大，见表 3.3-1。

参数调试结果表　　　　　　　　　　　　　　　　表 3.3-1

参数区号	参数初值		调试参数	
	K(m/d)	μ	K(m/d)	μ
1	35	0.25	35	0.25
2	25	0.21	25	0.24
3	18	0.16	20	0.19
4	14	0.12	17	0.16
5	10	0.11	13	0.13
6	12	0.17	15	0.14
7	25	0.22	25	0.24
8	20	0.18	18	0.17
9	15	0.14	24	0.23
10	12	0.13	21	0.19
11	10	0.10	14	0.12
12	3	0.08	5.7	0.09
13	1	0.08	5.3	0.09
14	5	0.10	20	0.21

在 8 个观测点中，水位计算值与实测值的最大绝对误差为 1.09m，其中绝对误差小于 0.3m 的占 62.5%，小于 0.5m 的占 78.1%，小于 1.0m 的占 98.4%。

总的来看，水位拟合精度较高，模型能比较客观、真实地反映地下水系统的运动过程，说明各源汇项的确定比较合理，微分方程及边界条件正确。

2. 验证数学模型

为进一步检验调参结果的精度、验证数学模型的可靠性，取 1994 年 6 月至 1996 年 5 月 8 个观测孔的水位历史资料进行水位拟合验证。验证结果，184 个拟合点中计算值与实测值的最大绝对误差为 1.67m，其中小于 0.5m 的占 47.9%，小于 1.0m 的占 94.1%，而大于 1.0m 的曲线拟合的相对误差全部小于时段水位变幅的 5%。图 3.3-3 反映了 1996 年 6 月计算水位与实测水位梯度场的拟合情况。从图中可以看出，计算水位与实测水位拟合较好，模拟降速场、梯度场的变化规律与实际地下水系统变化规律基本一致，说明模型能够真实反映实际系统的运动过程。因此，校正后的模型是可靠的，可以用于地下水位预测。

模型校正与验证所利用的地下水动态观测井均位于盆地南部的西侧古河道区，而其他地段的校正与验证均参照 1994 年和 1996 年度区域统测水位资料进行了计算期内变化幅度与发展趋势的拟合，效果较好。

3.3.5　地下水位预测

1. 预测条件

1）预测时段的选择

选用 1996 年 6 月实测地下水流场作为预测的初始流场（图 3.3-3），预测未来 5、10、15 年后地下水位的变化情况。取一个水文年作为一个预测时段，共计 15 个时段。

2）预测方案的制定

由于灌溉水的入渗量是本区地下水的主要补给来源，而且随着引大入秦灌溉工程的逐步实施，灌溉入渗量将越来越大。因此，引大水利工程的建设计划及实施进度即是本次地下水位的预测方案，根据《甘肃省引大入秦灌溉工程可行性研究报告》，秦王川灌区规划灌溉总面积 $3.81 \times 10^4 hm^2$。按其建设计划及实际实施进度，东一干渠已于 1994 年 10 月 1 日输水，并于 1995 年基本实现了全部灌溉；东二干渠预计 1997 年输水，到 2000 年实现全部灌溉；北部电干渠预计 2001 年后逐步实施灌溉；全灌区 2005 年后全面实施灌溉，灌溉面积保持不变，灌溉入渗量趋于稳定。

3）源汇项及边界条件的处理

利用已经建立的地下水数值模型预测地下水位的变化趋势时，其计算区北部的边界沟谷潜流补给量和大气降水入渗量、地下水开采量等变化不大，预报中可近似取校正模型时的值。而灌溉水入渗量、陆面蒸发量、泉水溢出量等是随时间变化的，是进行预测的主要限制条件。

潜水陆面蒸发量：按预测前一时段能够产生蒸发的水位埋深值相应的分布面积，根据前述蒸发量及蒸发强度的计算方法确定。

泉水溢出量：根据预测前一时段泉水溢出区上游 K8 号孔（79 号结点）的计算水位，按式(3.3-4)和式(3.3-5)计算确定。

地下水侧向流出量：包括大槽沟、西岔沟、姚家川沟三条沟谷的侧向流出量。各排泄口在计算时段的径流量分别根据其预测前一时段相应边界结点的平均含水层厚度，按下列公式计算：

$$Q(t) = K \cdot I \cdot B \cdot H_{t-1} \qquad (3.3-6)$$

式中　$Q(t)$——t 时段的径流排泄量（m^3/d）；

　　　　B——断面宽度（m）；

　　　　H_{t-1}——$t-1$ 时段排泄口对应边界结点的平均含水层厚度（m）；

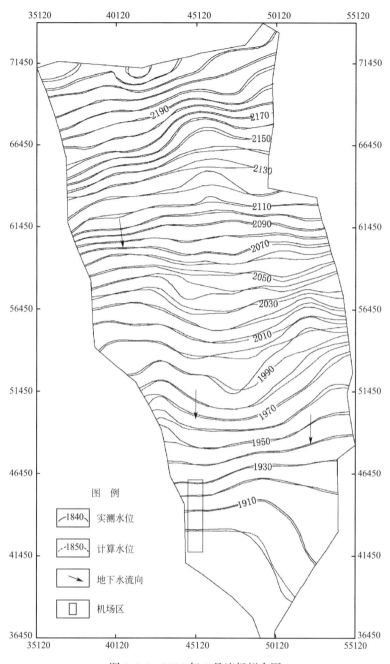

图 3.3-3　1996 年 6 月流场拟合图

K、I——意义同前。

各排泄口的计算参数见表 3.3-2。

预测期地下水侧向流出量计算参数表　　　　　　表 3.3-2

排泄口名称	K(m/d)	I(‰)	B(m)	H_0(m)	H_{t-1}(m)
大槽沟	8.64	12.2	450	2.84	$(H_{94}^{t-1}+H_{95}^{t-1})/2$
西岔沟	17.099	15.4	650	3.19	$(H_{91}^{t-1}+H_{92}^{t-1})/2$
姚家川沟	12.87	9.27	150	2.80	$(H_{86}^{t-1}+H_{87}^{t-1})/2$

2. 预测结果

1）区域地下水位预测

依据前述数学模型及预测条件对秦王川盆地地下水位变化的预测结果见图 3.3-4～图 3.3-6。

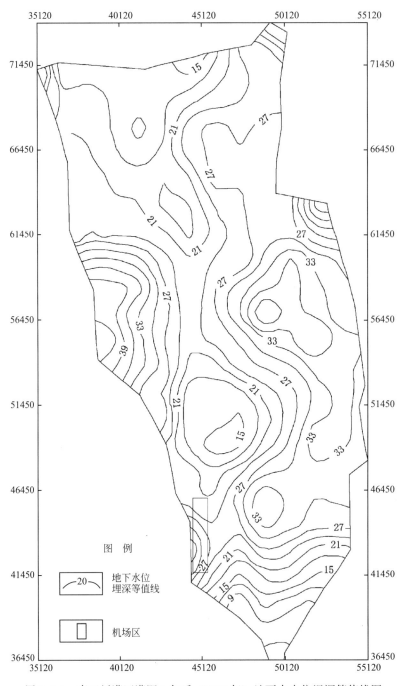

图 3.3-4　秦王川灌区灌溉 5 年后（2001 年）地下水水位埋深等值线图

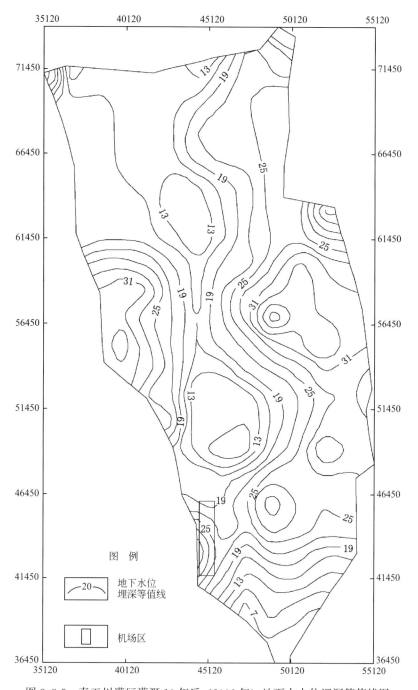

图 3.3-5　秦王川灌区灌溉 10 年后（2006 年）地下水水位埋深等值线图

分析计算结果表明，秦王川盆地地下水上升具有如下变化规律：

（1）从计算初期到东二干渠全面实施灌溉期间，即到 2001 年时，全区地下水累计上升幅度 2.32m，年均上升幅度 0.46m。其中，东一干灌区累计上升 2.82m，年均上升幅度 0.56m；东二干灌区累计上升 2.33m，年均上升幅度 0.47m；电干灌区地下水位略有下降，累计下降幅度 -1.04m。

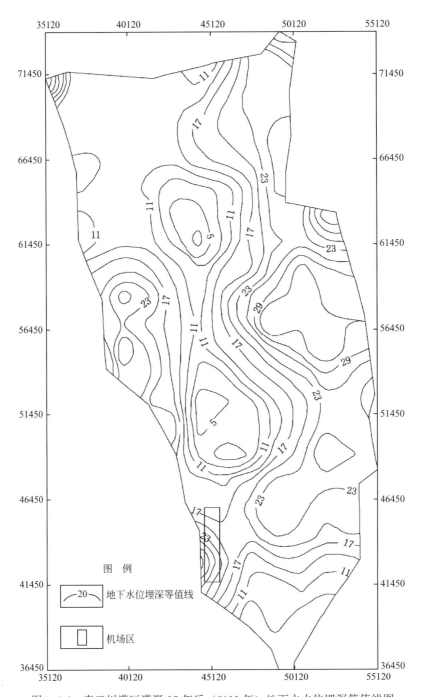

图 3.3-6　秦王川灌区灌溉 15 年后（2011 年）地下水水位埋深等值线图

（2）东一、二干渠全面实施灌溉后 5 年，电干渠由初步实施至全面灌溉期间，即在 2002—2006 年，全区地下水平均累计上升幅度 3.23m，期间内年均上升 0.65m。其中，东一干灌区平均上升 2.92m，年均上升 0.58m；东二干灌区平均上升 5.10m，年均上升 1.02m；电干灌区地下水位回升至现状地下水水平。

（3）秦王川灌区全面实施灌溉后 5 年间，即 2007—2011 年，全区地下水平均累计上升幅度 3.39m，期间年均上升 0.68m。其中，东一干灌区平均上升 3.01m，年均上升 0.60m；东二干灌区平均上升 5.37m，年均上升 1.07m；电干灌区平均上升 1.66m，年均上升 0.33m。

（4）从 1997 年起至 2011 年，全区地下水平均累计上升幅度 8.94m，年均上升 0.60m。其中，东一干灌区累计上升 8.79m，年均上升 0.59m；东二干灌区累计上升 12.79m，年均上升 0.85m；电干灌区灌溉前由于局部开采地下水，水位呈现下降趋势，实施灌溉后水位开始回升，计算期末水位上升 1.66m。

2）机场区地下水位预测

秦王川盆地引大入秦工程实施后 5、10、15 年末机场区地下水水位、埋深及上升幅度的变化情况见表 3.3-3 和图 3.3-7～图 3.3-9。

机场区域地下水位上升幅度及埋深预测结果表 　　　　表 3.3-3

位置	计算结点	现状水位埋深(m)	累计上升幅度(m)			水位埋深(m)		
			5 年	10 年	15 年	5 年	10 年	15 年
周家梁	54	16.29	0.88	1.99	4.89	15.41	14.30	11.40
新农村四队西	60	26.70	1.76	4.71	9.62	24.94	21.99	17.08
新农村五队南	66	28.01	4.82	9.08	11.16	23.19	18.93	16.85
新农村五队南 1.0km	72	30.54	2.02	4.39	4.28	28.52	26.15	26.26
西槽公路、渠交叉口	76	21.71	0.47	0.86	4.23	21.24	20.85	17.48
史喇口	120	34.50	11.80	16.75	18.45	22.70	17.75	16.05
中兔墩子	121	27.36	1.51	3.86	6.70	25.85	27.00	20.66
空军指挥塔	122	42.54	2.27	5.22	10.12	40.27	37.32	32.42
机场南大门	123	38.90	0.54	2.94	6.18	38.36	35.96	32.72
马家山岔路口	124	35.41	3.10	5.11	5.32	32.31	30.30	30.09

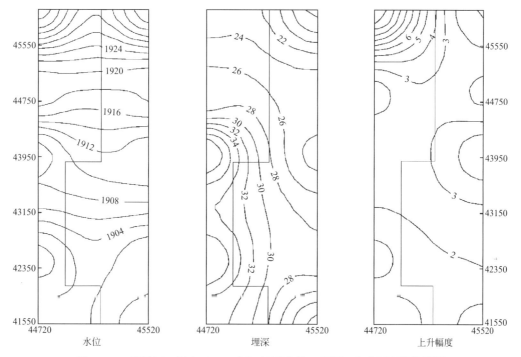

图 3.3-7　机场区 5 年末（2001 年）地下水位、埋深、上升幅度等值线图

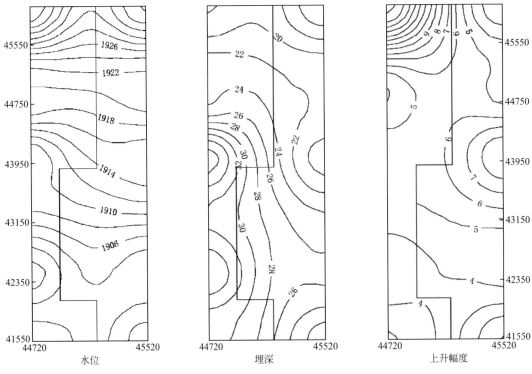

图 3.3-8　机场区 10 年末（2006 年）地下水位、埋深、上升幅度等值线图

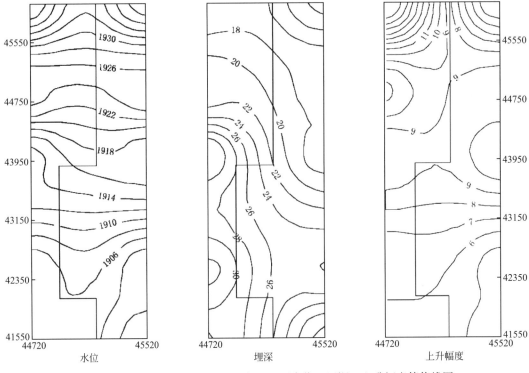

图 3.3-9　机场区 15 年末（2011 年）地下水位、埋深、上升幅度等值线图

分析计算结果可知，未来 15 年后，机场区域地下水位将在目前的基础上上升 4.23～18.45m，平均上升幅度达 8.10m，其中以老机场跑道北端西北 700m 左右的史喇口上升幅度最大，为 18.45m，拟建机场跑道东南角上升幅度最小，为 4.23m。机场区域 15 年末地下水位变化的具体分布特征为：

老机场区西侧公路沿线地下水上升幅度在中兔墩子北为 6.70m，空军指挥塔一带为 10.12m，机场南大门一带为 6.18m，马家山岔路口为 5.32m。地下水位上升后各处对应的地下水位埋深分别为 20.66、32.42、32.72 和 30.09m。

拟建机场跑道东侧地下水位上升幅度在周家梁为 4.89m（东西向 100 线），新农村四队西为 9.62m（15 线），新农村五队西南角为 11.16m（37 线），新农村五队南 1.0km 的 K5 号孔为 4.28m（69 线），西槽公路与十七支渠交叉口处为 4.23m（93 线）。各点相应的水位埋深分别为 11.40、17.08、16.85、26.26 和 17.48m。

老机场跑道区及拟建机场区西侧地下水位的上升幅度及水位埋深变化在上述两者之间。上升幅度自南而北变化在 6～12m，水位埋深由北向南变化在 16～24m。

3. 预测结果评述

（1）由于地下水动态观测期限短，观测井分布局限，因此，对地下水位的预测时间不宜过长。从目前预测时段内的计算结果来看，区域地下水径流系统尚未达到新的动态平衡，即地下水位的上升趋势仍在继续。但进一步分析计算结果可知，预测期限内有相当一部分计算结点地下水位上升速率在 10 年后已开始减缓，地下水位埋深的变化呈现逐步稳定的趋势（图 3.3-10）。

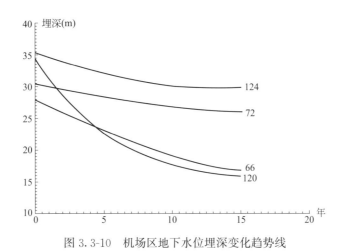

图 3.3-10 机场区地下水位埋深变化趋势线

（2）机场区域水位上升幅度的差异与环境水文地质条件的变化相一致。史喇口及以北段沟槽狭窄，过水断面小，日益增大的地下水径流量不能顺畅通过，致使该段沟槽内地下水上升幅度较大（中喇口），而沟槽边缘地下水上升幅度则较小（周家梁）。机场南端西槽公路一带，沟槽相对变宽，距盆地排泄口较近（蒸发和泉水溢出），因而其上升幅度也相对较小。

（3）据本区场地勘察成果资料及不良地质体探测及检验资料，拟建机场区冲洪积角砾层面的埋藏深度在跑道南端约 600m 范围内（Ⅳ区）为 10～12m；向北至 K5 号孔—机场停机坪一线以南地段（Ⅲ区）较深，为 10～20m，再向北至新农村四队（Ⅱ区）为 3～6m，新农村四队以北（Ⅰ区）为 1～3m。各区湿陷性黄土的分布厚度分别为Ⅳ区 4～8m，Ⅲ区 6～13m，局部达 15m，Ⅱ区 3～6m，Ⅰ区 1～3m。不良地质体的分布深度在Ⅲ～Ⅳ区为 15～16m，Ⅰ～Ⅱ区一般为 4～5m，最大 7～8m。由此可见，在引大入秦灌溉工程实施 15 年后，机场区地下水位基本上处于第一层角砾层面以下 5～15m 的位置和不良地质体的下部，只有在跑道西侧停机坪的南端局部地段地下水位可能上升至第一层角砾层中。因此，地下水位上升不会对拟建机场跑道土基产生不良影响。

（4）引大入秦灌溉工程实施 15 年后，机场区地下水位埋藏最浅处为 11.40m，超过地下水蒸发埋藏深度（或土壤发生盐渍化的临界深度），机场区域内不会产生土壤盐渍化现象。

3.4 地下水位预测成果及处置建议

（1）区域地下水均衡计算结果表明，秦王川盆地地下水补给量为 $2430.09 \times 10^4 \, m^3/a$，排泄量为 $474.32 \times 10^4 \, m^3/a$，均衡期始末地下水储量变化量为 $1914.28 \times 10^4 \, m^3/a$，呈正均衡状态。地下水补给量中，渠系、田间入渗量占 91.79%，大气降水入渗量占 5.80%，沟谷潜流补给量占 2.41%。地下水排泄量中，泉水溢出量占 51.27%，人工开采量占 23.74%，陆面蒸发量占 19.36%，地下水侧向流出量占 5.62%。

（2）机场区地下水动态类型属入渗—径流型。年内地下水位的高值期与灌溉期基本相对应，反映了地下水位受灌溉入渗影响的动态过程；年际间地下水位的变动趋于逐年上升的过程，上升区范围与灌溉区范围相一致，年平均上升幅度 0.693m。

（3）机场区及其外围地下水矿化度 1.608～17.452g/L，总硬度 196.53～5902.46mg/L，多属 $Cl^- - SO_4^{2-} - Na^+$、$Cl^- - SO_4^{2-} - Na^+ - Mg^{2+}$ 型和 $Cl^- - SO_4^{2-} - Na^+ - Ca^{2+}$ 型微咸水和咸水。

（4）现机场区西侧黄土丘陵区分布的史喇口沟和庙沟两条洪流冲沟发生洪水时均可对机场跑道安全构成威胁。据采用推理公式和地区经验公式计算，史喇口沟的最大洪峰流量为 $116.36m^3/s$，庙沟的最大洪峰流量为 $66.57m^3/s$。两条洪流冲沟已建的排洪渠均存在不同程度的堵塞，泄流通道不畅，给机场防洪留下了隐患。

（5）利用地下水数学模型预测结果表明，计算初期到全灌区全面灌溉后 15 年内，秦王川灌区地下水平均累计上升幅度 8.94m，年均上升 0.60m。其中，东一干灌区累计上升 8.79m，年均上升 0.59m；东二干灌区累计上升 12.79m，年均上升 0.85m；电干灌区灌溉前由于局部地区地下水的开采，水位呈现下降趋势，实施灌溉后水位开始回升，计算期末水位上升 1.66m。

（6）机场区域地下水位预测结果表明：

①老机场区西侧公路沿线地下水上升幅度在中兔墩子北为 6.7m，空军指挥塔一带为 10.12m，机场南大门一带为 6.18m，马家山岔路口为 5.32m。地下水位上升后，各处对应的地下水位埋深分别为 20.66、32.42、32.72 和 30.09m。

②机场跑道东侧地下水位上升在周家梁为 4.89m，新农村四队西为 9.62m，新农村五队西南角为 11.16m，新农村五队南的 K5 号孔为 4.28m，西槽公路与十七支渠交叉口

处为 4.23m。各点地下水位上升后相应的水位埋深分别为 11.40、17.08、16.85、26.26 和 17.48m。

③老机场跑道区及拟建机场区西侧地下水位的上升幅度自南而北变化在 6～12m，水位埋深由北向南变化在 16～24m。

（7）引大入秦灌溉实施 15 年后，机场区地下水位基本上处于角砾层面以下 5～15m 的位置和暗埋砂井、砂巷等不良地质体的下部，只有在跑道西侧停机坪的局部地带地下水位可上升至角砾层中。因此，地下水位上升不会对拟建机场跑道土基产生不良影响。

（8）本次预测结果与 1994 年渗流场数学模型预测结果相比较，预测条件一致，但地下水位上升幅度较 1994 年预测小 1.5～2.0m，两次预测结果基本一致，本次预测精度略高。

（9）根据 1994 年用水量均衡预测计算结果，东一、二、电干渠全面实施灌溉后，地下水位在 52 年达到最终动态平衡，达到最终动态平衡时机场区的地下水位最浅埋深：史喇口—周家梁剖面 7.8m，新农村五队附近 15.5m，拟建机场跑道南端点 12.7m。本次预测 15 年地下水位埋深：史喇口 16.45m，周家梁 11.4m，新农村五队附近 17m 左右，新农村五队以南至跑道南端点 17～26m，至兰州—景泰公路附近 17.48m。虽然 15 年以后地下水位仍上升，但上升幅度较小，且部分地段趋于稳定，最终上升高度不会超过 1994 年采用水均衡法预测的上升高度。

（10）通过系统分析秦王川盆地环境水文地质条件，兰州新区开发建设应关注以下几个方面的问题：

①应尽快疏通史喇口沟和庙沟排洪渠被堵塞和填埋的区段，保证泄洪渠道的畅通。

②兰州新区南端当铺泉水沟沿线串珠状修建有几十个养鱼池塘，阶梯状堤坝阻挡了地下水的正常径流，造成泉水积聚汇流和地下水位的抬升。为减缓周围地区地下水位上升速度，建议分阶段疏通泉水出露带。

③2010 年 8 月，甘肃省委、省政府开始在秦王川盆地筹建兰州新区。2012 年 8 月，国务院批复设立兰州新区，定位为国家重要的产业基地，现开发建设面积已达 200km^2。由于秦王川盆地土地使用性质的改变，引大入秦灌区农业用地转化为城市建设用地，地下水的入渗补给条件发生了根本性变化，地下水环境条件变化更加复杂。因此，应进一步完善兰州新区地下水动态监测网，分析地下水位变化对工程建设产生的不利影响，合理规划布局地下水位上升影响区的土地开发利用。

第4章

暗埋不良地质体探测与处理

4.1 暗埋不良地质体成因、类型和特点

4.1.1 暗埋不良地质体的成因

兰州新区西部、南部广泛分布有不同时期形成的暗埋不良地质体，其成因主要有以下两大类：一是历史上采掘砂砾石压砂保墒形成的暗埋不良地质体，二是当代采掘砂砾作为建筑材料形成的暗埋不良地质体。该两大类成因的暗埋不良地质体，对兰州新区的工程建设规划、投资及安全均带来不利影响，是工程建设的严重安全隐患。

兰州新区所处的秦王川盆地原为干旱农业区，历代农民旱田耕作时，为减少土壤水分蒸发，保持土壤湿度和温度，防止盐碱化，多在农田中就地取材，采掘砂砾石铺盖在耕地表层。农田地表黄土覆盖层较薄时，则剥离表层黄土形成采砂明坑；黄土覆盖较厚时，先开挖竖井或斜井至下部砂砾石层后向不同方向开挖水平巷道而开采砂砾石，因挖砂采空，在地下形成了大小、深度和性状各异的砂坑、砂井和砂巷。自20世纪70年代实施引大入秦灌溉工程以来，随着灌区工程的逐步实施和全面配套，旱作农田平整改造为水浇地时，破坏了原始地形地貌和工程地质条件，在平田整地过程中，采砂坑、砂井井口被填埋，部分砂巷后期坍落发展至地面形成陷坑后被二次填平，在现地表很难看出采砂痕迹，这种前期形成或后期演变的空洞及软弱体，受灌溉水、雨水入渗影响，不断引起空洞和填埋区的湿陷和塌陷，从而形成第一大类暗埋不良地质体。

2010年12月，甘肃省设立兰州新区；2012年8月，国务院批复为国家级新区，随之兰州新区开展大规模工程建设。由于天然建筑材料的缺乏，随意开采取土取砂现象普遍存在，受此影响，兰州新区南部地区产生众多采掘坑，后期在场地平整过程中虽经回填，但未进行有效的填料种类控制和回填质量控制，回填物质成分复杂，含有大量生活垃圾、建筑垃圾等，部分采砂坑作为洗砂用水的排放场地，坑底分布有大量软弱的淤积土，与周边原始地层结构相比，该部分回填土物质组成复杂，工程性质较差。随着城市化进程的推进，往往面临新建工程穿越、跨越该类土体，针对工程而言，亦属于暗埋不良地质体，与第一大类暗埋不良地质体相比，其成因不同，形成时代不同，将其归类为第二大类暗埋不良地质体，本章所述主要为第一大类暗埋不良地质体。

4.1.2　暗埋不良地质体的类型

暗埋不良地质体的成因类型和形态特征随表层覆盖层厚度而定，历史上采掘砂砾石压砂保墒形成的暗埋不良地质体，随后期农田平整与灌溉入渗等人类活动因素而演变。根据多年来的调查及工程实例，兰州新区暗埋不良地质体可分为三种类型，即填埋型、塌陷型及空洞型。

1. 填埋型

多分布于表层覆土厚 1.0～3.0m 的区域，剥离表层黄土后以明坑形式采掘下部砂砾石，采砂坑大小随开采历史长短而定，小者直径仅 3.0～5.0m，大者直径可达 30.0～50.0m，个别长度数百米，在后期土地改造及工程建设平整场地时，采砂坑被粉土、砾石等回填，部分为生活垃圾、建筑垃圾回填，回填土物质组成复杂，密实度、均匀性均较差，与周边原始地层结构、工程性质相比有明显差异，形成暗埋砂坑，见图 4.1-1 和图 4.1-2。部分暗埋砂坑后期受农田灌溉用水、雨水下渗影响，沉陷形成凹坑、裂缝等。

图 4.1-1　填埋型暗埋不良地质体现场照片

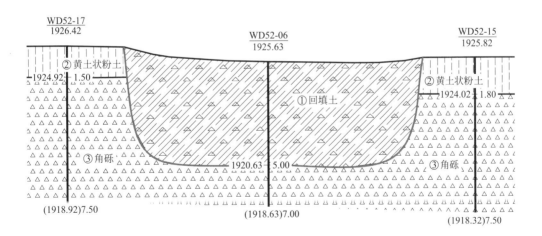

图 4.1-2　填埋型暗埋不良地质体剖面示意图

2. 塌陷型

黄土厚度 3.0～6.0m，以斜巷或明坑斜巷开挖至砂砾层面，再开挖平巷开采砂砾，主巷道一般长 15.0～20.0m，支巷长 2.0～10.0m，巷道宽 1.0～2.0m，高 3.0～5.0m。改为水浇地后，经自然或灌溉水入渗坍落而成，后期土地改造及工程建设平整场地时，斜巷顶板塌陷后经回填。随着灌溉水、雨水入渗，局部出现地面裂缝、塌陷等地表变形，局部尚处在塌陷过程中，浅部残留有小型黄土空洞，见图 4.1-3 和图 4.1-4。

图 4.1-3　塌陷型暗埋不良地质体现场照片

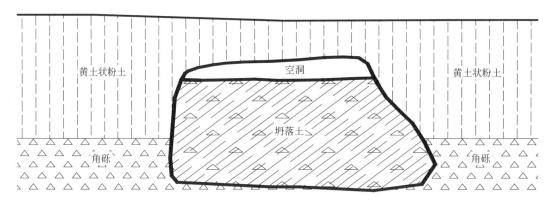

图 4.1-4　塌陷型暗埋不良地质体剖面示意图

3. 空洞型

黄土厚度 10.0～20.0m 以上时，以竖井下挖至砂砾层后，再沿水平方向开挖巷道开采砂砾，一般开采量数百方，最大开采量上千方，巷道宽度 1.0～2.0m，高度一般 3.0～5.0m，最高可达 6.0～7.0m，主巷道长度 20.0～40.0m，支巷道长度 2.0～10.0m，主巷道与支巷道交汇处采空范围较大。随着灌溉水、雨水入渗，顶板坍落至地面者形成陷坑（陷坑型），一般陷坑直径 4.0～10.0m，坑深 2.0～5.0m，陷坑周边形态近似圆形。入渗量较小时，仍保留原始形态，即便巷道顶板发生松动坍落，也未发展到地面，地面下保留有原有空洞（空洞型），见图 4.1-5 和图 4.1-6。

图 4.1-5　空洞型暗埋不良地质体现场照片（竖井）

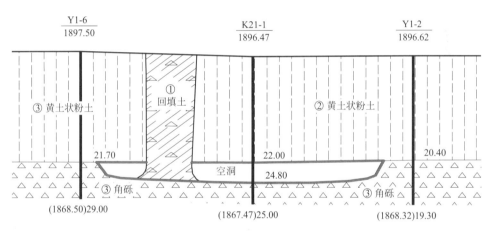

图 4.1-6　空洞型暗埋不良地质体剖面示意图

4.1.3　暗埋不良地质体的特点

1. 探查工作的难点

与矿产采空区、人防工程、岩溶土洞等不良地质体相比，兰州新区分布的暗埋不良地质体更为特殊，主要特点表现在以下几方面：

（1）成因的随意性：不同时期采砂活动随意性很大，形成砂坑、砂井、砂巷的位置、形态与规模没有规律，不像人防、煤窑等开挖有一定的方向性、足够的延伸长度和比较稳定的原始形态。

（2）后期演变的复杂性：砂坑、砂巷的原始状态不规则，在后期人类活动影响下，原始形态又不断产生变化。平田整地时原有砂坑、砂井被填埋，地面迹象消失，地表水入渗后，采空区顶板不断坍落，部分坍至地表后，再次回填，经过反复的坍落、浸水、回填等后期演变，暗埋不良地质体的空洞大小、充填物成分、密实程度、湿度等情况各不相同。

（3）缺乏明显的探测物性条件：由于采空体积小，后期坍落演变情况复杂，空洞和松散体与周边原始黄土的物理力学性质差异不明显，不像岩溶空洞有明显的物性差异，大大增加了探测的难度。

2. 探查对象的特点

尽管探查工作有相当难度，但根据前人多年的工作经验，对暗埋不良地质体的分布规律已有了一些初步认识：

（1）不同成因类型分布的规律性：填埋砂坑主要分布于砂砾层面埋深浅的地段；暗埋砂井、砂巷主要分布于黄土覆盖层厚的地段。

（2）层面深度变化的规律：砂砾石一般沿黄土与砂砾层面进行开采，在采砂活动的位置上，常造成砂砾层面的陡然变化，根据砂砾层面局部起伏变化可以初步判定采砂活动的位置。

（3）地面植物与地貌的差异性：由于暗埋砂坑回填物质混杂，密实程度差，灌溉水渗透性强，地面农作物干旱缺水，长势不良，与正常地层区域的农作物长势形成了明显的差异界限，可以据此圈定原有砂坑的范围；有的地段采砂空洞顶板塌陷发展到地面，形成了高低不平的地形或明显的陷坑，也是暗埋不良地质体发育的地表显性迹象。

4.2 暗埋不良地质体探测技术

4.2.1 探查工作基本原则

（1）坚持以地面调查和多种物探为先导普查手段，以钻探、触探为验证手段，进行综合探查，物探和常规勘察工作应相互沟通，紧密结合，克服和排除对物探工作的片面认识与干扰，发挥各种勘察手段的优势进行综合分析与判定。

（2）物探工作检查应遵循由已知到未知、由点到面、由简单到复杂，多种方法互相补充印证，反复研究、逐步认识的工作原则，在缺乏探查经验的工程场地上应进行物探前期试验与验证，选择适宜、有效的物探方法。

（3）通过资料搜集、地面走访调查、地质测绘等方式，减少探查工作量。黄土覆盖层较薄的暗埋砂坑分布区，地植物有明显差异时，可减少物探普查工作量，采用少量钻探与触探进行验证。

（4）尽可能地收集利用工程区场地不同时期原始地形图资料，初步圈定区内砂坑、砂井分布位置、范围，原始地形图资料可作为探查成果准确性的判定依据。

暗埋不良地质体勘探探测工作流程见图 4.2-1。

4.2.2 地面普查工作步骤及方法

资料搜集、走访调查及工程地质测绘是暗埋不良体勘察工作中一项最基本的勘察方法。由于暗埋砂坑回填物质混杂，密实程度差，渗透性强，地面农作物干旱缺水，长势不良，与正常地面形成了明显的差异，界限清楚，部分暗埋砂坑后期受农田灌溉用水、雨水下渗影响，沉陷形成凹坑、裂缝等。部分采砂空洞发展至地面，形成高低不平的地形，或明显陷坑，也是暗埋不良地质体发育的迹象。

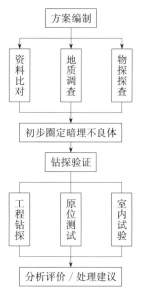

图 4.2-1 暗埋不良地质体
勘探探测工作流程图

1. 工作步骤

通过搜集区内地质、地形资料，了解近几十年人类工程活动对区内地质环境的影响；通过走访调查，了解可能存在的暗埋不良地质体的类型；通过地质测绘，结合对历史资料的查询及比对，初步圈定拟建工程区内不良地质体存在的数量、分布位置及发育规模等，为后续暗埋不良地质体验证工作提供依据，指导下一步探查工作的开展。

2. 工作方法及要求

（1）资料搜集：资料搜集是地面普查工作的重点之一。有针对性地收集区内不同时期的地形图（通过兰州新区工程实践，收集的地形图主要包括 1967 年 1∶1 万地形图、1996年地形图、2012 年地形图及现状地形图）、区域地质资料、遥感影像、气象、地震、水文资料，以及与场地有关的地质灾害记载资料。通过历史资料的比对，可确定原有砂坑、砂井位置，减少漏探的可能。

（2）走访调查：通过走访调查，了解区内采砂活动的开采和停采时间、开采方式、开采深度和厚度、巷道的位置大小等。

（3）地质测绘（地面调查）：旱田采砂坑平整回填时，表层以旱田保墒砂砾混合有粉土经推运虚填，其上覆以薄层耕土，渗透性较强，农作物长势不良，利用农作物长势差异进行地质填图，作为进一步验证的依据。

地质测绘（地面调查）时，以现状地形图为工作底图，开展地质测绘工作，调查点采用 GPS 定位，进行现场不良地质体地面调查、地质测绘、拍照、填制表格等，主要了解区内地植物长势差异，地层基本分布情况，地面变形特征，地表陷坑，裂缝的位置、形状、宽度、深度和分布规律等。

（4）室内综合分析：通过资料搜集、走访调查、地质测绘等工作，积累大量原始资料数据，比对前期地形图资料、地面变形特征以及航卫片解译，综合整理、系统分析调查资料，进行区内不良地质体的综合分析，确定暗埋不良地质体类型，初步圈定分布位置、范围等。

4.2.3　工程物探探测技术

填埋型、塌陷性、空洞型不良地质体与正常地层存在某一方面的物性差异，如颗粒大小、颗粒成分、地震波速度、波阻抗等，采用先进有效的物探仪器及方法手段可以查明其空间分布形态、分布深度及填充状态等。

1. 瞬态面波法

瞬态面波法是由英国科学家瑞雷（Rayleigh，1887）发现并加以数学论证的，在地表激发点状震源，产生一球面波，将弹性能量向周边介质传递，在地表自由面上，受界面弹性条件的制约，产生沿地表传播的压缩波和 SV 型剪切波，叠合形成瑞雷面波。瞬态面波具有如下特点：①在地震波形记录中振幅和波组周期最大，频率最小，能量最强；②在不均匀介质中其相速度（V_R）具有频散特性；③由 P 波初至点到 R 波初至点之间的 1/3 处为 S 波组初至，且 V_R 与 V_S 具有很好的相关性等。依据上述特性，通过测定不同频率的面波速度 V_R，即可了解地下地质构造的有关性质并计算相应地层的动力学特征参数，达到不良地质体探查之目的，该方法工作布置示意图见图 4.2-2。

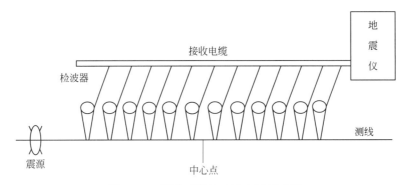

图 4.2-2 瞬态面波法工作布置示意图

瞬态瑞雷面波法采集到的原始资料是面波沿地面传播的时距域振动波形，它是由不同频率的面波叠加在一起，以脉冲的形式向前传播，因此瞬态法记录的信号要经过 x-t 时距域、f-k 频率波数域、x-f 距离频率域、z-v 深度速度域进行分步处理，最终得到一条频散曲线，通过对比面波频散特征，或者面波波形的横向变化，可以估计出不均匀物体的空间位置及形态分布，瞬态面波法的基本数据流程见图 4.2-3。

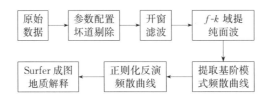

图 4.2-3 瞬态面波法数据处理流程图

一般地，正常地层瞬态面波频散曲线连续、光滑，波速由浅到深逐渐增大，地层分界深度处拐点明显，见图 4.2-4。

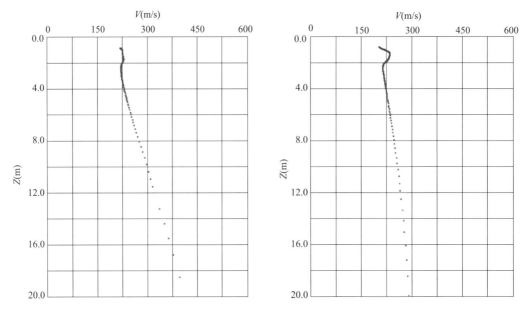

图 4.2-4 正常地层瞬态面波频散曲线

　　在塌陷回填型不良地质体瞬态面波频散曲线上，拐点丰富，波速降低，周期变长，曲线连续，见图 4.2-5。

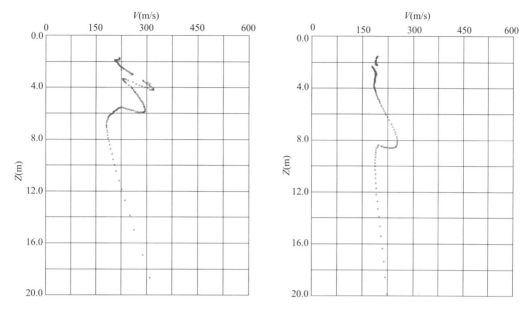

图 4.2-5　塌陷回填型瞬态面波频散曲线

　　在空洞型不良地质体瞬态面波频散曲线上，拐点明显，向低速度明显拐折，发生不连续、间断等特征，深部未见有效的频散点，不连续，见图 4.2-6。

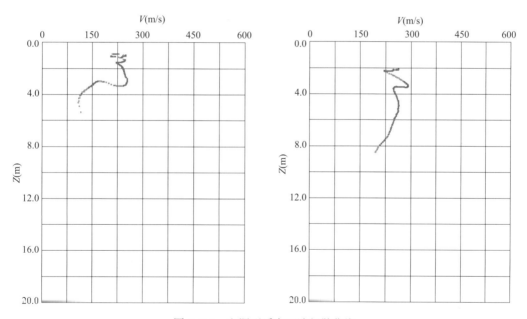

图 4.2-6　空洞型瞬态面波频散曲线

2. 地震映像法

地震映像是基于反射波法中的最佳偏移距技术发展起来的一种常用的千层勘探方法，

可以利用的信息包含折射波、反射波、绕射波，以及具有一定规律的面波、横波和转换波，常用的是反射波。在这种方法中，每一测点的波形记录都采用相同的偏移距激发和接收，沿测线方向记录的各测点波形，能够反映出地下地质体沿垂直方向和水平方向的变化，该方法观测系统示意见图4.2-7。

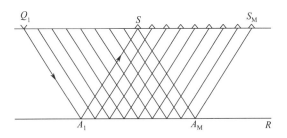

图 4.2-7 地震映像观测系统示意图

地震映像法数据处理解释工作在地震映像剖面上进行，横轴对应里程桩号，纵轴对应地震波传播时间，其结果具有直观反映地下地质情况的优点，处理结果信噪比高，细节丰富，资料处理流程见图4.2-8。

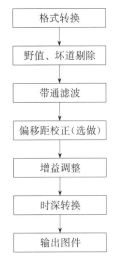

图 4.2-8 地震映像数据处理流程

正常地层中地震映像剖面图和波列图见图4.2-9，剖面中初至清晰，同相轴连续，无间断点，无明显扭曲、错断现象，无不良地质体产生的绕射波和反射波，横向能量无明显差异，频率稳定，该特征反映了该处地下地层连续，无不良地质体存在。

填埋型不良地质体当回填物质多以杂填土、粉土、生活垃圾等为主，且比较疏松，有时含水率较大时，回填物质波阻抗均小于周围介质的波阻抗，同相轴在回填砂坑边界处错断，在砂坑内部出现明显的下凹形态，续至波中出现多次反射。典型的映像图及其波列图见图4.2-10。

填埋型不良地质体当回填物质多以粉土、砂砾石质土为主，且表层干燥、坚硬时，回填物质的波阻抗均大于周围介质的波阻抗，在回填砂坑边界处同相轴发生错断，在回填砂坑上方，同相轴上凸，续至波能量减弱。典型的映像图和波列图见图4.2-11。

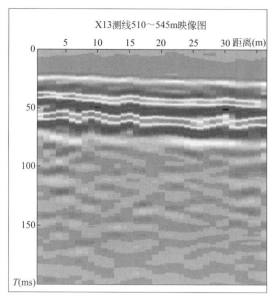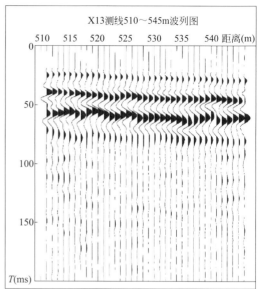

图 4.2-9　正常地层地震映像图及波列图

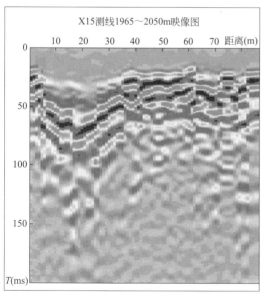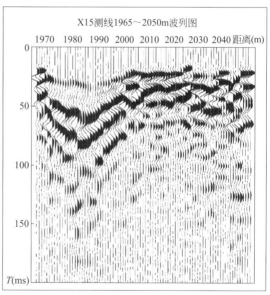

图 4.2-10　填埋型砂坑剖面映像图及波列图 1

当回填物质多以砂土、砾石质粉土为主时，回填物质的波阻抗与周围介质的波阻抗相当，尽管回填物质成分与原始地层差不多，但因地层扰动在地震映像图中还是有明显的反映，回填范围内部因填料介质杂乱而使地震波速度、频率变化不明显，余阵变多，同相轴与回填区外明显错断且波形杂乱。典型的映像剖面图和波列图见图 4.2-12。

在塌陷型不良地质体地震映像剖面图上可以看出，塌陷区边缘同相轴缺失、错断，塌陷范围内地震波波速降低，频率变低，余阵增多，波形杂乱且能量较弱。典型的映像图和波列图见图 4.2-13。

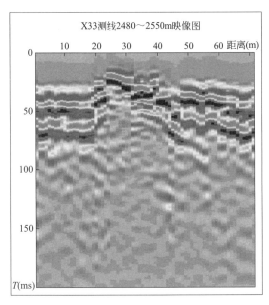

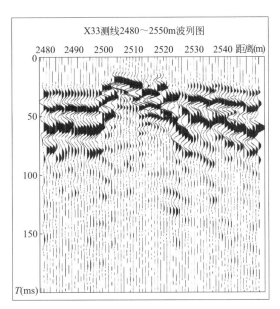

图 4.2-11　填埋型砂坑剖面映像图及波列图 2

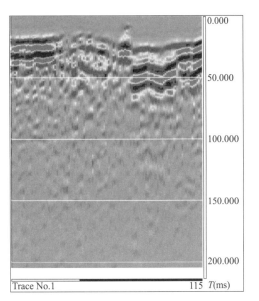

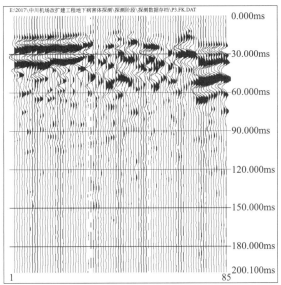

图 4.2-12　填埋型砂坑剖面映像图及波列图 3

在空洞型不良地质体地震映像剖面图上，空洞边缘同相轴连续，并在空洞附近产生很强的绕射波，将正常地层切割，形成明显的抛物线形态。典型的映像图和波列图见图 4.2-14。

4.2.4　物探探测结果的勘探验证

采用钻探与触探等常规手段对地面调查和物探探测的异常区进行验证，是最终判定暗埋不良地质体的可靠手段。根据异常区内物质成分、力学性质与周围正常地层直接的明显

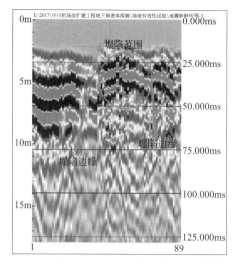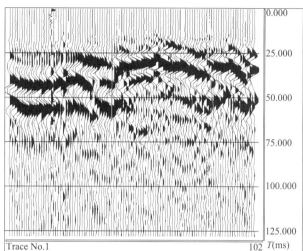

图 4.2-13　塌陷型不良地质体地震映像剖面图及波列图

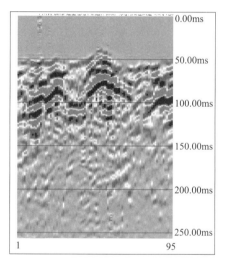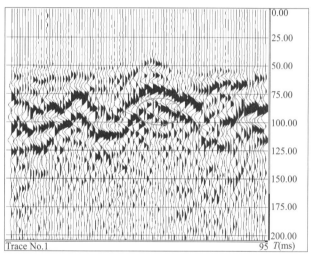

图 4.2-14　空洞型不良地质体物探剖面映像图及波列图

差异，采用钻探、静力触探、动力触探等常规勘探手段，对已知位置的暗埋不良地质体的边界范围、埋深、充填状态及充填物性质进行探查与验证，对物探异常区性质进行检验，从而确定不良地质体的范围、特征等。

4.2.4.1　暗埋不良地质体探查方法

区内分布的暗埋不良地质体是由于开挖明坑、竖井及平巷采掘深部砂砾，后在工程过程中回灌充填形成的地质异常体，基于此暗埋不良地质体的地层结构、力学性质与周围正常地层存在明显差异，且密实程度一般较正常地层为差，对于地质调查和物探探查所初步圈定的暗埋不良地质体（异常区域）进行勘探探查验证。验证时，采用钻探、测试及室内试验相结合的综合手段进行。

探查时先在异常体中心位置布置 1~2 个探查孔，根据物质成分及角砾层面的变化，判定其是否为异常存在区段，然后根据其类型、范围及形态以 5.0~20.0m 的间距采用"一"字剖面法或"十"字剖面法布置验证探查孔向四周追索，见图 4.2-15。探查孔应延伸至暗埋不良地质体边界外，根据勘探验证结果，确定暗埋不良地质体的分布范围及形态，评价充填物质的密实程度。

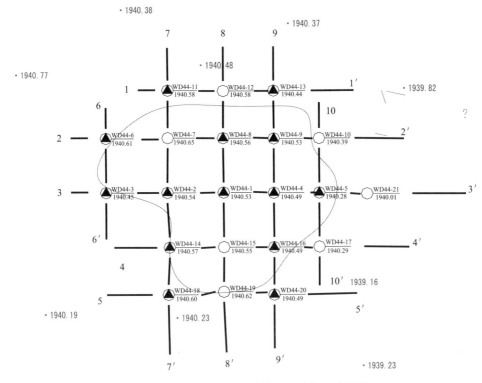

图 4.2-15　暗埋不良地质体验证孔布置示意图

4.2.4.2　暗埋不良地质体判别标准

1. 物质成分判别

不良地质体经历了采空、塌陷、回填等过程，其充填物质成分与成因类型有关。回填型暗埋不良地质体范围内砂砾层已被采挖，砂砾层缺失，后经回填，土质与周围地层明显不同；砂巷顶板黄土松动或坍落后结构疏松，失去了原生结构和层理，黄土内薄层粉细砂夹层坍落后错断。根据钻探鉴别划分的地层，对暗埋不良地质体范围内的地层与外围正常地层进行对比，可以较准确地判定暗埋不良地质体的确切位置和分布深度。

2. 触探指标判别

不良地质体填充物结构疏松、密实程度明显异于正常地层，反映到触探测试指标上均低于周围正常土体或测试变异系数较大。利用静力触探或动力触探，可以较准确地判定空洞、回填土、坍落土分布深度、范围及密实度等，达到位置探查与状态测试的双重目的。

3. 角砾层（正常地层）层面埋深判别

暗埋不良地质体由人工采挖砂砾而形成，致使角砾层面在小范围内明显低于周围正常地层，或直接开采至深部土层的顶面致使砂砾层缺失，利用角砾层面高差变化是最终判定暗埋不良地质体的准确依据，见图 4.2-16～图 4.2-18。

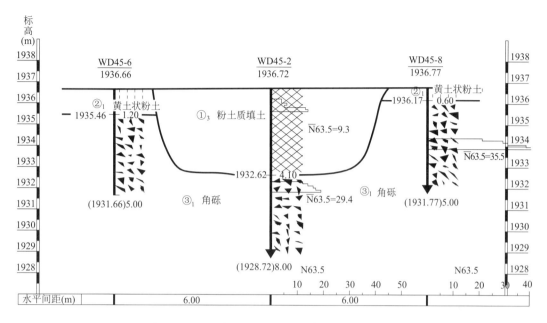

图 4.2-16　回填型暗埋不良地质体验证剖面示意图

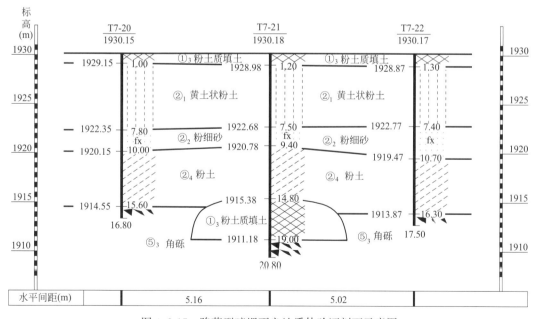

图 4.2-17　陷落型暗埋不良地质体验证剖面示意图

75

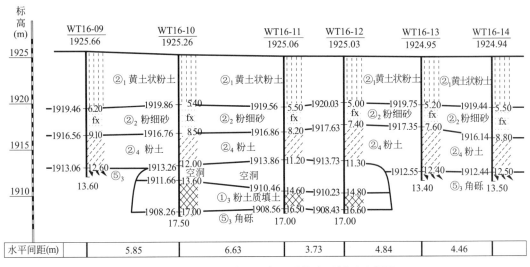

图 4.2-18　空洞型暗埋不良地质体验证剖面示意图

4.2.5　探查中应注意的问题

（1）暗埋不良地质体探查是运用收集资料、地面调查、物探普查、钻探与触探详查验证等一整套工作程序进行的综合探查方法。单纯依靠或者片面强调钻探与触探等常规手段的作用，忽视物探、前期资料收集及地面调查的作用，工作无的放矢，将大量浪费探查工作量并易漏探造成隐患；而片面强调物探或地面调查的作用，不结合场地地质条件或不进行对比与验证，将出现误判漏探，不能为设计施工提供准备可靠的依据，浪费处理工程量或造成工程隐患。

（2）物探普查技术方法的适宜性选择要慎重，要在分析场地条件的基础上，通过前期对比试验优选精度高、效率高、成本低及成果直观的方法，由点到面，逐步推广工作。同时，多种物探方法综合应用，相互补充验证，是提高物探异常解译准确性的有效途径。

（3）常规钻探测试手段在验证和详查工作应用中，注意工作目的的特殊要求，精心操作，深入分析，才能取得准确的结论和成果。钻探进尺和速度要控制，观察需仔细，描述记录要详细，防止将小型空洞或局部充填塌陷土体漏查。

（4）由于农田采砂活动的随意性和后期演变的复杂性，要详细圈定暗埋不良地质体的平面分布与立面形态需花费大量工作量。一般工程勘察只要确定其平面分布位置、范围、顶板深度、坍落或填充状态及成因类型，即可满足地基处理设计对范围和深度的要求。

4.3　暗埋不良地质体的工程特性

4.3.1　不良地质体的形成条件和物质组成

回填型暗埋不良地质体主要分布于兰州新区中部、南部，该区域浅部分布的黄土厚度较小，一般为 1.0～3.0m，其下分布以角砾为主的粗粒土，厚度较大，一般大于 8.0m，是历代农民及工程建设采砂活动的目标层，在剥离表层黄土后以明坑形式采掘下部砂砾石，后期经回填而成。该类不良地质体形状不规则，长度一般介于 10.0～70.0m，宽度一般为 7.0～50.0m，个别长度百余米，回填厚度一般 2.0～6.5m，个别为 16.0m，回填成分主要为砾石质填土及粉土质填土，局部区段为建筑垃圾及生活垃圾，回填场地现多为农田、林地，部分为厂房，部分暗埋不良地质体因回填土密实度较差，在灌溉及降雨入渗的影响下，地面产生塌陷、裂缝等现象，见图 4.3-1。

图 4.3-1　地面裂缝、塌陷

塌陷型暗埋不良地质体主要分布于兰州新区东部、西部，表层黄土厚度 3.0～6.0m 的区域，以斜巷或明坑斜巷形式开采砂砾石，再开挖平巷开采砂砾，后由于灌溉水入渗顶板坍落，并逐步发展到浅部而成。后期土地改造及工程建设平整场地时，斜巷顶板坍落后经回填，成分主要为砾石质填土及粉土质填土，局部区段为建筑垃圾及生活垃圾。

4.3.2　不良地质体组成物质的工程性质

甘肃中建勘察院在兰州新区针对暗埋不良地质体探查工作的结果表明，不良地质体内的物质成分主要为杂填土、粉土质填土及砾石质填土，见图 4.3-2～图 4.3-5。

图 4.3-2　钻探揭露的杂填土

（1）杂填土：由人工倾倒而成，成分以建筑垃圾、生活垃圾为主，混有少量的砖瓦碎屑及砂砾石颗粒，动力触探修正后锤击数介于 2.5～18.2 击/10cm，平均值 6.7 击/10cm，变异系数为 0.45，该层填土整体呈稍密状，均匀性较差。

（2）粉土质填土：由于成因不同，该类填土在不良地质体内有两种分布形式。

一种分布于回填坑、陷坑顶部，为采砂坑、陷坑人工回填而成，以粉土为主，混杂少量砂砾石粗粒土，褐黄色，稍湿—湿，结构疏松，密实程度较差，力学性质不稳定，透水性较强，其标贯击数仅介于 6～10 击/30cm，变异系数为 0.39，呈松散—稍密状态，周边正常粉土层的标贯击数一般介于 8～12 击/30cm，粉土质填土标贯击数明显小于正常地层，且均匀性较差。

图 4.3-3　回填坑内钻探揭露的粉土质填土

图 4.3-4　钻探揭露的砾石质填土

图 4.3-5　钻探揭露的正常角砾

另一种为坍落土，属原砂井、砂巷井壁或顶板原土坍落而成，褐黄—黄褐色，以粉土为主，土质均匀，稍湿—饱和，稍密，该层厚度较大，一般为 11.0～18.0m，最大可达 20 余米。室内试验表明：坍落土含水率一般为 3.5%～28.0%，坍落体底部土体含水率较高，最大可达 34%，平均值为 16.07%；饱和度一般为 11.2%～69.7%，最大可达 84.6%，平均值为 46.7%；饱和土主要分布于坍落体底部 2.0～4.0m 以上范围内，孔隙比一般为 0.671～1.331，平均值为 0.967，总体呈稍密状。坍落土的压缩系数 a_{1-2} 一般为 0.06～0.69MPa^{-1}，压缩系数变异系数较高，为土层不均所致，局部土体呈高压缩性，压缩系数 a_{1-2} 平均值为 0.33MPa^{-1}，整体属中压缩性土，在垂直方向上，坍落土的压缩系数在浅部土层中大小不一，无规律可循，在下部土层中，其值一般随深度增大而减少，压缩模量 $E_{s_{1-2}}$ 一般为 2.96～28.45MPa，平均值为 6.61MPa，该土层呈中等压缩性。

坍落土在浅部仍具有湿陷性，湿陷性土层厚度在不同陷坑内薄厚不一，一般为 2.0～6.0m，最大十余米，湿陷系数一般为 0.05～0.075，最大为 0.127，自重湿陷系数仅在个别区段大于 0.015，多数均小于 0.015，表部大部塌陷土已不具有自重湿陷性，从整体分析，塌陷土的湿陷类型多为非自重，部分为自重，湿陷等级为 I～Ⅲ级。与周围正常土层相比较，坍落土的湿陷程度和湿陷土分布厚度均有不同程度的减弱或减少，分布厚度一般减少 3.0～6.0m，湿陷等级一般降低 1～2 个等级。

（3）砾石质填土：为采砂坑、陷坑回填而成，杂色，稍湿，厚度随不良体规模变化较大，主要由角砾、砂砾、粉砂及粉土组成，砂砾含量一般大于 20%，颗粒组成变化较大，颗粒级配差，结构疏松，力学性能不稳定，动力触探修正后锤击数介于 2.0～15.5 击/10cm，修正后平均击数为 6.3 击/10cm，变异系数为 0.45，该层填土整体呈稍密状，均匀性较差。

而周边正常角砾呈杂色，多呈棱角状，主要成分为砂岩及变质岩等，一般粒径 10～20mm，约占全重的 50% 以上，最大粒径 30～50mm，约占全重的 25%，砂类土充填，中密—密实状。

4.4 空洞体顶板稳定性分析与评价

根据对原收集资料的分析，兰州新区分布的空洞型暗埋不良地质体，主要是因为历史上采掘砂砾石压砂保墒形成，形成时代久远，具有隐蔽性强、空间分布规律性差、冒落塌陷无法预测等特点，影响工程施工、运营安全和工程建设规模及投资效益等，因而需结合工程特征，评价暗埋不良地质体中空洞体顶板的稳定性。

4.4.1 空洞体顶板稳定性的定性分析方法

空洞体顶板稳定性的定性评价方法，一般有三种：一是按终采时间确定采空区场地稳定性等级，二是按顶板松散层厚度确定采空区场地稳定性等级，三是按变形特征确定采空区场地稳定性等级，具体评价准则见表 4.4-1～表 4.4-3。

按终采时间确定采空区场地稳定性等级 表 4.4-1

稳定等级	不稳定	基本稳定	稳定
终采时间 t(d)	$t<0.8T$ 或 $t\leqslant365$	$0.8T<t\leqslant1.2T$ 且 $t>365$	$t>1.2T$ 且 $t>730$

注：T 为地表移动延续时间。

按顶板松散层厚度确定采空区场地稳定性等级 表 4.4-2

稳定等级	不稳定	基本稳定	稳定
松散层厚度 h（m）	$h<5$	$5 \leqslant h \leqslant 30$	$h>30$

按变形特征确定采空区场地稳定性等级 表 4.4-3

稳定等级	不稳定	基本稳定	稳定
地表变形特征	非连续变形	连续变形	连续变形
	抽冒、切冒型	盆地边缘区	盆地中间区
	地面有塌陷坑、台阶	地面倾斜、有裂缝	无表征

4.4.2 空洞体顶板稳定性的定量分析方法

1. 不考虑地面荷载的极限平衡分析法

极限平衡分析法是采用刚体极限平衡理论评价空洞体稳定性的方法，对于开采面积小，且近水平的单一巷道采空区可用该方法计算巷道顶板临界深度及稳定性分析，从而进行场地稳定性评价。

（1）顶板应力分析

开采前，岩土体内部的应力是平衡的，一般情况下，只存在垂直压应力和水平压应力，计算式如式（4.4-1）及式（4.4-2）所示。

$$\sigma_z = \gamma \cdot H \tag{4.4-1}$$

$$\sigma_z = \sigma_y = \gamma \cdot H \cdot \tan^2(45° - \varphi/2) \tag{4.4-2}$$

式中 σ_z——垂直压应力（kPa）；

σ_y——水平压应力（kPa）；

γ——上覆岩层重度（kN/m³）；

H——顶板埋藏深度（m）；

φ——岩层的内摩擦角（°）。

开采后，采空段周围岩体失去支撑，围岩应力发生变化，视其所处部位不同所受压力状态亦不同，顶板的坍落一般是受拉应力作用，巷道侧壁主要受压应力作用，巷道四周则受剪应力作用。

（2）顶板稳定性计算

采空后顶板稳定性示意图如图 4.4-1 所示，其顶板 ABDC 因重力 G 的作用将会下沉，两边的楔形体 ABM 和 CDN 也对其施以水平压力 P。因此，在 AB 和 CD 两个面上将存在着因 P 的作用而产生的摩阻力（F）。

取采空段以下巷道单元长度为计算单元体，则作用在巷道顶板上的压力按式（4.4-3）计算。

$$Q = G - 2F \tag{4.4-3}$$

式中 Q——巷道单位长度顶板上所受的压力（kN/m²）；

G——巷道单位长度顶板上岩层的总重力（kN/m²）。

$$G = \gamma \cdot H \cdot 2a[\text{kN}/(\text{m}^3 \cdot \text{m})]$$

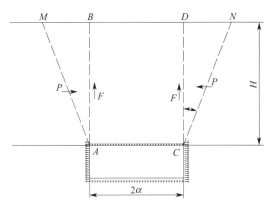

图 4.4-1　采空区顶板稳定性示意图

2α——巷道宽度（m）。

F——巷道单位长度侧壁摩阻力（kN/m^2），其值为：

$$F = P \cdot \tan\varphi$$

式中 P——楔形体 ABM 和 CDN 作用在 AB 或 CD 面上的主压应力，当取其最大值时，

$$P = \frac{1}{2}\gamma \cdot H^2 \cdot \tan^2(45° - \varphi/2)$$

则式（4.4-3）为：

$$Q = \gamma \cdot H[2\alpha - H \cdot \tan\varphi \cdot \tan^2(45° - \varphi/2)] \tag{4.4-4}$$

由式（4.4-4）可知，当 H 大到某一定深度时，顶板上方岩层的自拱力恰好能保持自然平衡（$Q=0$）而不塌陷，这时的 H 成为临界深度 H_0，则

$$H_0 = \frac{2\alpha}{\tan\varphi \cdot \tan^2(45° - \varphi/2)} \tag{4.4-5}$$

对比采空区实际深度与临界深度，可求得采空区顶板的稳定性系数 F_s，稳定性系数 F_s 计算详见式（4.4-6）。

$$F_s = \frac{H}{H_0} \tag{4.4-6}$$

式中　H——巷道顶板的实际深度（m）。

根据稳定性系数按照表 4.4-4 规定评价采空区的稳定性。

按稳定系数确定采空区稳定性等级	表 4.4-4
稳定等级	稳定系数 F_s
顶板稳定	$F_s \geq 1.5$
顶板稳定性差	$1.5 > F_s \geq 1.0$
顶板不稳定	$F_s < 1.0$

2. 考虑地面荷载的极限平衡分析法

当建筑物基底单位压力为 P_0 时，则作用在采空段顶板的压力 Q 为：

$$Q = G + B \cdot R - 2f$$

$$= \gamma \cdot H[B - H \cdot \tan\varphi \cdot \tan^2(45° - \varphi/2)] + B \cdot P_0 \qquad (4.4\text{-}7)$$

式中　G——巷道单位长度顶板上岩层所受的总重力（kN/m），$G = \gamma BH$；

　　　B——巷道宽度（m）；

　　　f——巷道单位长度侧壁的摩阻力（kN/m）；

　　　H——巷道顶板的埋藏深度（m）；

　　　γ——上覆岩层加权平均重度（kN/m³）；

　　　φ——上覆岩层加权平均内摩擦角（°）。

当 H 增大到某一深度时，使顶板岩层恰好保持自然平衡（即 $Q = 0$），此时 H 为临界深度 H_0，则

$$H_0 = \frac{B\gamma + \sqrt{B^2\gamma^2 + 4B\gamma R \tan^2(45° - \varphi/2)}}{2\gamma \tan\varphi \tan^2(45° - \varphi/2)} \qquad (4.4\text{-}8)$$

由公式可知，当不受外加荷载作用时（即 $P_0 = 0$），该计算公式与《铁路工程地质手册》的计算公式是一致的。

4.4.3　空洞体顶板地层构成及工程性质

兰州新区的空洞型暗埋不良地质体主要分布于新区南端及东西两侧的丘陵沟壑区，黄土厚度 10.0～20.0m 以上区段，以竖井下挖至砂砾层后，再沿水平方向开挖巷道开采砂砾，巷道宽度 1.0～2.0m，高度一般 3.0～5.0m，主巷道长度 20.0～40.0m，支巷道长度 2.0～10.0m，主巷道与支巷道交汇处采空范围较大，场地未经整平改造或灌溉水入渗量较小时，仍保留原始形态，土体中亦保留原有空洞。空洞埋深 10.0～30.0m 不等，根据所处地貌单元不同，上覆地层主要为冲洪积黄土状粉土或风积黄土。

黄土状粉土（Q_4^{al+pl}）：洪积成因，主要分布于沟谷川地，黄褐色，稍湿，松散—稍密，土质较均匀，局部层位夹有粉质黏土及粉细砂薄层，该层分布基本连续，层位较稳定。该层天然含水率一般为 4.0%～18.5%；饱和度一般为 10.0%～60.0%；孔隙比一般为 0.650～1.350，整体呈稍密状；压缩系数 $a_{1\text{-}2}$ 一般为 0.05～0.85MPa^{-1}，压缩模量 $E_{s_{1\text{-}2}}$ 一般为 2.5～30.0MPa，该土层呈中等压缩性；黏聚力一般为 9.0～35.0kPa；内摩擦角一般为 17.0°～35.0°；垂直向渗透系数介于 3.41×10^{-5}～7.43×10^{-5}cm/s，水平向渗透系数介于 3.48×10^{-5}～7.84×10^{-5}cm/s。区内分布的黄土状粉土层在一般常规试验压力下，自重湿陷系数为 0.046～0.132，多为自重湿陷性，湿陷系数一般为 0.016～0.191，湿陷程度为轻微—强烈。

黄土（Q_3^{eol}）：风积成因，主要分布于黄土丘陵及沟谷上部，黄褐色、浅黄色，稍湿，土质较均匀，局部层位夹有粉质黏土薄层。大孔隙发育，结构较疏松，可见白色菌丝状钙质网纹，具有强烈—中等湿陷性。该层天然含水率一般为 4.3%～12.6%，平均值为 6.66%；饱和度一般为 11.0%～39.0%，平均值为 16.89%；孔隙比一般为 0.855～1.405，平均值 1.092，呈稍密状；压缩系数 $a_{1\text{-}2}$ 一般为 0.12～0.53MPa^{-1}，平均值为 0.23MPa^{-1}；压缩模量 $E_{s_{1\text{-}2}}$ 一般为 4.3～16.7MPa，平均值 9.64MPa，该土层呈中等压缩性；黏聚力一般为 18.0～32.0kPa；内摩擦角一般为 20.1°～32.9°；垂直向渗透系数介于 1.27×10^{-5}～3.70×10^{-5}cm/s，水平向渗透系数介于 1.23×10^{-5}～5.02×10^{-5}cm/s。

区内分布的黄土层结构疏松，土质不均匀，具有大孔隙，该层土具有湿陷性，自重湿陷系数为 0.010～0.199，多为自重湿陷性，湿陷系数一般为 0.017～0.199，湿陷程度为轻微—强烈。

4.4.4　空洞体顶板稳定性的定性评价

兰州新区发育的空洞型暗埋不良地质体，是历史上采掘砂砾石压砂保墒形成的暗埋不良地质体，形成时间久远，距今已有 60 年；巷道顶板虽然有局部坍落，但未延伸至地表；顶板上部黄土分布厚度一般为 10.0～30.0m。

对于发育不规则、顶板坍落不充分的暗埋不良地质体中的采空洞，采用开采条件判别法进行稳定性定性分析时，宜以终采时间为主要因素，结合地表移动变形特征、顶板松散层厚度等因素进行综合判别。

根据终采时间、地表移动变形特征定性分析及顶板松散层厚度等因素的综合判别，区内分布的空洞型暗埋不良地质体处于基本稳定—稳定状态。

4.4.5　空洞体顶板稳定性的定量评价

1. 稳定性分析参数选择

空洞型暗埋不良地质体主要分布于兰州新区南端的东西两侧，根据所处地貌单元不同，上覆地层主要为冲洪积黄土状粉土或风积黄土，稳定性分析参数选择见表 4.4-5。

稳定性分析参数选择　　　　　　　　　　　　　　　　表 4.4-5

地貌单元	地层	天然重度 γ（kN/m³）	黏聚力 c（kPa）	内摩擦角 φ（°）
冲洪积平原	黄土状粉土	15.0	19.0	23.0
黄土梁峁	黄土	14.5	24.0	28.0

2. 洞体临界开挖深度 H_0 计算

洞体临界开挖深度 H_0 计算主要通过式（4.4-5）进行。

（1）冲洪积平原区（秦王川盆地内）

$$H_0 = \frac{2\alpha}{\tan\varphi \cdot \tan^2(45° - \varphi/2)} = \frac{2}{\tan 23° \cdot \tan^2(45° - 23°/2)} = 10.8\text{m}$$

计算结果表明，冲洪积平原区域，在洞体宽度为 2.0m 的条件下，空洞型暗埋不良地质体临界深度为 10.8m。即在天然状态下，当洞顶上覆原状土厚度小于 10.8m 时，不良地质体顶板处于不稳定状态；上覆原状土厚度介于 10.8～16.2m 时，不良地质体顶板处于基本稳定状态；上覆原状土厚度大于 16.2m 时，不良地质体顶板处于稳定状态。

（2）黄土梁峁区（周边黄土丘陵区）

$$H_0 = \frac{2\alpha}{\tan\varphi \cdot \tan^2(45° - \varphi/2)} = \frac{2}{\tan 20° \cdot \tan^2(45° - 28°/2)} = 10.5\text{m}$$

计算结果表明，黄土梁峁区域，在洞体宽度为 2.0m 的条件下，空洞型暗埋不良地质体临界深度为 10.5m。即在天然状态下，当洞顶上覆原状土厚度小于 10.5m 时，不良地质体顶板处于不稳定状态；上覆原状土厚度介于 10.5～15.8m 时，不良地质体顶板处于基本稳定状态；上覆原状土厚度大于 15.8m 时，不良地质体顶板处于稳定状态。

由于顶板覆土主要为湿陷性黄土，土体浸水后，黄土的强度急剧降低，达到饱和状态时，饱和黄土的性状类似于饱和软土，内摩擦角趋近于零，则由公式 $H_0 = 2a/[\tan^2(45-\varphi/2)\tan\varphi]$ 计算的洞体临界开挖深度 H_0 趋近于无穷大，表明洞顶覆盖的湿陷性黄土在浸水条件下，洞顶是不稳定的。

当外加荷载不为零时，临界深度 H_0 与洞顶外加荷载值呈正相关性，即表明洞顶的强夯动荷载对临界深度的确定是有显著影响的，因此，当洞顶覆土厚度大于临界深度，且评定洞体稳定。无需处理洞体时，为保证现状洞体的稳定性，洞顶的地基处理应尽可能采用动荷载较小（如分层碾压处理）的处理方法。

4.5 暗埋不良地质体的加固处理

4.5.1 暗埋不良地质体处理原则

暗埋不良地质体的加固处理措施应根据其类型、规模大小、稳定状态、填充情况、周围环境，以及与工程建设的空间位置关系等因素，经综合分析、经济比较后确定，并应遵循下列基本原则：

（1）暗埋不良地质体地层主要由坍落土或回填土构成，土质松软，力学性能较差，应进行全厚度处理，处理范围应适当扩大。

（2）根据暗埋不良地质体类型和底板深度，分别采用不同的处理方法。

（3）加固处理回填用料应尽可能就地取材。

（4）对有疑点的暗埋不良地质体，应采用探查与处理相结合的处理方法，根据处理机具贯入度确定处理深度。

4.5.2 暗埋不良地质体处理方法

1. 换填法

将暗埋不良地质体中不良土挖除，然后以抗剪强度较大，性能稳定的砂、砾、碎石、石渣、灰土等材料分层回填，并同时以人工或机械方式分层压、夯、振动，使之达到要求的密实程度，从而满足承载力和变形要求。该方法施工简便，处理效果直观，且造价低，质量易于控制，在回填型暗埋不良地质体治理工程中，取得了良好的工程治理效果。不利之处在于处理深度有限，在处理深度小于 3.0m 时，其经济性较好，深度较大时，其土方开挖工作量巨大，堆土条件受限，在不具备放坡开挖条件的地段，需考虑支护措施。

回填时宜分层铺料，分层压实，分层填料的厚度及压实遍数，应根据压实要求及所选用的压实设备通过试验确定。施工时应防止填料浸水、含水率过高出现翻浆或弹簧土现象，特别是在雨期施工时，不宜全面展开，应做到随填、随摊铺、随碾压密实，冬期则应禁止大面积低温施工，为保证回填压实质量，应采取相应的增湿措施，控制填料的含水率在最佳压实含水率的±3%以内。

2. 强夯法

强夯法是将夯锤（质量一般为 8～40t）提到一定高度使其自由落下（落距一般为 10～20m，最大可达 40m），反复对地基土施加冲击能（一般能量为 1000～8000kN·m），在地基中所产生的冲击波和动应力，使土体孔隙压缩，土体局部液化，夯击点周围一定深度内的土体产生裂隙形成良好排水通道，土体孔隙水（气）溢出，土体得到固结，从而提高地基的强度、降低其压缩性、消除地基土湿陷性等，同时夯击能还可以提高土层的均匀性，减少将来可能出现的差异沉降。大量工程实例证明，强夯法用于处理碎石土、砂土、低饱和度的粉土与黏性土、湿陷性黄土、素填土和杂填土等地基，一般都能取得较好的效果。

根据不同的不良地质体处理深度，采用不同的夯击能量处理暗埋不良地质体。该方法施工简便，施工效率高、费用低，填料可就地取材，在兰州新区建设施工中积累了丰富的施工经验。其不利之处在于施工噪声和对环境的污染，剧烈振动影响邻近区域或已有建筑物的安全使用，地基土天然含水率偏低时处理深度及效果不理想。

3. 挤密法

挤密法是采用沉管法、爆扩法或冲击法成孔，然后将桩孔用素土或灰土分层夯填密实。在成桩过程中通过侧向挤压作用，挤密桩间土，由挤密的桩间土和密实的土桩或灰土桩形成对土的侧向深层挤密加固，以消除地基土的湿陷性，提高地基的承载力，增强水稳性。

将桩管打入地基土中，对地基土进行挤密，同时形成桩孔，在孔内回填合理配比的灰土或素土，用夯锤进行夯击，形成柔性沉管挤密桩（复合）地基，以消除湿陷性，提高承载力。该方法可根据土层厚度灵活调整处理深度，具有就近取材、经验成熟的优点。不利之处在于施工效率较低，对含水率偏低的地段需采取增湿措施，含水率偏高的区域处理效果不佳，同时桩管下沉过程中难以穿越厚度稍大的粗粒土夹层。

4. 充填法（干式、湿式）

即采用充填的方法对空洞进行充填，是处理方法中最有效的治理方法。

灌砂法：在空洞上方通过钻机成孔，然后通过压力或水力灌入砂土的方法来充填空洞。

注浆充填法：到目前为止，注浆充填法是空洞处理中使用最多的原位加固方法之一。注浆方案的机理是在地面上打孔，通过注浆孔将浆液注入洞穴采空区，在采空区及上覆岩土层的裂隙中形成结石体，阻止上覆岩土层进一步塌陷冒顶。注浆充填施工相对简单，安全性高，施工工艺成熟，但材料用量大，造价高，计量支付管理较为困难。注浆充填目前使用的浆液主要有：水泥—粉煤灰浆、水泥—黄土浆、纯水泥浆、纯黄土浆、水泥砂浆等，其中工程中使用最多的是纯水泥浆、水泥砂浆及水泥—粉煤灰浆；当下伏空洞较大时，为节约浆液用量，还可事先向孔内灌填砂石料或其他工业废渣，纯黄土浆虽造价低廉，但固结缓慢，强度较低，后期沉降较大，故只能用于上覆土层坚硬的小型空洞灌注充填。注浆时，处理范围最外侧的注浆孔，应在浆液中掺入一定剂量的速凝剂，使注入空洞区的浆液尽快凝固，形成帷幕，防止浆液大量向非处理区流失。

5. DDC（SDDC）工法

孔内深层强夯技术（DDC）综合秉承了重锤夯实、强夯、土桩等地基处理技术的优势，集高动能、高压强、强挤密各效应于一体，一般处理深度 20m 左右，最深可达 30m，非常适合于深层有空洞或冒顶坍落的暗埋不良地质体处理。

DDC 法是通过机具成孔（螺旋钻钻孔或特质夯锤冲孔），然后通过孔道在地基处理的深层部位进行调料，用具有高能动的特制重力夯锤进行冲、砸、挤压的高压强、高挤密的夯击作业，不仅使空洞得到密实填充，并使桩体十分密实，也进而对桩间土进行挤密，从而使复合地基承载力提高，地基土的湿陷性得以消除。DDC的桩锤不仅仅是成桩设备，而且也是地基处理的检测设备。它除能测试地基承载力外，也能探测到地基处理范围内暗埋不良地质体的深度和走向。

尽管DDC工法的动能巨大，其夯击能是一般强夯压能的5～8倍，但由于施工时由深及浅在孔内填夯，所以施工危害小，处理深度大，可直接加固深埋不良地质体。DDC工法加固材料取材广泛，用料标准低，这既有利于降低工程造价，也有益于环境保护。其在兰州新区及兰州周边处理暗埋不良地质体中得到应用，技术、经济效果也十分显著。

6. 爆破强夯法

该方法首先采用控制爆破技术将洞穴顶板土体松动破坏，充填空洞，然后再采用大吨位强夯（6000kJ以上）对破碎松散土体进行密实加固，是开挖法和强夯法的综合延伸应用。强夯能级应根据爆破后松散土层的厚度选用，当土层厚度超过一定强夯能级的有效加固深度时，应考虑分层强夯。爆破强夯法一般适用于顶板土体较松或部分塌陷，厚度小于8m，且呈片状分布的采空区。由于爆破和强夯的振动都比较强烈，因此只能在空旷的野外使用。兰州中川机场跑道扩建工程中曾成功使用爆破强夯技术对潜伏在地下13m深处的砂巷进行处理。该不良地质体由砂巷、砂井组成，洞底深21m，空洞高7m，顶板厚度13m，原治理方案为灌砂法，但在灌砂过程中局部出现冒顶塌陷，灌砂量只达到设计灌砂量的20%，为消除隐患，改用爆破强夯法进行施工，夯击能为8000kJ，分两层强夯，加固后不仅使砂巷得到处理，上覆土层的湿陷性也得以消除，取得了较好的经济技术效果。

4.5.3 暗埋不良地质体处理工程实例

案例一：兰州新区南绕城北侧中通道雨水调蓄工程

兰州新区南绕城北侧中通道雨水调蓄工程位于规划舟曲路以南，南绕城快速路以北，科东路以东，北斗路以西区域，主要承接雨水中通道排出的雨水，经调蓄水池削峰后穿过南绕城快速路，导排至下游沟道，最终排至水阜河，主要建设内容为雨水调蓄湖及配套建设景观工程。工程总占地面积1325636m²（1988.44亩），其中景观蓄水水体面积283671m²，景观设计面积663892m²，生态绿地378073m²，工程总投资为150574.87万元。调蓄工程内涝防治设计重现期为30年一遇，调蓄库容约100万m³，配套景观工程包括景观场地、景观园路、景观构筑物、景观服务设施等。经现场地质调查与走访了解，区内共发育7处暗埋不良地质体，探测成果与验证评价详见表4.5-1。

W1：可行性研究阶段勘察时，2号蓄水池西南角处钻孔K21揭露有地下空洞体，空洞体分布深度为22～24.8m。本次勘察阶段对该区域采用地震映像法进行了探测，并在物探异常圈定范围内布置勘探点进行验证追踪。根据钻探揭露，勘探点Y1-8、Y1-12发现异常，其中Y1-8在埋深21.7～24.6m范围揭露为地下空洞，Y1-12在埋深21～23m范围揭露为地下空洞。该空洞体在工程区内延伸长度约20m，埋深21.0～24.6m，高度为2.0～3.0m，推测宽度1.5～2.5m。

W2、W4、W5、W6、W7：根据地面调查，工程区内共发现采砂竖井5处，见图4.5-1，竖井直径为1.0～1.8m，一般深15～25m，因时间久远，局部已被垃圾等掩埋。

本次勘察期间，采用地震映像法对采砂竖井周边区域进行了探测，并布置相应的勘探点进行验证追踪。根据物探及钻探揭露，W2、W4、W5、W6、W7 竖井周边均未见异常。

图 4.5-1　区内分布的采砂竖井

W3：该不良地质体为压砂保墒而开挖竖井平巷采掘砂砾后形成的空洞，后经灌溉浇水坍落，部分塌陷形成陷坑（图 4.5-2）。该塌陷区直径 4～5m，最大深度 5m。本次勘察阶段对该区域采用地震映像法进行了探测，并在物探异常圈定范围内布置勘探点进行验证追踪。根据钻探揭露，勘探点 Y3-1、Y3-7 处发现异常，其中 Y3-1 勘探孔在埋深 1.3～6.0m 范围为空洞，空洞底部 6～12m 分布粉土，呈松散状，极易钻进，为坍落回填而形成的粉土；Y3-7 勘探孔位于陷坑内，埋深 0～14m 范围为坍落回填而形成的粉土，极易钻进。

图 4.5-2　地下空洞塌陷形成陷坑

探测成果与验证评价表　　　　　　　　　　　　　　　　　　表 4.5-1

不良地质体编号	测线编号	测线长度(m)	异常分析	验证孔号	验证结果
W1	W1-1～W1-1′	90	25～38m 段空洞	Y1-8	深度 21～23m 空洞
W2	W2-1～W2-1′	50	37～44m 段不密实	Y2-2	正常
W3	W3-1～W3-1′	100	49～61m 段空洞	Y3-1	深度 2～7m 空洞
	W3-2～W3-2′	100	52～60m 段空洞	Y3-4	不密实
	W3-3～W3-3′	100	未见异常	Y3-2	正常

续表

不良地质体编号	测线编号	测线长度（m）	异常分析	验证孔号	验证结果
W4	W4-1～W4-1′	100	43～50m 段不密实	Y4-1	砂土互层
	W4-2～W4-2′	100	未见异常	—	—
	W4-3～W4-3′	100	未见异常	Y4-2	正常
	W4-4～W4-4′	100	未见异常	—	—
W5	W5-1～W5-1′	100	83～88m 段不密实	Y5-1	表层松散
	W5-2～W5-2′	100	未见异常	Y5-2	正常
W6	W6-1～W6-1′	100	未见异常	Y4-3	正常
	W6-2～W6-2′	100	未见异常	Y5-2	正常
W7	W7-1～W7-1′	100	未见异常	—	—
	W7-2～W7-2′	100	未见异常	—	—
	W7-3～W7-3′	100	未见异常	—	—
	W7-4～W7-4′	100	未见异常	—	—

根据现场实际情况，本工程采用孔内深层超强夯（SDDC）处理整片暗埋不良地质体，施工时先进行场地整平再进行不良地质体处理，SDDC 桩成孔直径为 1200mm，夯填成桩直径不小于 1800mm，夯锤重不小于 10t，夯击能不小于 1000kN·m，桩中心距 2500mm，等边三角形布置，处理深度至角砾层，见图 4.5-3。孔内素土分层填筑，每层填筑厚度不大于 1.0m，压实度不小于 0.95，桩间土挤密系数不小于 0.90。

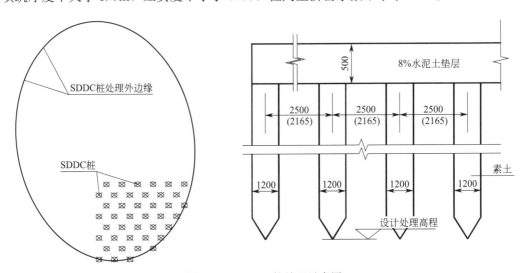

图 4.5-3　SDDC 桩处理示意图

后经质量检测，填筑体压实度达 0.96 以上，桩间土挤密系数 0～1.0m 深度内达 0.95 以上，1.0～3.0m 深度达 0.93 以上，3.0m 以下至设计处理深度达 0.90 以上，达到了预期处理目的。

案例二：兰州中川机场 T2 航站楼工程

兰州中川机场 T2 航站楼位于 T1 航站楼南侧，航站楼建设场地南北长 493m，东西宽

159m，总建筑面积约 6 万 ㎡，总高度 38m，层数 2～3 层，8.0m 以下结构类型拟采用钢筋混凝土框架结构，8.0m 以上结构类型拟采用支承柱＋曲面钢屋盖形式。

本期拟建 T2 航站楼及新建站坪西侧区域，分布有 B1 号、B2 号、B3 号、B4 号、B5 号、B6 号、B7 号、B8 号等 8 处暗埋不良地质体。经探查验证，B4 号、B6 号尚存在局部空洞体，属空洞型暗埋不良地质体，其余为砂井、砂巷塌陷型暗埋不良地质体，砂井、砂巷已完全塌陷，并被完成充填，充填物质埋深一般为 16.0～18.0m。

由于 8 处暗埋不良地质体存在空洞或松散填充物，同时不良体深度大于素土挤密桩法地基处理的有效深度，设计的素土挤密桩地基处理方法无法完全消除不良地质体的影响，因此，需要对场地范围内不良地质体进行专门处理。根据专家意见并结合场地地基处理方案，不良地质体采用预成孔孔内深层强夯法（DDC）处理，上部采用挤密桩整体施工处理，施工时采用长螺旋钻预先钻孔，钻孔深度穿透不良地质体，桩孔径 400mm，桩孔间距 950mm，正三角形布桩，孔内采用素土回填夯实，夯锤重量为 1.8t，其中 11m 以下，落距大于 10m，夯击 6 次，11m 以上夯击 3 次。

经处理后，甘肃中建勘察院通过现场原位测试、室内试验等手段对处理效果进行检验。经过采用 DDC 法处理，B4 号、B6 号两个不良地质体所存空洞已完全填充，空洞内填充物密实，力学性质稳定；通过标贯试验测试表明，此次处理的 8 处不良地质体土层密实程度比周围同层天然土高；经挤密处理后，桩间土干密度均大于 1.5g/cm³，且平均干密度大于周围同层正常土层平均干密度；本次所检测的不良地质体桩间土湿陷系数均小于 0.015，8 处不良地质体区域的岩土层不具有湿陷性。综合判定，8 处不良地质体处理效果明显，均达到了设计要求。

案例三：兰州中川国际机场三期扩建工程

兰州中川国际机场是国内干线机场，位于兰州新区西南部，机场跑道基准点坐标为 E103°37′13″、N36°30′53″，跑道磁方位为 180°～360°，基准点标高为 1947.2m。2020 年 2 月，国家发展改革委印发《关于兰州中川国际机场三期扩建工程可行性研究报告的批复》（发改基础〔2020〕192 号），同意实施兰州中川国际机场三期扩建工程。本期按满足 2030 年旅客吞吐量 3800 万人次、货邮吞吐量 30 万 t 的目标设计，主要建设内容和规模为：飞行区等级指标 4E，在现有跑道（西一）东侧 365m 处新建 1 条长 4000m、宽 45m 的西二跑道，双向设置 I 类精密进近系统；在西二跑道东侧 1870m 处新建 1 条长 4000m、宽 45m 的东一跑道，跑道北端设置 III 类精密进近系统，南端设置 I 类精密进近系统；新建 40 万 ㎡ 的 T3 航站楼、91 个机位的站坪、27 万 ㎡ 的综合交通中心，以及货运、消防救援等辅助生产设施，配套建设供电、给水排水、供热、制冷、供气等设施。机场工程总投资 317.5 亿元。

根据地质调查走访、物探解译及钻探验证，工程区内共分布大小不等暗埋不良地质体 342 处，类型为砂坑填埋型，该类暗埋不良地质体长度一般为 12～70m，最大长度达 370m，宽度一般为 13～50m，最大为 210m，回填厚度一般为 1～6m，最大厚度为 12.8m，回填成分主要为砂砾质填土、粉土质填土，部分为杂填土。

依据钻探探查结果，有 64 处暗埋不良地质体回填土层中存在杂填土，由人工倾倒而成，成分以建筑垃圾、生活垃圾为主，混有少量的砖瓦碎屑及砂砾石颗粒，部分为建筑基础，其余 278 处暗埋不良地质体回填成分主要为砂砾质填土、粉土质填土。

依据设计方案，对于杂填土回填的暗埋不良地质体，首先将不良地质体内杂填土全部清除，外运至弃土区域，然后采用粗粒土进行填筑，每填筑 30cm，使用压路机进行碾压，每层填筑碾压完成后，需进行压实度检测，检测合格后方可进行下层填筑。对填筑高度超过 6m 的区域，每填 4m 进行 200t·m 满夯补强，并对与原地面搭接位置进行 200t·m 点夯补强。施工工艺流程及现场施工见图 4.5-4～图 4.5-7。

图 4.5-4　土方回填工程施工工艺流程

图 4.5-5　暗埋不良地质体杂填土清除

图 4.5-6　分层碾压回填

对于剩余 278 处暗埋不良地质体，回填成分主要为砂砾质填土、粉土质填土，该两层土在物质组成、均匀性、密实程度上均与周边正常地层有所差异，不良地质体厚度小于

6m 时，采用高能级强夯法进行处理，能级为 400～600t·m；不良地质体厚度大于 6m 时，先采用素土挤密桩将松散体挤密、填实，然后采用与周围区域相同的处理方式一并处理，以增加地基的均匀性。

图 4.5-7　强夯法处理暗埋不良地质体

案例四：兰州新区环城东路工程

兰州新区环城东路（环城南路—秦川街）道路工程，线路总体呈南北走向，贯穿区域中心服务组团、科教研发中心组团、高新技术产业组团、新材料产业组团、精细化工产业组团。本项目位于秦王川盆地，沿线沟壑纵横、梁峁起伏、川梁相间，由西北向东南呈条带状分布，道路全长 22.953km。

经沿线地质勘察，在桩号 K0+400～K2+600m 段沟谷及丘陵坡脚地带 K6+800～K7+500m 段沟谷中，发现完整竖井、已塌陷竖井共 84 个，大多呈群状分布。根据走访调查及钻探揭露，保持原始状态的竖井井径在 0.8～1.8m，已坍塌竖井井径在 4.0～9.5m，下部采砂巷道顶板埋深在 9.5～23.5m，采砂巷道宽度一般为 2～3m，高度一般为 3～5m，最高可达 6～7m，主巷道长度一般在 15～30m，支巷道长度一般 2～10m。

设计对砂井、巷道及陷穴处的路基基底进行了处理。考虑竖井较深，回填土无法压实，因此，采砂竖井采用细石料进行回填，填至地表后，对竖井、井周及巷道范围内进行强夯处理，强夯能级不小于 6000kN·m，强夯后对原地面进行整平碾压，路基填筑前，先铺一层 40cm 厚的碎石或砂砾垫层，垫层中间铺设一层高强土工格室，高强土工格室应覆盖竖井及巷道全范围。

强夯处理后经质量检测，0～1.0m 深度内压实度达 0.95 以上，1.0～3.0m 深度达 0.93 以上，3m 以下至设计处理深度达 0.90 以上，湿陷性均已消除，达到了预期目的。

第5章

兰州新区深层地基土的工程特性

5.1 深层地基土的研究现状

岩土物理力学参数一直以来是岩土工程重要的工作研究内容，其对于土木工程建设非常重要，岩土参数的准确与否不仅影响地基基础设计的合理及经济性，而且还关乎地基基础和建设工程的安全可靠性。然而岩土的参数和特性不仅与现场原位测试及室内试验有关，而且与地质条件环境、取样方法等密切相关，其决定了参数的准确性及可靠性。

2012 年兰州新区成为国家级新区后，涉及房建、市政、水利、交通等行业的大规模工程建设迅速展开，工程实践中积累了丰富翔实的勘察经验和成果，但受限于兰州新区自身地层结构的复杂性，针对地层工程特性的研究偏重浅部地层。

兰州新区地质条件较复杂，地层结构呈现为典型的冲洪积堆积特征，沉积韵律交错混杂，水平及垂直方向规律性较差，层序连续性较差。依据岩性、颗粒组成、成因、综合原位测试等指标，区内地基土从上至下划分为第四系全新统素填土，第四系全新统冲洪积黄土状粉土、砾砂、角砾，第四系上更新统冲洪积粉土、角砾，第四系中更新统冲洪积粉质黏土、角砾，新近系上新统泥岩等。各层土厚度变化大，土层层位变化亦大，其中埋深 20m 以内夹层、互层、交错沉积现象发育，以下层位分布相对较稳定，但仍存在夹层、交错沉积现象。目前兰州新区地层工程特性的研究偏于浅部地层，浅部地层多以人工开挖探井、机械洛阳铲开挖探井或在钻孔中采用薄壁取土器采取Ⅰ级不扰动土样，积累了丰富翔实的勘察成果资料，但对于深部细颗粒地基土，特别是深部地下水位以下细颗粒地基土的工程特性研究较为欠缺。

目前深部地基土勘察取样常用的方法主要有以下三种：

（1）压入法：分为断续压入法和连续压入法两种。断续压入法采用的是通过使用千斤顶、杠杆、手轮或者钻机手把等方式不连续地对取土器进行施压，将其压入到土层中；连续压入法是用滑轮组合装置或者钻机液压装置将取土器一次快速压入地层中，适用于较软土层中的取土。

（2）击入法：击入法一般适用于较硬与坚硬的土层取样，分为孔外击入法和孔内击入法两种。孔外击入法是在地面用吊锤打击钻杆上的打箍，将取土器击入地层中取土，在硬质黏性土取土中广泛采用；孔内击入法是在孔内用重锤打击圆柱形定向器，将取土器击入地层中，操作简单，效率高，土样扰动小。

（3）回转压入法：将钻机的钻头和取土器相结合，通过钻机的机械回转，使得土样进入取土器，该方法多用于坚硬土层或岩层中。

兰州新区深层地基土的取样方法，目前仍然多沿用几十年前的取样技术，例如在硬质黏性土中，传统的敞口厚壁取土器（内装镀锌薄钢板）全靠地面锤击法取样，采取的土样容易受到扰动，个别情况下取土困难；或为了节省工期快速取样，采用岩芯管回转钻进切取样品作为原状样。受取样质量限制，试验所得岩土参数差异性极大；兼之，缺乏与之相互验证的适宜的原位测试手段，从而影响了深层地基土强度与变形指标的合理评价。

5.2　深层地基土的取样与试验测试

5.2.1　高质量岩土样取样方法

5.2.1.1　粉质黏土取样方法

对于深部地基土原状土样的采取，目前活塞薄壁取土器是公认的高质量手段，但在实际的勘察实践中，受到诸多因素的限制，未得到广泛应用，普遍采用薄壁敞口取土器、厚壁取土器及岩芯管包样等方法。然而，采用常规取土器钻进取芯、清孔、采取原状土样时必须分多次进行，上、下钻具及钻杆频繁，从而使地基土受扰动；压入或击入过程中，岩芯的原始结构遭切割而破坏，取样质量难以保证（图 5.2-1），导致室内试验数据严重失真，甚至无法制成测试土样，同时饱和土中操作不当易造成缩孔或塌孔，以及掉样现象，严重影响了对土体工程性质的正确认识，在此条件下依据现行勘察规范确定的深部地基土的强度和变形参数值较保守，未能充分挖掘和发挥深部地基土的承载潜力。

图 5.2-1　常规取样方法采取的粉质黏土样

为了保证岩土工程勘察的质量，较好地满足生产技术发展需要，针对兰州新区深部黏性土地层，甘肃中建勘察院采用了 TS-1 型单动双管薄壁取土器进行土样采取，见图 5.2-2。

TS-1 型单动双管薄壁取土器结构简单、易于操作、可靠性好，主要由外管、内管两重岩芯管组成，取土器筒总长度 70cm，取土行程也是 70cm。外管通过接头与钻杆连接，下端装有钻头；内管与外管连接简单，内管只要直接插入即可，且内管超前于外管，土样先于钻头进入内管，可减小对土样的扰动，内管超前长度和壁厚可根据地层软硬程度调

图 5.2-2　TS-1 型单动双管薄壁取土器采取的粉质黏土样

整。取土时，外管随钻杆一起旋转，下端的钻头切割土层，内管在钻机液压和钻具自重的作用下，其下端压入土中，因岩芯与内管间存在摩擦力，取芯时外管转动而内管不动，内管对岩心起到保护作用，实现单动双管功能，且不存在单动装置失效烧钻的可能。

该方法有如下优点：便于采取和推出土样，密封性好，取土深度不受限制，取土器内壁光滑，土样进入取土器时受到的摩阻力小，取土时土样基本无垂直压缩现象；上样筒密封性好，土样存放时间较长。通过 TS-1 型单动双管薄壁取土器在兰州新区深部黏性土地层的应用，甘肃中建勘察院采取了大量原状土样，获取了较为翔实的试验数据。

5.2.1.2　泥岩取样方法

兰州新区岩土工程勘察中，对泥岩主要采用回转钻进方法，对采取岩芯有明确要求的工程，主要采用孔底环状钻进——冲洗钻进的回转钻进方法，使用硬质合金钻头，钻孔直径不小于75mm；不要求采取岩芯时，亦可采用孔底全面钻进的方法。

由于泥岩质地偏软，钻进较为容易。上部岩层由于风化作用、地下水的影响，岩石质量较差，很难取得较完整的岩芯，下部岩石质量相对较好，岩芯采取率较高，但由于其本身属于软岩，遇水易软化崩解，受扰动后容易丧失结构性的特点，要取得高质量的室内试验岩石样品依旧困难，钻探设备和经验对取芯和取样质量的影响很大。

为满足取芯、取样要求，钻探时，选用双层岩芯管钻进；当采取岩样时，对风化程度高、胶结作用弱、受扰动极易破坏结构性的岩层，宜采用单动双管取样器取样；对岩石质量较好、胶结作用较强的岩层，可利用双层岩芯管钻进取得的岩芯制作试样（图 5.2-3）。

图 5.2-3　普通钻具岩芯与双层岩芯管泥岩岩芯对比

根据兰州地区多年勘探经验，当采用正确的钻探工艺和钻具时，一般结构强风化软岩均可取到较完整的岩芯，采样质量指标（RQD）可达80％以上，中等风化岩层内可达100％。

5.2.2　岩土物理力学性质

5.2.2.1　粉质黏土的物理力学性质

兰州新区20m以下分布的粉质黏土，为第四系中上更新统，广泛分布于秦王川盆地，浅黄色—褐黄色，呈软塑—硬塑状，根据其与地下水位的相对关系分为以下两层。

1. 粉质黏土层

冲、洪积成因，浅黄色—褐黄色，呈可塑状，干强度高，韧性中等，无摇震反应，切面稍有光泽，均匀性尚可，多夹有粉土夹层及细砂层，局部夹砾砂透镜体。该层位于地下水位以上，厚度变化较大，一般为5.0～10.0m。

天然含水率一般为15.0％～30.0％；饱和度一般为61.0％～100.0％，平均值为84.8％；孔隙比一般为0.513～0.962，平均值为0.688；液性指数一般为0.15～0.99，平均值为0.39，总体呈可塑状；压缩系数a_{1-2}一般为0.09～0.22MPa^{-1}，平均值为0.14MPa^{-1}；压缩模量$E_{s_{1-2}}$一般为8.20～16.90MPa，平均值为12.30MPa，呈中等压缩性；黏聚力一般为19.6～26.1kPa，平均值为24.6kPa；内摩擦角一般为19.3°～26.5°，平均值为23.2°。

2. 饱和粉质黏土层

冲、洪积成因，褐黄、灰褐色，可塑状，含黑色斑染，刀切面光滑、有光泽，干强度较高，韧性中等，土质不均，含细砾、粉砂及粉土薄层，夹角砾透镜体，黏土岩芯多呈短柱状，略见水平沉积韵律。该层位于地下水位以下，厚度亦变化较大，一般为2.0～14.0m。

天然含水率一般为17.7％～27.4％，平均值为23.2％；饱和度一般为80.4％～100.0％，平均值为94.4％；孔隙比一般为0.528～0.789，平均值为0.666；液性指数一般为0～0.89，平均值为0.44，总体呈可塑状；压缩系数a_{1-2}一般为0.09～0.23MPa^{-1}，平均值为0.13MPa^{-1}；压缩模量$E_{s_{1-2}}$一般为7.16～19.13MPa，平均值为13.25MPa，呈中等压缩性；黏聚力一般为21.5～25.3kPa，平均值为23.9kPa；内摩擦角一般为21.9°～26.8°，平均值为25.23°。

各岩土层不同压力下的压缩试验指标见表5.2-1、表5.2-2和图5.2-4、图5.2-5。

粉质黏土不同压力压缩试验指标统计表
表 5.2-1

地层编号	统计指标	0.1～0.2（MPa）	0.2～0.3（MPa）	0.3～0.4（MPa）	0.4～0.6（MPa）	0.6～0.8（MPa）	0.8～1.0（MPa）	1.0～1.2（MPa）
粉质黏土	a（MPa^{-1}）	0.14	0.11	0.09	0.08	0.06	0.06	0.05
	E_s（MPa）	12.73	16.91	20.36	24.42	29.50	33.64	39.42
饱和粉质黏土	a（MPa^{-1}）	0.16	0.13	0.10	0.07	0.06	0.06	0.05
	E_s（MPa）	10.67	13.25	17.21	23.90	27.70	31.30	36.42

粉质黏土不同压力孔隙比平均值统计表 表 5.2-2

地层	各级压力下孔隙比平均值(e_i)							
	0(MPa)	0.1(MPa)	0.2(MPa)	0.3(MPa)	0.4(MPa)	0.6(MPa)	0.8(MPa)	1.0(MPa)	1.2(MPa)
粉质黏土	0.729	0.653	0.639	0.628	0.619	0.604	0.591	0.587	0.551
饱和粉质黏土	0.702	0.623	0.607	0.597	0.584	0.570	0.557	0.538	0.519

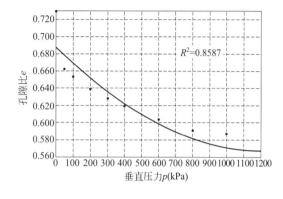

图 5.2-4 粉质黏土平均 e-p 曲线图

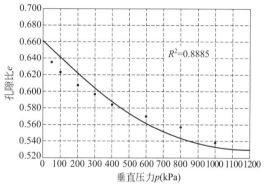

图 5.2-5 饱和粉质黏土平均 e-p 曲线图

试验结果表明，天然状态下各土层孔隙比随压力增大而减小；随压力增加 e-p 曲线割线斜率逐渐变小，其压缩性逐渐减小；在 $800\sim1200$kPa 压力下，基本为低压缩性。

根据勘探揭露的地基土的岩性特征、埋藏条件，结合室内土工试验结果、各种测试资料分析，依照《建筑地基基础设计规范》GB 50007—2011、《岩土工程勘察规范》DB62/T 25—3063—2012，参照《工程地质手册》，结合场地条件与地区经验综合评价，各土层承载力特征值及压缩（变形）模量取值分析见表 5.2-3。

粉质黏土的孔隙比和液性指数确定的承载力特征值 表 5.2-3

岩土名称	天然孔隙比 e_o	液性指数 I_L	承载力特征值 f_{ak}(kPa)	压缩模量 E_s(MPa)
粉质黏土	0.688	0.39	200	12.3
饱和粉质黏土	0.666	0.44	220	12.5

5.2.2.2 泥岩物理力学性质

区内分布的泥岩，呈褐红色，泥质结构，厚层状构造，层位较稳定。岩质较软，锤击易碎，遇水易软化。成分以黏土矿物为主，局部层位夹有砂质泥岩薄层，岩芯断面光泽不明显，岩体结构较为完整，钻探岩芯多呈（长 30cm 左右）短柱状，少量岩芯由于钻探扰动较破碎，层顶埋深 $36.8\sim52.0$m。

岩石试验结果表明：泥岩含水率介于 $13.49\%\sim23.05\%$，平均值 18.93%；天然块体密度介于 $1.98\sim2.22$g/cm³，平均值为 2.10g/cm³；天然状态下单轴抗压强度介于 $0.56\sim2.00$MPa，平均值为 1.28MPa；干燥状态下单轴抗压强度介于 $5.22\sim10.15$MPa，平均值为 7.08MPa。根据野外钻探揭露，泥岩呈巨厚层状结构，结构面不发育，以层面为主，层面结合较好，其完整程度为较完整，天然状态下与干燥状态下的岩石试件单向抗压强度之比为 0.18（小于 0.75），表明该层软化系数将更小，坚硬程度等级分类属极软岩，岩土质量等级为Ⅴ类。

泥岩承载力可根据地区经验，含水率、胶结程度、剪切波速、天然状态下单轴抗压强度和《岩土工程勘察规范》DB62/T 25—3063—2012 查表确定，见表 5.2-4。其变形指标依据地区工程经验综合取值。

泥岩承载力特征值的确定

表 5.2-4

岩中名称	含水率(%)	胶结程度	剪切波速 （m/s）	天然状态下单轴 抗压强度(MPa)	承载力特征值 f_{ak} （kPa）
泥岩	18.93	泥质胶结	<500	1.28	600

5.3　深层地基土的承载力试验

面对常规岩土工程评价与工程实测之间的差异，如何挖掘深部地基土的承载潜力，准确、快速地确定岩土强度和变形参数，在保证安全可靠的前提下，为建设工程的经济合理提供保障，是岩土工程勘察必须解决的问题。为此，在兰州新区部分勘察项目中，甘肃中建勘察院开展了以旁压试验为主的专项研究工作。

5.3.1　旁压试验测试技术

5.3.1.1　旁压试验工作原理

旁压试验又称土体横向压缩试验，是一种在预先施工好的钻孔中放置旁压器，通过旁压器的加压装置对钻孔壁施加横向均匀应力，使孔壁土体发生径向变形直至破坏，利用量测仪器量测压力和径向变形之间的关系，推求力学参数的一种原位测试技术。与室内试验相比，旁压试验具有不改变土体原始应力状态的优势；与载荷试验相比，具有快捷、省力和测试深度大的优势。鉴于旁压试验测试技术良好的适用性，在工程实践中已得到了广泛应用，尤其是随着旁压试验设备的功能升级，该项原位测试技术的应用场景得到更宽广的拓展。

旁压试验基于如下假定：

（1）钻孔周围的岩土是均质无限体，孔穴呈圆柱形，孔穴扩张处于平面应变状态；

（2）孔周介质具有各向同性和弹塑性；

（3）介质是连续的，且处于平衡状态；

（4）孔穴扩张时，介质的应力-应变关系能用增量弹性理论描述，屈服面服从摩尔-库仑方程。

通过记录在旁压试验中不同横向压力下测量腔的变形量绘制旁压特征曲线（p-V 曲线），典型的旁压曲线见图 5.3.1，可分为四个阶段。

Ⅰ阶段（初步阶段 OA）：此阶段在压力 p 未达到钻孔前的原始应力 p_0 时，体积应变率逐渐减小，这是由于在成孔过程中土体发生应力释放，且孔径略大于旁压加压仪器直径，施加压力不断增大土体开始进入弹性变形阶段。

Ⅱ阶段（似弹性阶段 AB）：此阶段土体表现一种似弹性特征，随着压力的增加体积

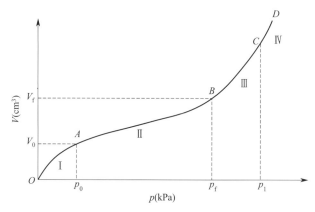

图 5.3-1　典型旁压试验 p-V 曲线

的变化量呈现似线性增长，当加载至某个力时，土体开始呈现塑性变形，进入弹塑性阶段，我们称这个力为临塑压力，用 p_f 表示。

Ⅲ阶段（弹塑性阶段 BC）：此阶段土体的变形量随着压力的增加呈现缓慢的增长，当加载至一定压力时，土体会产生很大的变形，而压力却保持不变，进入破坏阶段，我们称这个力为极限压力，用 p_1 表示。

Ⅳ阶段（破坏阶段 CD）：在Ⅲ阶段快结束的时候，土体内开始形成连续的滑动面，在Ⅳ阶段滑动面形成，变形可能继续发展，此时压力不再增加。

5.3.1.2　旁压试验工作方法

旁压试验根据成孔方式的不同分为预钻式旁压试验（PMT）和自钻式旁压试验（SB-PMT）两种类型。

预钻式旁压试验：采用的是预钻类型旁压仪器，试验前，在需要进行试验的地点用钻机进行钻孔，当钻至目标地层后，将此类型旁压仪器放入孔中，通过对孔壁施加横向压力，使土体产生径向变形，直至破坏，利用仪器量测孔周岩土体的径向压力与变形关系，测求地基土的原位力学状态和力学参数。该方法适用于孔壁能保持稳定的黏性土、粉土、砂土、残积土、碎石土、软岩和极软岩，不适用于饱和软黏土。

自钻式旁压试验：采用的是自钻式旁压仪，把成孔和旁压器的放置、定位、试验一次完成。此种试验设备底部安装有切削器，它的动力由顶部钻机通过钻杆提供，能够自动切削土体，并利用泥浆通过钻杆将土体送出孔外。此种试验的优点在于避免了预钻孔坍塌变形、初始应力的释放给试验结果带来影响。自钻式旁压试验除了可以得到预钻式旁压试验的特征值外，还可测得土的初始应力、静止侧压力系数、不排水抗剪强度及孔隙水压力系数等参数。自钻式旁压试验的自钻钻头、钻头回转速度、钻进速率、刃口距离、泥浆压力和流量等应通过试验确定，并应符合《地基旁压试验技术标准》JGJ/T 69—2019 中的相关规定，主要适用于黏性土、粉土、砂土和饱和软土等，但是因其结构一体化强，而且操作难度大，使用成本高，所以在国内很少应用。

5.3.1.3　旁压试验工作及要求

目前，兰州地区勘察工作中，普遍采用预钻式旁压试验方法，因此，以下仅介绍预钻式旁压试验试验要求、试验步骤、资料整理与参数计算方法等。

1. 仪器设备组成

预钻式旁压仪由旁压器、加压稳压装置和量测及控制装置等部分组成，见图 5.3-2。

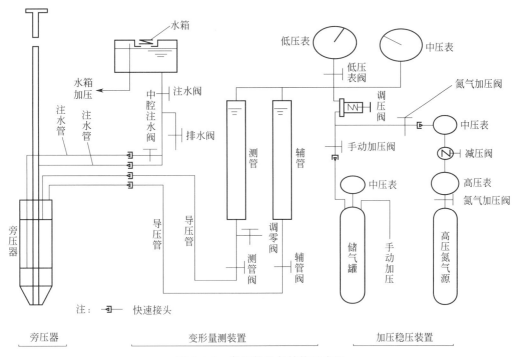

图 5.3-2　旁压仪设备结构示意图

（1）旁压器：是旁压仪的主要部分，用以对孔壁施加压力，它由一个空心金属圆柱筒、固定在金属筒上的弹性膜和膜外护铠组成，分三腔式和单腔式。三腔式中腔为量测腔，上、下两腔为辅助腔，上、下两腔由金属管连通而与中腔严密封闭，辅助腔的作用在于延长孔壁土层受压段长度，减少量测腔的端部影响，当土体受压时，使量测腔部分周围土体均匀受压，使土层近似地处于平面应变状态。弹性膜紧附在旁压器腔室的外壁，在上、中、下三腔的端部用套环固定，以保证通水加压后三腔各自膨胀，弹性膜厚约 2mm。膜外护铠的作用是防止旁压器的弹性膜被压破。

（2）加压装置：由高压氮气瓶连接减压阀组，当无高压氮气瓶时，可用普通打气筒和稳压罐代替。

（3）量测及控制装置：由水箱、量管、压力表、导管等组成。量管最小刻度为 1mm，压力表最小刻度为 5kPa。

2. 仪器率定

（1）弹性膜约束力率定：由于弹性膜具有一定厚度，弹性膜本身产生的侧限作用使压力受到损失，这种压力损失值称为弹性膜的约束力。一般规定在每个工程试验前，新装或更新弹性膜、放置时间较长、膨胀次数超过一定值、温差超过 4℃时，需进行弹性膜约束力率定。弹性膜约束力的率定方法是：将旁压器置于地面，然后打开中腔和上、下腔阀门使其充水，当水充满旁压器并回返至规定刻度时，将旁压器中腔的中点位置放在与量管水位相同的高度，记下初读数，随后逐级加压，每级压力增量为 10kPa，使弹性膜自由膨胀，量测每级压力下的量管水位下降值，直到量管水位下降值接近 40cm 时停止加压，量测每一级压力 p 对应的位移 s 或体积 V 值，绘制 p-s 或 p-V 关系曲线，即弹性膜约束力率定曲线，s 轴的渐近线所对应的压力即为弹性膜的约束力 p_f。

（2）仪器综合变形率定：由于旁压仪的调压阀、量管、导管、压力计等在加压过程中均会产生变形，造成水位下降或体积损失，这种水位下降值或体积损失称为仪器综合变形。更换或改变导压管长度，或更换测管等设备部件后，应进行仪器的综合变形率定。仪器综合变形率定的方法是：将旁压器放置于率定管内，使旁压器在受到刚性限制的条件下进行逐级加压，率定时每一级压力增量可取仪器额定压力的 1/10，最大加压至仪器额定压力的 80%，量测每一级压力 p 对应的位移 s 或体积 V 值，并绘制关系曲线（仪器的综合率定曲线），其直线对应压力轴的斜率即为仪器综合变形率定系数 α。

3. 成孔要求

旁压试验钻孔要保证成孔质量，试验段成孔应垂直、光滑平顺、完整，且应降低对孔壁岩土的扰动或保持原状。成孔直径宜大于旁压器外径 2~6mm，孔深应比预定最终试验深度略深（一般深 0.5~1.0m），以保证旁压器下腔在受压膨胀时有足够的空间，使其和上腔同步。钻孔成孔后宜立即进行试验，以免缩孔和塌孔，必要时可采用泥浆护壁。

4. 试验点布置

试验点应布置在有代表性的位置和深度，旁压器的量测腔应在同一土层内，满足两试验点间的竖向距离不小于 1.0m 或不小于旁压器膨胀段长度的 1.5 倍距离。试验孔与已有钻孔或其他原位测试孔的水平距离不应小于 1.0m，且不应小于已有钻孔或其他原位测试孔直径的 3 倍。场地同一试验土层的试验点总个数应满足统计数据的要求（一般不宜少于 6 个点）。

5. 试验步骤

（1）钻进成孔：试验前应根据试验场地岩土类型及特性选择钻机、钻具，并采用相应的钻进方法和成孔工艺，对于孔壁稳定性差的土层，宜采用泥浆护壁钻进。

（2）充水：将旁压器置于地面上，打开水箱阀门，使水流入旁压器的中腔和上、下腔，并分别回返到量管中，待量管中的水位升高到一定高度时，提起旁压器使中腔的中点与量管的水位相齐平（此时旁压器不产生静水压力，不会使弹性膜膨胀）；然后，关闭阀门，此时记录的量管水位值即是试验初读数。

（3）放置旁压器：将旁压器放入钻孔中预定试验位置，将量管阀门打开，此时旁压器产生静水压力，并记录量管中的水位下降值。静水压力可按下式计算：

$$\text{无地下水时：} \qquad p_w = (h_0 - z)\gamma_w \qquad (5.3\text{-}1)$$

$$\text{有地下水时：} \qquad p_w = (h_0 + h_w)\gamma_w \qquad (5.3\text{-}2)$$

式中　p_w——静水压力（kPa）；

　　　h_0——量管水面距离孔口的高度（m）；

　　　z——地面至旁压器中腔中间的距离，即旁压试验点的深度（m）；

　　　h_w——地下水位到孔口的埋深（m）；

　　　γ_w——水的重度（kN/m³）。

（4）加压：加压时首先打开高压氮气瓶开关，同时观测压力表，控制氮气瓶输出压力不超过减压阀额定标准，然后操纵减压阀旋柄按要求逐级加压，从压力表读取压力值，并记录一定压力时的量管中水位变化高度。

加压等级包括加压级数和加压增量，取决于试验目的、土层特点、资料整理及成果判释、旁压仪精度等。根据绘制旁压曲线的要求，加压等级可采用预计临塑压力的 1/7～1/5 或极限压力的 1/14～1/10，初始阶段加荷等级可取小值。必要时可作卸荷再加荷试验，测定再加荷旁压模量。

（5）每级压力的稳定时间：每级压力下的相对稳定时间应根据土的特征或试验要求确定。对软岩和风化岩采用 1min，对非饱和黏性土、粉土、砂土等宜采用 2min。当采用 1min 的相对稳定时间标准时，在每级压力下，测读 15、30、60s 的量管水位下降值，并在 60s 读数完成后即施加下一级压力，直至试验终止；当采用 2min 的相对稳定时间标准时，在每级压力下，测读 15、30、60、120s 的量管水位下降值，并在 2min 的读数完成后即施加下一级压力，直至试验终止。

（6）试验终止条件：应根据试验目的和旁压仪的极限试验能力（体积、压力）来确定。当以测定土体变形参数为目的时，试验压力超过临塑压力 p_f 后即可结束试验；当以测定土体强度参数为目的时，则当量测腔的扩张体积相当于量测腔固有体积，或压力达到仪器的容许最大压力时，应终止试验。旁压试验示意图见图 5.3-3。

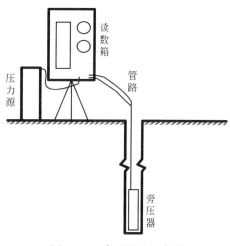

图 5.3-3　旁压试验示意图

试验结束后应立即对旁压器进行消压、回水和排水工作，并符合下列规定：①当试验深度小于 2m 且仍需进行试验时，可将调压阀减压使压力降到零，利用弹性膜的约束力迫使旁压器中的水回到测管；②当试验深度大于 2m 且仍需进行试验时，宜根据相关的操作方法，利用系统内的压力，使旁压器中的水回至水箱备用，并保持水箱盖打开；③阀门置于排水装置位置，利用试验时系统内的压力将旁压器中水排净，并旋松调压阀；④旁压器和系统完全消压 2～3min 后取出旁压器，移至下一试验点进行试验。

6. 资料整理

资料整理前，应先对试验记录数据进行校正，并应符合下列规定。

（1）压力校正

压力校正可按下式计算：

$$p = p_m + p_w - p_i \qquad (5.3-3)$$

式中　p——校正后的压力（kPa）；

p_m——记录仪或压力表读数（kPa）；

p_w——静水压力（kPa），可按式(5.3-1)或式(5.3-2)计算；

p_i——弹性膜约束力（kPa），由各级总压力（$p_m + p_w$）所对应的测量位移（或体积）值查弹性膜约束力率定曲线取得。

对气水转换式旁压仪，压力校正按仪器说明书要求进行。

（2）变形量校正

变形量校正可按下式计算：

$$s = s_m - \alpha(p_m + p_w) \tag{5.3-4}$$

式中　s——校正后的水位下降值（m）；

$\quad\quad s_m$——量管水位下降值（m）；

$\quad\quad \alpha$——仪器综合变形系数（m^3/kN）。

7. 绘制旁压试验曲线

整理试验数据时，首先应对试验记录的压力与变形量数据进行校正，根据校正后的数据绘制旁压试验曲线，包括压力和水位下降值绘制 p-s 曲线，或根据校正后的压力和体积绘制 p-V 曲线（图 5.3-4）；根据旁压试验曲线用作图法确定初始压力（p_0）、临塑压力（p_f）和极限压力（p_L）等基本参数；当采用作图法难以获得初始压力（p_0）时，也可采用静止土压力根据计算法确定。

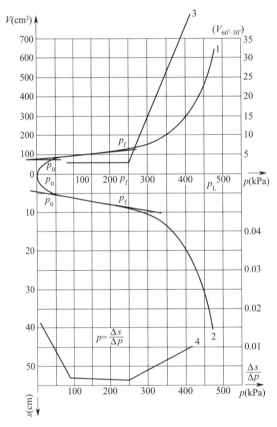

图 5.3-4　旁压试验曲线

1—p-V 曲线；2—p-s 曲线；3—p-$V_{60''-30''}$ 曲线；4—p-$\Delta s/\Delta p$ 曲线

（1）初始压力（p_0）的确定：旁压试验曲线直线段（Ⅱ阶段）延长与 V 轴的交点为 V_0（S_0），由该交点作与 p 轴平行线相交于曲线的点所对应的压力即为 p_0 值。

（2）临塑压力（p_f）的确定：旁压试验曲线直线段（Ⅱ阶段）的终点，即直线与曲线第二个切点所对应的压力值为 p_f 值。

（3）极限压力（p_L）的确定：旁压试验曲线过临塑压力后，趋向于 s 轴的渐近线的压力即为 p_L 值，或 $V = V_c + 2V_0$（V_c 为中腔固有体积，V_0 为孔穴体积与中腔初始体积的差值）时所对应的压力值作为 p_1 值。

5.3.1.4　岩土参数的确定

1. 旁压模量 E_m

根据《岩土工程勘察规范》GB 50021—2001（2009 年版），旁压曲线 Ⅱ 阶段直线段的斜率为土体弹性变形指标，即旁压模量 E_m。

旁压模量 E_m 按下列公式计算确定。

（1）当用位移（s）计量时：

$$E_m = 2(1+\mu)\left(s_c + \frac{s_0 + s_f}{2}\right)\frac{\Delta p}{\Delta s} \qquad (5.3\text{-}5)$$

（2）当用体积（V）计量时：

$$E_m = 2(1+\mu)\left(V_c + \frac{V_0 + V_f}{2}\right)\frac{\Delta p}{\Delta V} \qquad (5.3\text{-}6)$$

式中　　　　　E_m——旁压模量（kPa）；

$\Delta p/\Delta s$、$\Delta p/\Delta V$——旁压试验曲线直线段斜率（kPa/cm，kPa/cm^3）；

μ——泊松比，可按地区经验确定，当无经验时可按《地基旁压试验技术标准》JGJ/T 69—2019 给出的建议值查表确定，本次计算粉质黏土按 0.35 取值，泥岩按 0.30 取值；

s_c——旁压器测试腔固有体积 V_c 用测管水位位移值表示（cm）；

s_0——旁压曲线直线段延长线与纵轴（位移轴）的交点，其值为旁压器弹性膜接触孔壁所消耗的水体积用测管水位位移值表示（cm）；

s_f——临塑压力 p_f 所对应的测水管水位位移值（cm）；

V_c——旁压器测试腔固有体积（cm^3）；

V_0——旁压曲线直线段延长线与纵轴（体积轴）交点表示的值，即为旁压器弹性膜接触孔壁所消耗的水体积（cm^3）；

V_f——临塑压力所对应的体积（cm^3）。

2. 旁压剪切模量 G_m

旁压剪切模量 G_m 应由下式计算确定。

（1）当用位移（s）计量时：

$$G_m = \left(s_c + \frac{s_0 + s_f}{2}\right)\frac{\Delta p}{\Delta s} \qquad (5.3\text{-}7)$$

（2）当用体积（V）计量时：

$$G_m = \left(V_c + \frac{V_0 + V_f}{2}\right)\frac{\Delta p}{\Delta V} \qquad (5.3\text{-}8)$$

式中　G_m——旁压剪切模量（kPa）。

3. 确定地基承载力

利用旁压试验确定地基承载力特征值 f_{ak} 时，可采用极限压力与临塑压力两种计算方法。

（1）利用极限压力 p_L 确定地基承载力特征值：

当极限压力 p_L 小于等于临塑压力 p_f 的 2 倍时，取极限压力的二分之一，由下式确定：

$$f_{ak}=\frac{p_L}{2}-p_0 \tag{5.3-9}$$

当极限压力 p_L 大于临塑压力 p_f 的 2 倍时，由下式确定：

$$f_{ak}=\frac{p_L-p_0}{K} \tag{5.3-10}$$

式中　f_{ak}——地基承载力特征值（kPa）；

　　　　K——安全系数，不同地层和不同区域采用不同的安全系数，取值范围为 2.0～4.0，且不应高于临塑压力 p_f，无地区经验时可参考《地基旁压试验技术标准》JGJ/T 69—2019 中给出的经验值进行计算；本次计算粉质黏土按 2.7 取值，泥岩按 3.0 取值。

（2）利用临塑压力 p_f 计算时由下式确定：

$$f_{ak}=\lambda(p_f-p_0) \tag{5.3-11}$$

式中　f_{ak}——地基承载力特征值（kPa）；

　　　　λ——修正系数，可根据地区经验确定，无经验时，取 0.7～1.0；本次计算粉质黏土按 0.8 取值，泥岩按 0.7 取值。

4. 计算压缩/变形模量

根据《工程地质手册》（第五版）第三篇岩土测试第七章旁压试验相关小节内容，可用旁压变形参数计算土的变形模量 E_0、压缩模量 E_s，具体见式(5.3-9)、式(5.3-10)。

$$E_0=K_1 \cdot G_m \tag{5.3-12}$$

$$E_s=K_2 \cdot G_m \tag{5.3-13}$$

式中　E_0——土的变形模量（MPa）；

　　　　E_s——压力为 100～200kPa 时的压缩模量（MPa）；

　　K_1、K_2——比值，根据《工程地质手册》（第五版）按表 5.3-1 确定。

K_1、K_2 比值　　　　　　　　表 5.3-1

模量	土类	比值	适用条件
变形模量 E_0	新黄土	$K_1=5.3$	$G_m \leqslant 7MPa$
	黏性土	$K_1=2.9$	流塑～硬塑
		$K_1=4.8$	硬塑～半坚硬
压缩模量 E_s	新黄土	$K_2=1.8$	$G_m \leqslant 10MPa，Z \leqslant 3m$
		$K_2=1.4$	$G_m \leqslant 15MPa，Z>3m$
	黏性土	$K_2=2.5$	硬塑～流塑
		$K_2=3.5$	硬塑～半坚硬

5.3.2　旁压试验成果分析

为了加强对深部地基土的认识，充分挖掘地层参数潜力，深入研究地基土的强度和变形参数，以达到"经济合理、安全可靠"的目的，甘肃中建勘察院依托兰州中川国际机场三期扩建工程、瑞岭雍和郡保障房项目、兰州新区市政服务中心等，针对兰州新区南部地下水位以上和以下的深部粉质黏土层及泥岩层等地基土分别进行了旁压试验，均得到较完整的旁压曲线，获取了地基土的旁压模量、旁压剪切模量。

旁压试验所用仪器为江苏省溧阳市天目仪器厂 PM-2B 型预钻式旁压仪，其结构形式为单腔式，主要参数为：旁压器总长度为 910mm，测量腔有效长度为 356mm，胶膜外径为 88mm，带铠保护套外径为 90mm，增压缸有效面积为 59.1cm²，铠膜测量腔初始体积为 2213.6cm³，用测管水位位移值表示的 s_c 为 36.63cm，最大加压压力为 5.5MPa。PM-2B 型预钻式旁压仪主要参数见表 5.3-2。

PM-2B 型预钻式旁压仪主要参数　　　　　　　　　　表 5.3-2

序号	名称		指标（规格）
1	旁压器	胶膜外径	88mm（公称外径 90mm）
		带铠保护套外径	90mm（公称外径 94mm）
		测量腔有效长度	356mm
		旁压器总长	910mm
		胶膜测量腔初始体积	$V_c = 2165cm^3$
		V_c 用位移值表示	$s_c = 36.63cm$
		铠膜测量腔初始体积	$V_c^* = 2213.6cm^3$
		V_c^* 用位移值表示	$s_c^* = 37.5cm$
2	精度	压力	1%
		旁压器径向位移	<0.1mm
3	其他	最大压力	5.5MPa
		增压缸有效面积	59.1cm²
		系统压力/气源压力	2.07MPa
		主机尺寸	23cm×36cm×86cm
		主机重量	48kg

成孔时采用 XY-150 型钻机进行，为防止孔壁塌孔掩埋旁压器，先用孔径 127mm 的钻头进行开孔，再用孔径 152mm 的钻头进行扩孔，至目标土层时下放套管，用孔径 97mm 的钻头进行成孔，试验钻孔要保证成孔质量，钻孔垂直，孔壁要光滑，防止孔壁坍塌。试验孔宜比旁压器略大（一般大 2～5mm），试验段孔深应比预定最终试验深度略深（一般大 30～50cm），以保证旁压器测量腔在受压膨胀时有足够的空间。钻孔成孔后宜立即进行试验，以免缩孔和塌孔。

5.3.2.1　旁压试验结果

粉质黏土 11 组、饱和粉质黏土 12 组、泥岩 6 组，均得到较完整的旁压曲线，获取了地基土的旁压模量、旁压剪切模量。各地层不同深度旁压试验统计结果见表 5.3-3～

表 5.3-5，代表性旁压曲线分别见图 5.3-5～图 5.3-7。

粉质黏土旁压试验成果统计表 表 5.3-3

编号	试验深度 （m）	初始压力 p_0 （kPa）	临塑压力 p_f （kPa）	极限压力 p_L （kPa）	p_f-p_0 （MPa）	p_L-p_0 （MPa）	旁压模量 E_m （MPa）	旁压剪切 模量 G_m （MPa）
1	22.5	234.09	620.00	1180.00	0.386	0.946	11.91	4.41
2	20.8	193.44	553.00	936.00	0.360	0.743	5.88	2.18
3	20.3	201.15	600.00	1070.00	0.399	0.869	9.09	3.37
4	25.1	270.78	710.00	1170.00	0.439	0.899	11.61	4.30
5	27.1	290.58	670.00	1220.00	0.379	0.929	13.75	5.09
6	23.5	247.71	618.00	1060.00	0.370	0.812	8.50	3.15
7	23.1	252.27	680.00	1090.00	0.428	0.838	9.79	3.63
8	23.2	220.03	600.00	1050.00	0.380	0.830	13.04	4.83
9	27	275.47	660.00	1160.00	0.385	0.885	8.58	3.18
10	23.5	238.39	610.00	1100.00	0.372	0.862	11.64	4.31
11	26	267.64	650.00	1160.00	0.382	0.892	10.61	3.93

饱和粉质黏土旁压试验成果统计表 表 5.3-4

编号	试验深度 （m）	初始压力 p_0 （kPa）	临塑压力 p_f （kPa）	极限压力 p_L （kPa）	p_f-p_0 （MPa）	p_L-p_0 （MPa）	旁压模量 E_m （MPa）	旁压剪切 模量 G_m （MPa）
1	37	383.75	790.00	1370.00	0.406	0.986	9.84	3.78
2	31.5	349.86	740.00	1280.00	0.390	0.930	11.85	4.39
3	37.1	444.43	860.00	1500.00	0.416	1.056	13.43	5.17
4	34.2	383.45	780.00	1370.00	0.397	0.987	10.57	3.91
5	35.6	405.80	780.00	1400.00	0.374	0.994	14.47	5.36
6	37.2	431.33	940.00	1535.00	0.509	1.104	10.52	3.90
7	38	495.87	900.00	1604.00	0.404	1.108	16.03	5.94
8	35.5	405.88	790.00	1430.00	0.384	1.024	15.93	5.90
9	41	543.75	1010.00	1670.00	0.466	1.126	18.77	6.95
10	45	607.60	1050.00	1820.00	0.442	1.212	11.13	4.12
11	36.0	442.17	850.00	1515.00	0.408	1.073	11.97	4.43
12	47.5	650.22	1050.00	1920.00	0.400	1.270	20.56	7.62

泥岩旁压试验成果统计表 表 5.3-5

编号	试验深度 （m）	初始压力 p_0 （kPa）	临塑压力 p_f （kPa）	极限压力 p_L （kPa）	p_f-p_0 （MPa）	p_L-p_0 （MPa）	旁压模量 E_m （MPa）	旁压剪切 模量 G_m （MPa）
1	38.1	503.19	1370.00	2220.00	0.867	1.717	34.94	13.44
2	41.2	511.25	1800.00	2900.00	1.289	2.389	54.36	20.91

续表

编号	试验深度 （m）	初始压力 p_0 （kPa）	临塑压力 p_f （kPa）	极限压力 p_L （kPa）	p_f-p_0 （MPa）	p_L-p_0 （MPa）	旁压模量 E_m （MPa）	旁压剪切 模量 G_m （MPa）
3	32.6	362.15	1332.00	2120.00	0.970	1.758	43.25	16.02
4	35.0	429.83	1280.00	2040.00	0.850	1.610	44.53	16.49
5	45.0	609.90	1500.00	2450.00	0.890	1.840	28.01	10.36
6	51.0	771.28	1650.00	2810.00	0.879	2.039	34.36	12.72

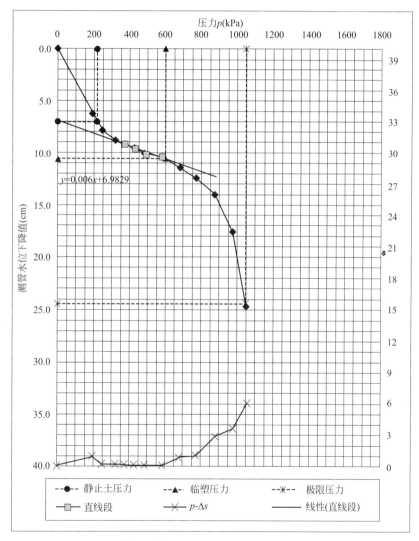

图 5.3-5　粉质黏土代表性旁压曲线

5.3.2.2　地基承载力特征值计算

根据《地基旁压试验技术标准》JGJ/T 69—2019，分别利用标准临塑荷载法和极限荷载法计算的地基承载力特征值，结果详见表 5.3-6。

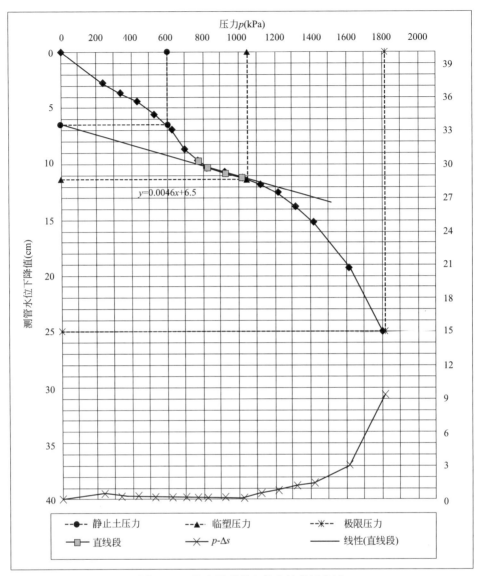

图 5.3-6 饱和粉质黏土代表性旁压曲线

旁压试验计算地基承载力特征值成果表　　　　　　　　　　　表 5.3-6

试验土层	统计指标	《地基旁压试验技术标准》JGJ/T 69—2019		建议值
		按临塑压力 p_f 确定	按极限压力 p_L 确定	
粉质黏土	统计个数	11	11	300
	最大值	351.38	355.91	
	最小值	287.65	274.56	
	平均值	311.23	309.68	
	标准差	19.408	22.732	
	变异系数	0.062	0.073	
	标准值	300.51	297.12	
饱和粉质黏土	统计个数	12	12	300
	最大值	406.94	336.17	
	最小值	299.36	290.14	
	平均值	333.06	305.24	

续表

试验土层	统计指标	《地基旁压试验技术标准》JGJ/T 69—2019		建议值
		按临塑压力 p_f 确定	按极限压力 p_L 确定	
饱和 粉质黏土	标准差	30.687	12.352	300
	变异系数	0.092	0.040	
	标准值	316.97	298.76	
泥岩	统计个数	6	6	600
	最大值	902.13	938.75	
	最小值	595.12	590.17	
	平均值	670.18	680.40	
	标准差	117.288	131.946	
	变异系数	0.175	0.194	
	标准值	573.35	571.47	

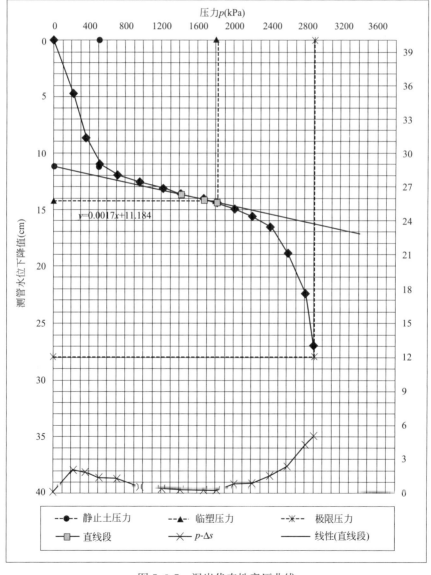

图 5.3-7　泥岩代表性旁压曲线

根据旁压试验测试结果，对照成孔记录进行分析，影响测试结果离散性的原因如下：

（1）影响粉质黏土强度离散性的主要因素是局部夹角砾、粗砂、中砂，导致承载力指标有差异。该层变形破坏形式以蠕变为主，破坏曲线发展较缓慢，属蠕变破坏。

（2）影响泥岩强度离散性的主要因素是岩相、胶结程度、风化程度、层理面厚度，导致承载力指标有差异。该层变形破坏形式以蠕变为主，破坏曲线发展较缓慢，局部泥岩相变为砂质泥岩，曲线过临塑压力之后变陡，岩体变形速度加快，进入塑性变形阶段，属蠕变破坏。

5.3.2.3 变形参数计算

根据计算得到的旁压模量，依据相关经验公式换算为地基土层的变形模量，对地基土变形模量主要通过《工程地质手册》（第五版）的相关公式进行计算，结果详见表5.3-7。

旁压试验计算地基承载力特征值成果表 表5.3-7

试验土层	统计指标	工程地质手册（第五版）		建议值
		压缩模量 E_s(MPa)	变形模量 E_o(MPa)	(E_s/E_o)
粉质黏土	统计个数	10	—	10.0
	最大值	12.73	—	
	最小值	7.88	—	
	平均值	10.05	—	
	标准差	1.70	—	
	变异系数	0.169	—	
	标准值	9.05	—	
饱和粉质黏土	统计个数	12	—	12.5
	最大值	19.05	—	
	最小值	9.45	—	
	平均值	12.81	—	
	标准差	3.17	—	
	变异系数	0.25	—	
	标准值	11.14	—	
泥岩	统计个数	—	6	60
	最大值	—	100.37	
	最小值	—	49.73	
	平均值	—	71.95	
	标准差	—	17.62	
	变异系数	—	0.25	
	标准值	—	57.41	

5.3.3 深层地基土承载力参数确定

《建筑地基基础设计规范》GB 50007—2011 规定，"地基土的承载力和压缩模量（或变形模量）宜根据野外鉴定、室内试验和公式计算、载荷试验以及其他原位测试，结合工程要求和实践经验综合确定"。野外鉴定、室内试验和公式计算、载荷试验以及其他原位测试，各有优缺点，各有适用条件，相辅相成，应综合考虑。

将旁压试验与室内试验确定的地基承载力进行对比，不同方法所得地基承载力数值大小各有差别，通过旁压试验确定的地基承载力普遍大于室内试验，但随着地基土的变化总体变化趋势是相同的，见表 5.3-8。

地基承载力与变形指标综合评价表   表 5.3-8

地层	室内试验		旁压试验		综合建议值	
	压缩模量/变形模量 (E_s/E_o)	承载力特征值 (f_{ak})	压缩模量/变形模量 (E_s/E_o)	承载力特征值 (f_{ak})	压缩模量/变形模量 (E_s/E_o)	承载力特征值 (f_{ak})
	MPa	kPa	MPa	kPa	MPa	kPa
粉质黏土	12.3	200	10.0	300	10.0	200
饱和粉质黏土	12.5	220	12.5	300	12.5	220
泥岩	30.0	600	60	600	30.0	600

根据旁压试验成果分析，岩土体达到临塑压力 p_f 之后破坏曲线发展仍相对缓慢，达到极限压力 p_L 仍需一个过程，建筑物施工完毕之后所产生的地基土附加压力是永久性的，而本次目标地基土层土体破坏模式多属蠕变破坏，故考虑地基土附加压力的受力模型和破坏模式，承载力取值建议时，选取利用临塑压力 p_f 法为主，极限压力 p_L 法进行复核。

各目标地基土层的地基承载力特征值和压缩模量（或变形模量）分析与评价介绍如下。

1. 粉质黏土：主要采用旁压试验和室内固结试验确定

根据《地基旁压试验技术标准》JGJ/T 69—2019 和《高层建筑岩土工程勘察标准》JGJ/T 72—2017 中地基承载力特征值计算结果分析，通过旁压试验，当利用临塑荷载法确定时，计算结果一致，当利用极限荷载法确定时，按《高层建筑岩土工程勘察标准》JGJ/T 72—2017 计算结果偏低，但随着地层变化的增减趋势是一样的，反映了土体特性也相同。

固结试验与旁压试验的计算数值相差不大，证明了旁压试验在推算土体压缩模量的计算中有很好的应用，旁压试验测试技术与固结试验相比，优势在于试验目标更接近工程实际，并且更具有针对性，在一些难以取样进行室内试验的情况下，可以有效地进行测试。

2. 泥岩：主要采用旁压试验综合确定

泥岩的室内单轴抗压强度及破坏模式并不是确定软岩地基承载力的直接控制因素，按岩体所处不同深度采用一定围压条件下的破坏强度评价软质岩体地基的承载力指标则更为合理。而旁压试验能较好地反映岩体在一定围压状态下的强度特征及不同深度处的应力状态，在确定软岩地基承载力方面具有独特的优势。

总之，最终验证地基承载力和压缩模量（或变形模量）的是工程实践，因此当地经验和同类工程的经验十分重要。此外，确定地基承载力和压缩模量（或变形模量）时还要充分考虑荷载、基础等设计参数和施工扰动因素，还要注意地基的非均质性、各向异性等问题。因此，地基承载力和压缩模量（或变形模量）是一个综合判定的问题。

通过室内试验得出各地基土层的压缩模量与旁压试验的计算数值相差不大，证明了旁压试验在推算土体压缩模量的计算中有很好的应用价值。在与实际工程相关的勘测工作中，任何一种原位测试手段对于不同地基土测定该土体的变形参数都是有预定限制的，造成这种现象的原因在于干扰土体变形参数的因素很多。但是想通过室内试验获得相对准确的变形参数也是很难的，因为在土体从原状土层中取出时应力释放，土体受到了扰动并且在搬运至实验室和制备试样的过程中都会对土体造成不同程度的扰动和影响。这些因素无不对获取土体变形参数的准确性有着至关重要的影响。原位测试中以载荷试验的精确度最高，但是它常常会受到场地、地下水和试验影响深度有限等因素的作用，不能够广泛适用；土体的静力触探测试的参数为土体变形指标的大致参数，需要进一步使用经验参数或公式来修正计算；旁压试验测试技术与固结试验相比，优势在于试验目标更接近工程实际，并且更具有针对性，在一些难以取样进行室内试验的情况下，可以有效地进行测试。

5.4 深层地基土的桩基试验

5.4.1 桩基试验工程概况

1. 工程设计概况

兰州中川国际机场 T3 航站楼总长约 893m，总宽约 854m，分为主楼 E 和指廊 A～D 共 5 个部分，局部地下 2 层（含地下管廊），埋深 3～15m。主楼 E 为地上 3 层，结构最高点标高约 43m；指廊 A 地上 4 层，指廊 B 地上 2 层，指廊 C 和 D 主要为地上 2 层，其中 C1 区、D1 区与机坪塔结合布置，机坪塔屋面结构标高 34.2m。主楼 E 最宽处约 405m，最长处约 296m，属于超长混凝土，设置 2 道结构缝将主楼屋盖下部混凝土结构分为 3 个结构单元 E1～E3，最大结构单元尺寸为 216m×273m；指廊 A 及 B 外形基本对称，长约 338m，最宽处约 69m，最窄处约 27m；指廊 C 及 D 完全对称，长约 415m，最宽处约 84m，最窄处约 40m。指廊 A～D 均属于细长形平面布局，为控制建筑平面长宽比不大于 5，分别设置 2 道结构缝将指廊 A～D 各分为 3 个结构单元，各结构单元长度分别为 120、108、163 及 144m，长宽比最大为 4。航站楼主体结构采用钢筋混凝土框架结构体系，上部屋盖采用大跨度钢桁架（网架）结构体系。

T3 航站楼结构桩基设计概况如下：

（1）航站楼 E 区（东半侧）：航站楼 E 区东半侧，以 9 层泥岩层为桩端持力层，桩径 800mm，桩顶标高−3.5m，控制桩端入岩深度不小于 1m，有效桩长 38～41m，计算的单桩承载力特征值为 4500kN。

（2）航站楼 E 区（西半侧）：航站楼 E 区西半侧，以 9 层泥岩层为桩端持力层，桩径 800mm，桩顶标高−3.5m，控制桩端入岩深度不小于 1m，有效桩长 41～52m，计算的单桩承载力特征值为 5200kN。

（3）航站楼 E 区（地下换乘大厅范围）：地下换乘大厅范围非地铁国铁区域的桩顶设计相对标高−12.1m，以 9 层泥岩层为桩端持力层，桩径 800mm，有效桩长 38～40m，桩端进入持力层深度大于 1m，单桩竖向承载力特征值约为 4500kN。

（4）指廊区域：单柱柱底最大轴力标准值约为 13000kN。

主要采用旋挖钻孔灌注桩（干成孔作业）方案，桩径选用 0.8m，计算桩侧摩阻力时上部回填土侧摩阻力标准值按考虑地基处理后取值为 60kPa。桩顶设计相对标高 -3.5m，有效桩长约 22m，单桩竖向承载力特征值为 2100~2300kN。

指廊 C 区域地下水位相对偏高，采用两种桩型：①桩径 800mm 旋挖钻孔灌注桩（干成孔作业），桩顶设计相对标高 -3.5m，有效桩长约 18m（保证桩端在地下水位以上），单桩竖向承载力特征值约为 1700kN；②采用泥浆护壁钻孔灌注桩，桩径 800mm，桩顶相对标高 -6~-3.5m，有效桩长 22m，单桩竖向承载力特征值取 2100kN。

2. 场地工程地质条件概况

兰州中川国际机场 T3 航站楼建设场地所处地貌单元为秦王川冲洪积平原，建设场地范围内地层结构复杂，地层结构呈现为典型秦王川盆地冲、洪积成因，水平及垂直方向规律性较差，层序连续性较差。依据岩性、颗粒组成、成因、综合原位测试等指标，将勘探深度范围内岩土层划分为 9 个大层及多个亚层，自上而下分别为①$_1$ 耕土、①$_2$ 杂填土、①$_3$ 素填土、②$_1$ 黄土状粉土、②$_2$ 细砂、②$_3$ 砾砂、③$_1$ 角砾、③$_2$ 细砂、④$_1$ 粉土、④$_2$ 细砂、④$_3$ 角砾、⑤$_1$ 角砾、⑤$_2$ 粉土、⑤$_3$ 细砂、⑥$_1$ 粉质黏土、⑥$_2$ 角砾、⑥$_3$ 细砂、⑦$_1$ 角砾、⑦$_2$ 粉质黏土、⑧$_1$ 粉质黏土、⑧$_2$ 角砾、⑨ 泥岩等，场地地下水属潜水类型，稳定地下水位埋深在 25.2~30.1m，典型工程地质剖面见图 5.4-1。

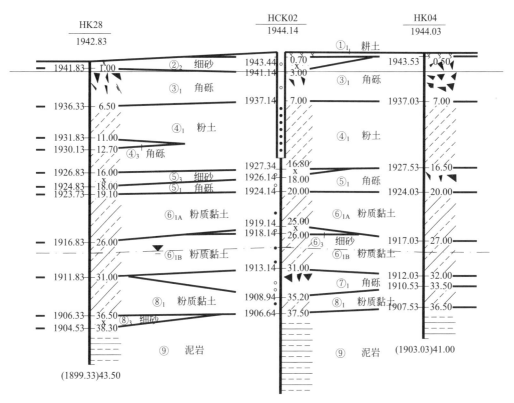

图 5.4-1　典型工程地质剖面图

3. 试桩设计方案

试桩的目的主要是通过对初步拟定的工程桩基方案进行试验性施工，检测基桩的承载能力，检测基桩的端承力和侧阻力；确定穿越粉土、粉砂、角砾层的基桩钻孔工艺（普通泥浆护壁钻孔、旋挖钻孔或带人造泥浆旋挖钻孔等）及机械设备的选择（如钻机、钻头等）；确定基桩的关键施工参数（如钻头类型、钻进速度、充盈系数、注浆参数）等。

T3 航站楼工程拟采取七种不同类型的试桩，具体试桩参数见表 5.4-1。

T3 航站楼试桩参数表　　　　　　　　　　　　　　表 5.4-1

试桩参数		试桩编号						
		SHZ1 （E 区 东半区）	SHZ2 （E 区 西半区）	SHZ3 （E 区换乘 大厅下方）	SHZ4 （指廊 A）	SHZ5 （指廊 B）	SHZ6 （指廊 C）	SHZ7 （指廊 D）
1	试桩数量	3 个	3 个	3 个	3 个	3 个	3 个	3 个
2	直径	0.8m	0.8m	0.8m	0.8m	0.8m	0.8m	0.8m
3	施工方式	泥浆护壁 钻孔灌注桩	泥浆护壁 钻孔灌注桩	泥浆护壁 钻孔灌注桩	干作业旋挖钻 孔灌注桩	干作业旋挖 钻孔灌注桩	干作业旋挖 钻孔灌注桩	泥浆护壁钻 孔灌注桩
4	有效桩长（至 设计桩顶）	38～41m	41～52m	40m	22m	22m	18m	22m
5	桩端进入 持力层深度	大于 1m	大于 1m	大于 1m	—	—	—	—
6	总桩长 （至现地面）	约 50m	约 50m	约 50m	约 25.5m	约 25.5m	约 21.5m	约 25.5m
7	桩身混凝土 强度	C50	C50	C50	C50	C50	C50	C50
8	单桩竖向承载 力特征值	4500kN	5200kN	4500kN	2300kN	2100kN	1700kN	2100kN
9	试桩单桩 极限承载力 （理论值 R）	9500kN	11000kN	12000kN	5000kN	5000kN	4200kN	5000kN
10	试桩最大 加载期望值 （1.2～1.5R）	13000kN	15000kN	15000kN	7000kN	7000kN	6500kN	7000kN

注：上表的桩端极限端阻力标准值泥岩层按 $q_{pk}=2500$kPa，σ_1 粉质黏土层按 $q_{pk}=1700$kPa 进行计算。

4. 试桩检测项目

本工程试桩检测除进行常规的成孔质量检测、桩身结构完整性检测（低应变法、声波透射法）和单桩竖向抗压承载力试验（桩基静载荷试验）外，还主要采用分布式光纤法进行了桩身内力测试，后续章节主要针对分布式光纤法测试原理及方法、影响因素、桩身内力测试取得的主要成果予以详细阐述。

5.4.2　光纤法桩身应力测试原理及方法

1. 光纤测试基本原理及方法

光纤测试采用的是基于布里渊散射光频域分析的分布式光纤感测技术（Brillouin Optical Frequency Domain Analysis，BOFDA），BOFDA 技术是通过测试复杂的基带传输函数来推算布里渊散射光移，该基带函数和沿光纤相向传输的泵浦光和斯托克斯光的振幅有关。布里渊散射光频移同时受应变和温度的影响，当光纤沿线的温度发生变化或者存在轴向应变时，光纤中的背向布里渊散射光频率将发生漂移，频率的漂移量与光纤应变和温度的变化呈良好的线性关系，因此，通过测量光纤中的背向自然布里渊散射光的频率漂移量 v_B 就可以得到光纤沿线全程的温度和应变分布信息。BOFDA 的应变测量原理见图 5.4-2。

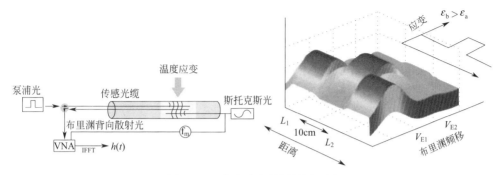

图 5.4-2　分布式光纤测量原理图

　　如上所述，为了得到光纤沿线的应变分布，BOFDA 需要得到光纤沿线的布里渊散射光谱，也就是要得到光纤沿线的 v_B 分布。泵浦光以一定的频率自光纤的一端入射，入射的脉冲光与光纤中的声学声子发生相互作用后产生布里渊散射，其中的背向布里渊散射光沿光纤原路返回到脉冲光的入射端，进入 BOFDA 的受光部和信号处理单元，经过一系列复杂的信号处理可以得到光纤沿线的布里渊散射光的功率分布。发生散射的位置至脉冲光的入射端，即至 BOFDA 的距离 Z 可以通过式（5.4-1）计算得到。之后按照上述方法按一定间隔改变入射光的频率反复测量，就可以获得光纤上每个采样点的布里渊散射光的频谱图，理论上布里渊背散光谱为洛仑兹形，其峰值功率所对应的频率即是布里渊频移 v_B。

$$Z = \frac{cT}{2n} \tag{5.4-1}$$

式中　c——真空中的光速；

　　　n——光纤的折射率；

　　　T——发出的脉冲光与接收到的散射光的时间间隔。

　　布里渊频移与光纤应变之间的线性关系如图 5.4-3 所示，线性关系的斜率取决于探测光的波长和所采用的光纤的类型，试验前需要对其进行标定。即要确定式（5.4-2）中的 $v_B(0)$ 和 C 值。

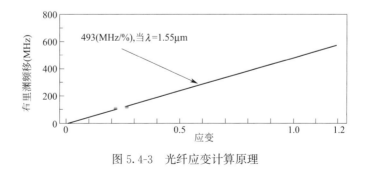

图 5.4-3　光纤应变计算原理

　　光纤的应变量与布里渊频移可用下式表示：

$$v_{\mathrm{B}}(\varepsilon) = v_{\mathrm{B}}(0) + \frac{\mathrm{d}v_{\mathrm{B}}(\varepsilon)}{\mathrm{d}\varepsilon}\varepsilon \qquad (5.4\text{-}2)$$

式中　　$v_{\mathrm{B}}(\varepsilon)$——应变为 ε 时的布里渊频率的漂移量；

$\qquad\quad v_{\mathrm{B}}(0)$——应变为 0 时的布里渊频率的漂移量；

$\qquad\quad \dfrac{\mathrm{d}v_{\mathrm{B}}(\varepsilon)}{\mathrm{d}\varepsilon}$——比例系数为 C，约为 493（MHz/％）；

$\qquad\quad \varepsilon$——光纤的应变量。

测试使用的数据采集设备为 BOFDA 型双端高精分布式光纤应变解调仪（NZS-DSS-AD01），BOFDA 实物图见图 5.4-4，适用于长距离分布式应变及温度等的实时在线监测，其功能强大的监测软件 fTView 提供了方便的系统设置、监测、显示及测量管理。该仪器具有卓越的应变解析精度和空间分辨能力，操作简便、界面友好，支持多种数据输出、管理及处理，尤其适用于各类模型试验和大型工程结构的实时在线健康监测。

(a) 双端高精分布式光纤应变解调仪

性能特点及技术参数	
参数类型	参数值
光纤类型	SMF
最大动态范围（dB）	>20
空间分辨率（m）	0.2
最高采样分辨率（m）	0.05
应变测试精度（με）	±2
应变测试重复性（με）	≤ ±4
应变测试范围（με）	-15000 ～ +15000
测试量程（km）	50
数据输出格式	Binary, ASCII
频率扫描范围（GHz）	9.9 ～ 12.0
接口	以太网
光输出接口	FC/APC
最大功耗（W）	60
外形尺寸（mm）	495（长）×482（宽）×145（高）
重量（kg）	13
环境适应性	工作温度：0 ～ +40℃ 相对湿度：5% ～ 90%，无结露

(b) 性能参数

图 5.4-4　BOFDA 型双端高精分布式光纤应变解调仪

利用 BOFDA 仪器对试桩的加载进行测试，每级荷载下测试时间选在位移观测判断稳定后进行，采集结束后方可加下一级荷载，每次采集时间约 15min。

2. 基于光纤应变的桩身分析原理

（1）荷载传递分析

对桩基荷载传递机理分析研究的方法主要分为试验研究方法和理论分析方法两大类。试验研究方法主要是现场测试及对比分析，理论分析方法是通过弹性力学、土力学、材料力学等力学和数学方法，分析桩的承载性状的方法。此外，还有数值模拟等方法来揭示桩变形破坏的规律性变化。

目前，理论分析方法主要有荷载传递法、弹性理论法、剪切变形传递法、有限元法及上述理论的混合法等分析方法和规范、经验方法。由于岩土材料的不均匀性和物理力学性质的可变性和不确定性，所以对桩基承载机理进行理论研究，不如现场原型试验直观和准确。但理论计算方法，具备经济快捷和预估分析的优点及定量对比分析的特长和优势，在工程中应用广泛。

在以上单桩承载力的理论分析方法中，荷载传递法由于能方便考虑土体成层性和非线性特性，方法简单，参数确定容易，易于为设计施工人员掌握，精度能基本满足工程要求等特点，具有明显的优势。

埋置于土体中的竖向桩基，当受竖向荷载作用时，桩身的上部首先受到压缩而发生相对于土的向下位移，于是桩侧摩阻力和桩端阻力逐渐被调动起来。荷载沿桩身向下传递的过程就是不断克服侧摩阻力并通过它向土中扩散的过程，因而桩身轴力沿着深度而逐渐减小。随着荷载增加，桩端出现竖向位移和桩端反力，在桩端处桩身轴力与桩底土反力相平衡，于是荷载传递过程结束。一般来说，靠近桩身上部土层的侧阻力先于下部土层发挥，侧阻力先于端阻力发挥。桩侧阻

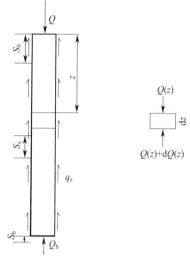

图 5.4-5　桩荷载传递示意图

力和桩端阻力的发挥过程是不断把桩顶荷载传递到桩土体系的过程。荷载传递示意图见图 5.4-5。

根据桩上任一个单元体的静力平衡条件得：

$$\frac{\mathrm{d}Q(z)}{\mathrm{d}z} = U \cdot q_s(z) \tag{5.4-3}$$

式中　U——桩截面周长；

　$Q(z)$——深度 z 处的桩身轴力；

　$q_s(z)$——深度 z 处微小段 $\mathrm{d}z$ 内的桩侧摩阻力。

由上式可知，某一深度 z 处的桩身荷载为：

$$Q(z) = Q_0 - U \int_0^Z q_s(z)\mathrm{d}z \tag{5.4-4}$$

式中　Q_0——桩顶荷载。

（2）桩身应力计算

测试仪器测试得到的是光纤的轴向应变 $\varepsilon(z)$，由于光纤固定在桩身表面，在静载力下，光纤轴向变形与桩身轴向一致，因此桩身应变也为应变 $\varepsilon(z)$。则桩身应力 $\sigma(z)$ 为：

$$\sigma(z) = \varepsilon(z) \cdot E_c \tag{5.4-5}$$

式中　E_c——钢管桩的弹性模量。

（3）桩身轴力计算

根据桩身应力 $\sigma(z)$，桩身轴力 $Q(z)$ 为：

$$Q(z) = \sigma(z) \cdot A \tag{5.4-6}$$

式中　A——桩身截面面积。

（4）桩身侧摩阻力计算

桩身侧摩阻力按土层进行计算，在同一土层的桩身上取两个横截面，利用以上轴力计

算方法得出两截面上的轴力值,轴力值之差与该段内桩周边面积之比就是侧摩阻力,侧摩阻力值以土层为界限以方波形式表达在图上。

桩的荷载传递基本微分方程为:

$$q_s(z) = -\frac{1}{U} \cdot \frac{dQ(z)}{dz} \qquad (5.4\text{-}7)$$

式中　　$q_s(z)$——桩侧分布摩阻力;

　　　　$Q(z)$——桩身轴向力;

　　　　　U——桩身周长。

上式可以简化为:

$$q_s(z) = -\frac{1}{U} \cdot \frac{\Delta Q(z)}{\Delta z} \qquad (5.4\text{-}8)$$

式中　　$\Delta Q(z)$——某土层内桩身两截面间轴力变化量;

　　　　Δz——该土层内桩身两截面间深度差。

将式(5.4-6)、式(5.4-7)代入式(5.4-8)中有:

$$q_s(z) = -\frac{1}{U} \cdot \frac{\Delta Q(z)}{\Delta Z} = -\frac{1}{U} \cdot \frac{\Delta\sigma \cdot A}{\Delta Z} = -\frac{A}{U} \cdot \frac{\Delta\varepsilon \cdot E}{\Delta z} = -\frac{A \cdot E}{U} \cdot \frac{\Delta\varepsilon}{\Delta z} \qquad (5.4\text{-}9)$$

式中　　$\Delta\varepsilon$——某土层内桩身两截面间轴向应变变化量。

5.4.3　影响单桩承载力的主要因素及成桩效应

1. 影响单桩竖向承载力的因素

(1)桩侧土的性质与土层分布:桩侧土强度与变形性质影响桩侧阻力的发挥性状与大小,从而影响单桩承载力的性状与大小。桩侧土的某些特性,如湿陷性、胀缩性、可液化性、欠固结等,将在一定条件下引起桩侧阻力降低,甚至出现负摩阻力,当这些湿陷性、胀缩性、可液化性、欠固结土层分布于桩身下部,则会使这些土层的沉降而产生的负摩阻力的中性点深度大于这些土层分布于桩身上部的情况,从而使单桩所受下拉荷载增加,承载力降幅增大。

(2)桩端土层的性质:桩端持力层的类别与性质直接影响桩端阻力的大小与沉降量。

(3)桩的几何特征:桩的总侧阻力与其表面积成正比,桩的直径、长度及其比值(长径比 L/d)是影响总侧阻力和总端阻力的比值、桩端阻力的发挥程度和单桩承载力的主要因素之一。

(4)成桩效应:挤土桩、非挤土桩、部分挤土桩的成桩效应是不同的。成桩效应影响桩的承载力及其随时间的变化。

2. 桩侧阻力的性状与成桩效应

在竖向荷载作用下,桩身向下位移时由于桩土间的摩阻力带动桩周土位移,相应地,在桩周环形土体中产生剪应变和剪应力,该剪应变、剪应力一环一环沿径向向外扩散,离桩中心任一点 r 处的剪应变为 $\gamma = \dfrac{dW_r}{d_r} \cong \dfrac{dW_r}{\delta_r} = \dfrac{\tau_r}{G}$, G 为土的剪切模量,$G = E_0/2(1+\mu_s)$,E_0 为土的变形模量,μ_s 为土的泊松比,相应的剪应力为 $\tau_r = \dfrac{d}{2r} q_s$,将桩侧剪切变形区

$(r=nd)$ 内各圆环的竖向剪切变形加起来就等于该截面桩的沉降 $W=\dfrac{1+\mu_s}{E_0}q_s d\ln(2n)$。

假设达到极限桩侧阻力 q_{su} 所对应的沉降 W_u，则 $W_u=\dfrac{1+\mu_s}{E_0}q_{su}d\ln(2n)$，由该式可见发挥极限侧阻所需位移 W_u 与桩径成正比增大。发挥侧阻所需相对位移并非定值，与桩径、施工工艺、土层性质及分布有关。不过大量常规直径桩的测试结果表明，发挥侧阻力所需相对位移一般不超过 20mm，即先于端阻力发挥出来。对于大直径桩，虽然所需相对位移较大，但从一般控制沉降量 $s=(3\%\sim6\%)d$ 确定单桩极限承载力而言，其侧阻力也已经绝大部分发挥出来。当桩侧土中最大剪应力发展到极限值，即开始出现塑性滑移，但该滑移面往往不是发生在桩土界面，而是出现在紧靠桩表面的土体中。对于饱和黏性土中的打入桩，形成一紧贴于桩表面的硬壳层剪切滑移面发生于硬壳层的外侧，相当于增大了有效桩径，而对于坚硬黏土层中的桩，其剪切滑移面一般发生于桩土界面。

不同的成桩工艺会使桩周土体中应力、应变场发生变化，从而导致桩侧阻力的相应变化：挤土桩成桩过程中产生的挤土效应使桩周土扰动重塑，侧向应力增加。对于非饱和土，由于土受挤而增密。土愈松散，黏性愈低，其增密幅度愈大。对于饱和黏性土，由于瞬时排水固结效应不显著，体积压缩变形小，引起超孔隙水压力，土体产生横向位移和竖向隆起。非密实砂土中的挤土桩，沉桩过程使桩周土因侧向挤压而趋于密实，导致桩侧阻力提高，对于桩群，桩周土的挤密效应更为显著。饱和黏性土中的挤土桩，成桩过程使桩侧土受到挤压、扰动、重塑产生超孔隙水压力，随后出现孔压消散、再固结和触变恢复，导致侧阻力产生显著的时间效应。饱和软土中的沉桩挤土效应可视为半无限土体中的柱形小孔扩张课题，应用弹塑性理论求解其沉桩瞬时的应力和变形。非挤土桩（钻孔、挖孔灌注桩）在成孔过程中由于孔壁侧向应力解除出现侧向松弛变形。孔壁土的松弛效应导致土体强度削弱，桩侧阻力随之降低。桩侧阻力的降低幅度与土性、有无护壁、孔径大小等诸多因素有关。对于无黏聚力的砂土、碎石类土中的大直径钻、挖孔桩其成桩松弛效应对侧阻力的削弱是不容忽略的。

3. 桩端阻力的性状与成桩效应

桩端阻力的破坏机理与扩展式基础承载力的破坏机理有相似之处，也会出现整体剪切、局部剪切和刺入剪切三种破坏模式。当桩端持力层为密实的砂、粉土和坚硬黏性土，其上覆土层为软土层，且桩长较短时，桩端一般呈整体剪切破坏；当上覆土层为非软弱土层时，则一般为局部剪切破坏；当存在软弱下卧层时，则可能出现冲剪破坏。对于饱和黏性土，当采用快速加载，土体来不及产生体积压缩，剪切面延伸范围增加，从而形成整体剪切或局部剪切破坏。但由于剪切是在不排水条件下进行，因而土的抗剪强度降低，剪切破坏面的形式更接近于围绕桩端的"梨形"。

桩端阻力的成桩效应随土性、成桩工艺而异。对于非挤土桩，成桩过程桩端土不产生挤密，而是出现扰动、虚土或沉渣，因而使端阻力降低。对于挤土成桩过程，桩端附近土受到挤密，导致端阻力提高。进一步讲，松散的非黏性土挤密效果最佳，密实或饱和的黏性土的挤密效果较小。

5.4.4　深层地基土的桩基承载力计算参数

以兰州中川国际机场三期扩建工程为例，勘察结果表明，拟建工程场地埋深 20m 以下，地基土主要由⑥₁粉质黏土、⑦₁角砾和⑧₁粉质黏土，以及⑥层中的夹层⑥₂角砾、⑥₃细砂，⑦层中的夹层⑦₂粉质黏土、⑦₃细砂，⑧层中的夹层⑧₂角砾、⑧₃细砂组成，基底为泥岩。

⑥₁粉质黏土分布基本连续，厚度较大，呈软塑状态，力学性质一般；⑧₁粉质黏土分布基本连续，厚度较大，呈可塑状态，具有相对较好的力学性质；⑥₂角砾、⑥₃细砂、⑦₂粉质黏土、⑦₃细砂、⑧₂角砾及⑧₃细砂呈透镜体状分布，层位不稳定，厚度不均一；⑦₁角砾埋深相对较浅，性质好，强度高，能提供较大的承载力，是拟建工程良好的桩基持力层，但该层厚度一般为0.4～12.7m，厚度变化较大，部分地段缺失；拟建场地现地面36.8～52.0m以下分布的⑨泥岩层，强度较高，厚度大，是拟建建筑良好的下卧层和桩基持力层。拟建T3航站楼工程采用桩基础形式，根据对拟建场地工程地质条件、地基土的工程性质、施工设备条件及工程经验等方面的综合分析，建议采用端承摩擦桩（或摩擦桩）基础，桩型宜选择干作业成孔灌注桩或泥浆护壁成孔灌注。

勘察阶段根据对拟建场地工程地质条件、地基土的工程性质、施工设备条件及工程经验等方面的综合分析，泥浆护壁钻（冲）孔灌注桩或干作业钻（挖）孔桩桩型为可选桩型。按照《建筑桩基技术规范》JGJ 94—2008、《岩土工程勘察规范》DB62/T25—3063—2012，结合兰州新区已建工程经验，确定拟建场地各岩土层的极限侧阻力与可选桩端持力层的极限端阻力，结果见表5.4-2。

桩基设计参数建议值
表5.4-2

地层编号	地层岩性	泥浆护壁钻（冲）孔灌注桩			干作业挖（钻）孔桩 q_{ik}(kPa)	
		极限侧阻力标准值	极限端阻力标准值		极限侧阻力标准值	极限端阻力标准值
		q_{sik}(kPa)	q_{pk}(kPa)		q_{sik}(kPa)	q_{pk}(kPa)
			$15 \leqslant l < 30$	$30 \leqslant l$		$15 \leqslant l$
②₁	黄土状粉土（天然状态）	-10^*	—	—	-10^*	—
	地基处理*	60				
②₂	细砂	40	—	—	45	—
②₃	砾砂	120	—	—	125	—
③₁	角砾	135	—	—	140	—
③₂	细砂	30	—	—	35	—
③₃	粉土	45	—	—	50	—
④₁	粉土	45	—	—	50	—
④₂	细砂	50	—	—	55	—
④₃	角砾	135	—	—	140	—
⑤₁	角砾	135	2200	220	140	6000
⑤₃	细砂	50	900	110	55	—
⑥₁	粉质	75	1000	120	70	1700
⑥	粉质黏土	45	600	700	—	—

续表

地层编号	地层岩性	泥浆护壁钻(冲)孔灌注桩			干作业挖(钻)孔桩 q_{ik}(kPa)	
		极限侧阻力标准值 q_{sik}(kPa)	极限端阻力标准值 q_{pk}(kPa)		极限侧阻力标准值 q_{sik}(kPa)	极限端阻力标准值 q_{pk}(kPa)
			$15\leqslant l<30$	$30\leqslant l$		$15\leqslant l$
⑥₂	角砾	135	2400	240	—	—
⑥₃	细砂	70	1000	110	—	—
⑦₁	角砾	140	2500	2500	—	—
⑦₃	细砂	70	1000	1100	—	—
⑧₁	粉质黏土	75	1000	1200	—	—
⑧₂	角砾	140	2500	2500	—	—
⑧₃	细砂	75	1000	1100	—	—
⑨	泥岩	150	2500	2500	—	—

注：＊黄土状粉土层的桩基参数为特征值，地基处理后极限侧阻力标准值按 60kPa 考虑。

5.4.5 光纤法桩身应力测试

兰州中川国际机场三期扩建工程桩基试桩阶段，分别对不同持力层钻孔灌注桩各进行了 3 组桩身应力测试，测试桩位置具体地层分布如下：

（1）持力层为⑨泥岩，编号为 T-SHZ2（1 号）、T-SHZ2（6 号）、T-SHZ2（11 号），长桩范围主要地层为③₁ 角砾、④₁ 粉土、④₂ 细砂、④₃ 角砾、⑤₁ 角砾、⑤₃ 细砂、⑥₁ 粉质黏土、⑦₁ 角砾、⑦₃ 细砂、⑧₁ 粉质黏土、⑧₃ 细砂、⑨泥岩。

（2）持力层为⑥₁B 粉质黏土，编号为 T-SHZ7（29 号）、T-SHZ7（37 号）、T-SHZ7（45 号），短桩范围主要地层为④₁ 粉土、④₂ 细砂、⑤₁ 角砾、⑤₃ 细砂、⑥₁ 粉质黏土。

测试仪器采用 BOFDA。现场测试反应见图 5.4-6。

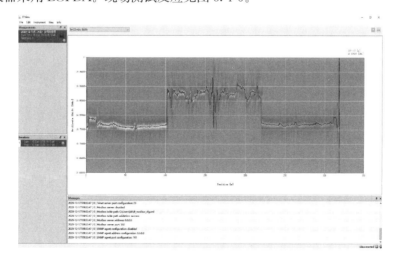

图 5.4-6 BOFDA 仪器现场测试图片

长桩 T-SHZ2（1 号）、T-SHZ2（6 号）、T-SHZ2（11 号）位于兰州中川国际机场 T3 航站楼 E 区西半侧，以⑨泥岩层为桩端持力层，桩径 800mm，桩顶标高－3.5m，控制桩端入岩深度不小于 1m，有效桩长为 43.29、48.90、45.67m，计算的单桩承载力特征值为 5200kN，载荷试验加载值为 17000、16200、17500kN。

短桩 T-SHZ7（29 号）、T-SHZ7（37 号）、T-SHZ7（45 号）位于兰州中川国际机场 T3 航站楼指廊 C，以⑥$_{1B}$ 粉质黏土层为桩端持力层，桩径 800mm，桩顶标高－6～－3.5m，有效桩长 22m，单桩竖向承载力特征值取 2100kN，载荷试验加载值为 7000、7000、8400kN。

在各级压力下试桩抗压桩周各岩土层摩阻力发挥见图 5.4-7。

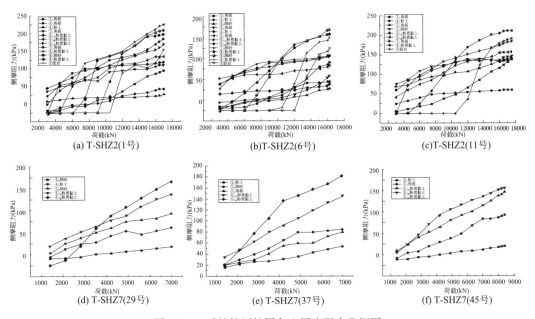

图 5.4-7　试桩抗压桩周各土层摩阻力发挥图

由图 5.4-7 可知，试桩在整个抗压静载试验过程中，所有地层桩身侧摩阻力均有发挥。其中④$_1$ 粉土地层侧摩阻力随加载等级的增大达到极限，其余地层岩土体随加载等级增加，侧摩阻力逐渐增大，整个试验过程中，长桩桩周的③$_1$ 角砾、⑥$_1$ 粉质黏土、⑧$_1$ 粉质黏土、⑧$_3$ 细砂地层逐渐发挥主要作用，短桩的⑥$_1$ 粉质黏土逐渐发挥主要作用。

在各级压力下，试桩抗压桩周各岩土层侧摩阻力分布见图 5.4-8、图 5.4-9。

由图 5.4-8 和图 5.4-9 可知，在不同荷载等级作用下桩的侧阻力与端阻力的发挥程度是不相同的，在最大荷载下，桩周各层土的侧阻力和端阻力并不一定全部都达到最大的发挥程度。

桩端阻力随加载等级增加逐渐增大，且占加载荷载总量的比例逐渐增大，长桩最大占比 3.72%～7.89%，短桩最大占比 8.59%～10.84%，桩端阻力发挥较小作用，所以试验荷载下该试桩为端承摩擦桩。

根据对 6 根桩的静载试验及光纤进行的桩身应变的测试计算结果，各试桩在最大加载值下桩的侧阻力和端阻力实测值及与勘察阶段的建议参数对比见表 5.4-3。

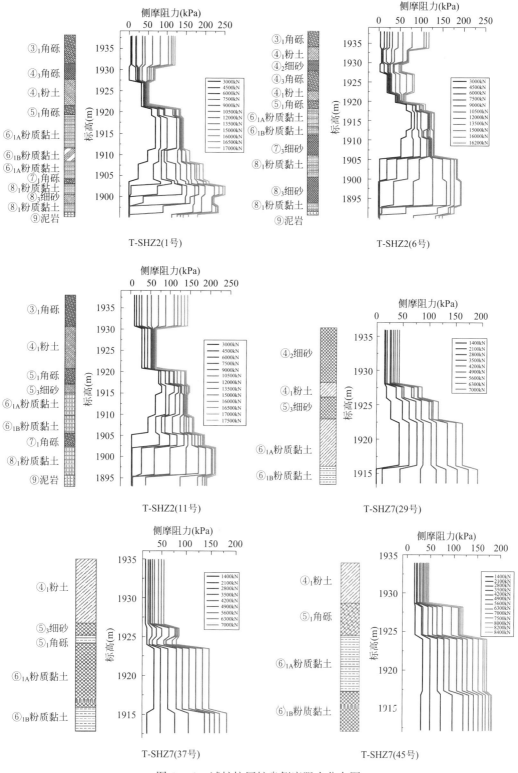

图 5.4-8　试桩抗压桩身侧摩阻力分布图

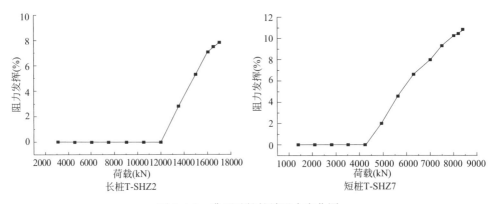

图 5.4-9 典型试桩桩端阻力变化图

试桩桩周各岩土层侧阻力与端阻力标准值测试值　　　　表 5.4-3

地层岩性	勘察建议值 （泥浆护壁钻孔灌注桩）			检测测试值 （泥浆护壁钻孔灌注桩）		
	极限侧阻力	极限端阻力		极限侧阻力	极限端阻力	
	q_{sik}(kPa)	q_{pk}(kPa)		q_{sik}(kPa)	q_{pk}(kPa)	
		$15{\leqslant}l<30$	$30{\leqslant}l$		$15{\leqslant}l<30$	$30{\leqslant}l$
③₁ 角砾	135	—	—	116～140	—	—
④₁ 粉土	45	—	—	43～86	—	—
④₂ 细砂	50	—	—	43～54	—	—
④₃ 角砾	135	—	—	68～82	—	—
⑤₁ 角砾	135	2200	2200	108～137	—	—
⑤₃ 细砂	50	900	1100	85～146	—	—
⑥₁A 粉质黏土	75	1000	1200	130～194	—	—
⑥₁B 粉质黏土	45	600	700	131～191	1196～1634	—
⑦₁ 角砾	140	2500	2500	184～209	—	—
⑦₃ 细砂	70	1000	1100	130	—	—
⑧₁ 粉质黏土	75	1000	1200	176～251	—	—
⑧₃ 细砂	75	1000	1100	193～222	—	—
⑨泥岩	150	2500	2500	150～191	—	1196～2669

5.4.6 深层地基土桩基荷载传递机理

兰州中川国际机场三期扩建工程桩基试桩阶段，分别对长桩 T-SHZ2（持力层为⑨泥岩，载荷试验加载值为 17000kN）、短桩 T-SHZ7（持力层为⑥₁B 粉质黏土，载荷试验加载值为 7000kN）采用分布式光纤法做了 3 组桩身应力测试，根据测试结果绘制桩身应变和轴力图，见图 5.4-10、图 5.4-11。

从图 5.4-10 和图 5.4-11 可知，桩身应变、轴力均沿深度逐渐衰减，且衰减趋势一致，在不同土层中以不同速率减少。

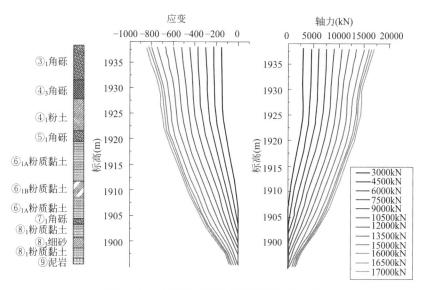

图 5.4-10   长桩 T-SHZ2 桩身应变、轴力图

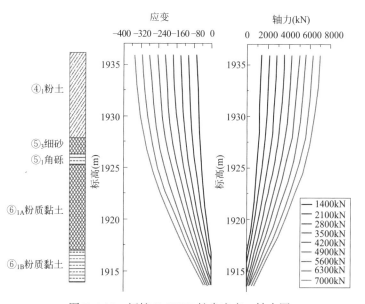

图 5.4-11   短桩 T-SHZ7 桩身应变、轴力图

桩侧阻力与桩端阻力的发挥过程就是桩、土体系荷载的传递过程。桩顶受竖向荷载后,桩身压缩而向下位移,桩侧表面受到土的向上摩阻力,桩身荷载通过发挥出来的侧阻力传递到桩周土层中去,从而使桩身荷载与桩身压缩变形随深度递减。随着荷载增加,桩端出现竖向位移和桩端反力。桩端位移加大了桩身各截面的位移,并促使桩侧阻力进一步发挥。一般来说,靠近桩身上部土层的侧阻力先于下部土层发挥,而侧阻力先于端阻力发挥。

桩土体系荷载传递性状随有关因素变化的一般规律:①桩端土与桩周土的刚度比 E_b/E_s 越小,桩身轴力沿深度衰减越快,即传递到桩端的荷载越小。在桩的长径比 $L/d=25$ 的情况下，$E_b/E_s=1$ 时，即均匀土层中，桩端阻力占总荷载约 5%，即接近于纯摩擦桩；当 $E_b/E_s=100$ 时，其端阻力占总荷载约 60%，即属于端承桩，桩身下部侧阻力的发挥值相应降低；E_b/E_s 再继续增大，对端阻分担荷载比影响不大。②随着桩土刚度比 E_c/E_s（桩身刚度与桩侧刚度之比）的增大，传递到桩端的荷载增大，侧阻发挥值也相应增大。③随桩的长径比 L/d 增大，传递到桩端的荷载减小，桩身下部侧阻发挥值相应降低，当 L/d 大于等于 40 时，在均匀土层中，其端阻分担的荷载比趋于零；当 L/d 大于等于 100 时，不论桩端土刚度多大，其端阻分担荷载值小到可忽略不计。④随着桩端扩径比 D/d 增大，桩端分担荷载比增加。

第6章

湿陷性黄土的地基处理

6.1 兰州新区湿陷性黄土分布及特点

6.1.1 兰州新区湿陷性黄土分布

兰州新区位于陇西黄土高原的西北部，是青藏高原、蒙古高原和黄土高原的交汇地，也是祁连山脉东延之脉插入陇西盆地的交错地带。该区属典型的黄土高原丘陵地貌类型，山坡坡度较缓，呈上缓下陡的凸形，上部坡度 15°～20°，下部为 20°～25°，山顶呈馒头状，其间平川、沟壑及河谷地貌发育，两山体之间一般都有相对较宽的谷地。马兰黄土主要分布于秦王川盆地的东、西、南面的低缓丘陵带，丘陵地带上覆马兰黄土，一般厚度在 8～35m。地表马兰黄土为浅黄色，疏松、多孔，岩性以粉土为主，含砂颗粒及易溶盐较多，土体各向异性明显。从湿陷性黄土地层分布来说，晚更新世（Q_3）马兰黄土属于主要的湿陷性土层，中更新世（Q_2）离石黄土仅在其上部层位有轻微的湿陷性，全新世各种成因的次生黄土在一些地貌中属于主要的湿陷性地层，也是湿陷性黄土的一个组成部分（图 6.1-1）。

黄土是一种第四纪陆相特殊沉积产物，其形成过程、物质组成和物理力学性质受外在诸多环境因素控制，如沉积时代、气候条件、地形地貌、水文地质条件等。黄土有风成和水成两种成因，其中风成黄土为原生黄土，地貌类型主要有黄土塬、梁、峁，土体性质稳定，厚度大，无层理，颗粒成分以粉土为主，湿陷性显著；水成黄土为次生黄土，地貌类型主要为河流阶地冲积黄土和山前平原洪积黄土，冲积黄土结构性较好，较均匀，低阶地上厚度小，湿陷性弱，高阶地上厚度大，湿陷性强，往往有自重湿陷性，有层状构造，层理间多由粗粒砂砾组成，洪积黄土的性质不稳定，常夹块石、碎石和砂砾，极不均一，厚度一般不大。

湿陷性是黄土的重要工程特性，与其特殊的介质结构组成有密切联系，如微裂隙结构、大孔隙、颗粒组成和矿物成分等。湿陷性黄土是一种非饱和的欠压密土，具有大孔和垂直节理。其压缩性较低、强度较高，但遇水浸湿时，土的强度显著降低，在自重压力或附加压力和土的自重压力作用下产生的湿陷变形，是一种下沉量大、下沉速度快的失稳性变形，对建筑物危害性较大。

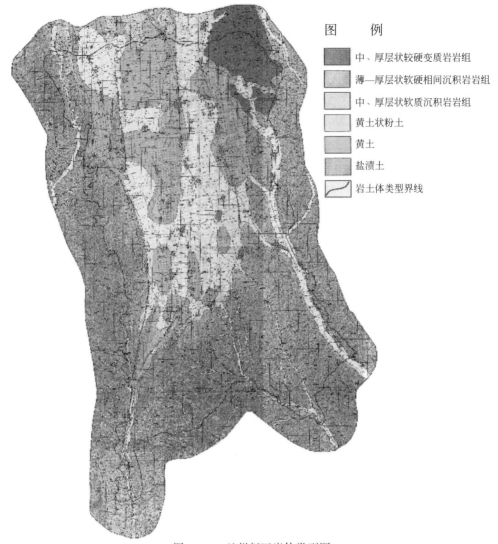

图 例

中、厚层状较硬变质岩岩组

薄—厚层状软硬相间沉积岩岩组

中、厚层状软质沉积岩岩组

黄土状粉土

黄土

盐渍土

岩土体类型界线

图 6.1-1　兰州新区岩体类型图

6.1.2　兰州新区湿陷性黄土特点

6.1.2.1　湿陷性黄土的湿陷性机理

一直以来，湿陷机理都是黄土研究的重点，国内外学者对此进行了大量的研究，并取得了一定的研究成果。综合分析，黄土湿陷机理研究主要从物质成分、结构特征和力学机制几方面开展，提出了几种湿陷假说。在物质决定成分论中，提出了胶体不足假说和可溶盐假说，胶体不足假说认为土体中粒级小于 0.05mm 的颗粒含量少于 10% 时，土体就会发生湿陷性。可溶盐假说指浸入水溶解了颗粒间的可溶盐，导致土体的结构发生破坏，从而使土体产生湿陷性。在结构论中，提出了微结构理论和欠压密假说。微结构理论认为开放的亚显微结构是黄土湿陷的基本条件。黄土湿陷的欠压密假说认为，在力的影响论中，包含了毛细管假说、土粒间的抗剪强度突然降低假说和水膜楔入假说。在力学机理研究方面，有专家认为黄土中的细粉粒粘结主要是由毛细力形成的，也有专家认为黄土的湿陷性主要是因为吸水而导致土体强度降低和结构破坏。

6.1.2.2　湿陷性黄土的特征

1. 结构性

我们可将湿陷性黄土看作一种结构性土。湿陷性黄土形成初期，会有不可避免的季节性问题存在，在此种过程当中一定会有少量的雨水粘结松散的粉粒，接下来出现的长期干旱是不断蒸发其中水分的主要原因。所以，在较粗颗粒的接触点上，会有少量的雨水以及盐类聚集，这类盐可溶于水。可溶盐会在时间的推进之下不断浓缩，进而实现胶结物的形成，这也是多孔隙结构形成的主要过程。该结构以粗粉粒为主体骨架，较为明显地显示出多孔隙结构的特征。

在特殊的情景之下，可保持土的原始基本单元结构不受到破坏。也是由于这种较大的结构强度影响，在应力应变关系以及强度特性方面，湿陷性黄土都具备较为明显的特点，与其他土之间存在较大差异。在天然状态之下，黄土受到胶结物的作用被牢固粘结，其中有凝聚作用以及结晶作用。所以，黄土结构在没有被破坏的前提下会出现一系列的特性，最常表现的两种特性为较低的压缩性以及较高的强度。如果有雨水对黄土结构造成破坏，其力学性质会出现一系列的特性，主要包括屈服、软化以及湿陷。所以，在黄土工程当中，黄土湿陷性是其最为真实的一种本质。

2. 欠压实性

在较为特殊的地质条件影响之下，湿陷性黄土沉积过程较为缓慢。湿陷性黄土负压力增长速率远远低于颗粒间固化强度的增长速率，所以会有较为疏松的高孔隙度结构存在于黄土颗粒之间，这是导致欠压实状态出现的主要原因。通过肉眼可以较为直观地看到存在于湿陷性黄土中的大孔隙。黄土在产生湿陷性时，需要较为充分的条件，其中主要涉及含水率、孔隙比以及欠压实状态等。

3. 湿陷性

湿陷性黄土分为非自重湿陷性黄土以及自重湿陷性黄土两种，水浸湿面在受到土的自重压力作用后，不会发生湿陷现象的就是非自重湿陷性黄土，相反就是自重湿陷性黄土。在力和水的共同作用之下，湿陷性黄土结构会受到一定程度的破坏，其欠压实性以及高孔隙度都会发生不同程度的变化。结构性以及欠压实性与黄土湿陷性之间存在着不可分割的密切联系，没有结构性以及欠压实性的存在，就不会有湿陷性黄土的出现。

4. 渗透性

黄土的渗透性是黄土的重要工程性质之一，许多工程问题，如湿陷性黄土地基的湿陷变形大小和湿陷变形速率等都与黄土的渗透性密切相关。渗透性主要体现在水分运移规律上，到目前为止对黄土中水分运移规律的研究远远不够，国内学者如刘颖、刘保健等作了一些有益的尝试，但对非饱和原状黄土中水如何渗透和运移规律的研究还很少，黄雪峰等通过现场试验得出非饱和黄土中渗流范围是一个闭合的近似椭圆形区域的结论。

6.2　湿陷性黄土工程性质分析与评价

6.2.1　湿陷性试验及应考虑的因素

测定黄土湿陷性的试验分为室内压缩试验、现场静载荷试验和现场试坑浸水试验。室内压缩试验主要用于测定黄土的湿陷系数、自重湿陷系数、湿陷起始压力和绘制压力-湿陷系数曲线；现场静载荷试验可测定黄土的湿陷性和湿陷起始压力，由于室内压缩试验测定黄土的湿陷性比较简便，而且可同时测定不同深度的黄土湿陷性，所以一般仅在现场测定湿陷起始压力；现场试坑浸水试验主要用于确定自重湿陷量的实测值，以判定场地湿陷类型和自重湿陷下限深度。现场试坑浸水试验地点的确定应考虑浸水对建筑地基的影响，有条件时尽量选择在场地外。

6.2.2 湿陷性黄土地基工程性质分析

6.2.2.1 湿陷性黄土地基的工程地质特性

根据实测，兰州新区湿陷性黄土地基的黏聚力为 $10\sim40$kPa，内摩擦角为 $10°\sim30°$，与崩解性质有关的湿陷系数随地下水位升降和含水率多少而发生变化；一般来说，湿陷性黄土地基的重度为 $13.8\sim15.0$kN/m^3，孔隙比为 $0.07\sim0.98$。湿陷性黄土地基在干燥状态下属低压缩性土，压缩模量大于 6.0MPa，压缩系数小于 0.04MPa^{-1}，承载力特征值大于120kPa；但当其饱和时，该土层就变成高压缩性土，压缩模量往往小于 3.0MPa，压缩系数大于 0.05MPa^{-1}，承载力特征值往往小于100kPa。

6.2.2.2 湿陷性黄土的物理性质

1. 颗粒组成

黄土地区的颗粒主要是由一些碎片组成，这些碎片主要包含矿物岩石和其他化合物。对于不同时期的黄土，相关颗粒的成分差异也很大。对于湿陷性黄土来说，主要成分就是粉粒，其含量超过 3/5。在国内，自西北至东南向，砂粒的含量慢慢降低，但是黏粒却不断增加。

2. 土粒相对密度

通常情况下，黄土土粒的相对密度范围是 $2.51\sim2.84$，相对密度的高低与颗粒结构相关；黏粒含量多，相对密度则在 2.72 以上；当粗粉粒和砂粒含量较多时，相对密度常在 2.69 以下。黄土的颗粒组成与其液限、塑限有一定关系。

3. 干重度和孔隙比

在评价黄土的密实度时，干重度是很好的工具，而且能反映湿陷性的强弱。干重度越大，其湿陷性就越弱。干重度与密实度及土体中的矿物含量有关，通常来说，当干重度大于 15kN/m^3 时，为非湿陷性黄土，不过也有例外。孔隙比的取值一般情况下为 $0.85\sim1.24$。相关资料指出，湿陷与非湿陷的孔隙比分割值为 $0.75\sim0.80$，土体中砂粒比例较高时除外。

4. 含水率和饱和度

在湿陷性黄土中，天然的含水率基本为 $3.3\%\sim25.3\%$，天然含水率的高低主要还是受降水和埋藏深度的影响。兰州新区的黄土含水率相对来说较小，季节不同，土体的含水率也不同，表层土的含水率差异大概在 $2\%\sim5\%$。相关研究和分析表明，当土体的含水率超过 25% 时，一般不具备湿陷性；但是对于压缩性来说，与之恰恰不同。

5. 稠度指标

湿陷性黄土的稠度指标主要是由液限、塑限以及液性指数和塑性指数组成，这些指标展示了水影响土体性能的程度。液限、塑限通常在 $20\%\sim35\%$ 和 $14\%\sim21\%$ 的范围内。

一般情况下，湿陷性黄土是硬塑状态，抗压、承载能力也很强，少量土体处在可塑或软塑状态。若液限超过 30％时，湿陷性会表现得很强。

6.2.2.3　湿陷性黄土的化学性质

1. 化学成分含量

湿陷性黄土中的化学物质包括：二氧化硅、三氧化二铝、氧化钙、三氧化二铁、氧化锰、氧化铁、三氧化硫、三氧化二磷等，主要是二氧化硅、倍半氧化物、碳酸盐类。二氧化硅存在于由粗颗粒到胶粒的各级粒组中，为主要成分；钙、镁呈固态、液态存在于黄土中，为重要胶结物；三氧化二铝、三氧化二铁以镁、铝胶体形式存在，一部分能被盐酸溶解的二氧化硅以无定形硅酸盐形式存在，都属胶体物质。

水溶盐根据其在 20℃水中的溶解度分为易溶盐、中溶盐、难溶盐，具体如下：

（1）易溶盐：氧化物，硫酸镁，碳酸钠；

（2）中溶盐：石膏；

（3）难溶盐：碳酸钙。

水溶盐与土的湿化、收缩、膨胀和透水性关系密切，并影响土的黏性和强度。

（1）易溶盐：含量在 0.003％～1.74％，个别在 4％～8％，常见值为 0.32％，含量不大。当土中易溶盐含量小于 0.5％时，对黄土的性状影响甚微。

（2）中溶盐：含量在 0.01％～1.44％，平均 0.3％，含量不大，偶见 3％的。研究表明，浸水压缩试验前后土中石膏含量由 0.24％增至 0.67％，似乎对湿陷性有一定影响。当石膏呈碎屑颗粒分布时，对土粒既无胶结作用，受水浸湿时也不易溶解，对黄土湿陷性的影响较小。

（3）难溶盐：碳酸钙占全部碳酸盐的 90％以上，碳酸镁占 10％以下。碳酸钙含量在 0.38％～25.5％，平均 10％，以多种形态存在，有碎块状、颗粒状、膜壳状、细晶状、菌丝状、结核状等。一般碳酸钙含量越大，土的强度也越高。

2. 黄土的酸碱特征

黄土的酸碱特征以水土比为 1∶5 的悬液 pH 值表示，pH 值取决于黏粒所吸附的离子类型和黄土所含的可溶盐成分。黄土的 pH 值在 6.0～9.2，平均为 7.8，大多数在 7.5 以下，一般干旱地区 pH 值大，湿润地区 pH 值小。pH 值高的黄土湿陷性较强。

3. 离子交换

黏土矿物和有机质是黄土中胶体颗粒的组成部分，胶体物质都有离子交换的特征，胶体表面吸附着一定量的阳离子，由于胶粒表面电荷不平衡便引起交换现象。黄土中的阳离子交换量随矿物类型、含量和有机物含量不同而不同，交换量定义为介质 pH 值等于 7时，每 100g 土样中所吸附阳离子的当量数。黄土的阳离子交换量为 8.1～27.61mg 当量，主要矿物为伊利石。

4. 有机质

黄土中有机质含量在 0.02％～2％，平均为 0.64％，在各级粒组中的含量随粒径减小而增多。有机物持水性强，表面能大，常能与二价钙离子结合而产生凝聚现象，多凝聚在大孔壁上，也有的分散于黏粒中。当呈分散分布时，则成为土中的胶结成分，受水浸湿时会吸收大量水分而崩解。

6.2.2.4 湿陷性黄土的力学性质

湿陷性黄土的力学性质主要包括压缩性、抗剪强度、透水性、湿陷性等。

1. 压缩性

反映地基土在外荷载作用下产生压缩变形的大小。对湿陷性黄土地基而言，压缩变形是指地基土在天然含水率条件下受外荷载作用时所产生的变形。它不包括地基土受水浸湿后的湿陷变形。

一般在中更新世末期和晚更新世早期形成的湿陷性黄土多为中等偏低压缩性，少量为低压缩性土；晚更新世末期和全新世黄土多为中等偏高压缩性，有的甚至为高压缩性土，新近堆积黄土的压缩性多数较高。

2. 抗剪强度

黄土的抗剪强度除与土的颗粒组成、矿物成分、黏粒和可溶盐等有关外，主要取决于土的含水率和密实程度。含水率越低，密实程度越高，抗剪强度越大。

3. 透水性

透水性反映水在土中通过的速度，黄土的渗透系数变化较大，一般黄土竖向和水平方向的渗透系数分别在 $0.16 \times 10^{-5} \sim 0.3 \times 10^{-5}$ cm/s 和 $0.8 \times 10^{-6} \sim 0.1 \times 10^{-5}$ cm/s。

4. 湿陷性

在土的自重压力或土的附加压力与自重压力共同作用下受水浸湿时将产生急剧而大量的附加下沉，这种现象称为湿陷。它与一般土受水浸湿时表现的压缩性稍有增加的现象不同。由于各个地区黄土形成时的自然条件差异较大，因此，其湿陷性也有较大差别，某些湿陷性黄土受水浸湿后在土自重压力作用下就产生湿陷，称为自重湿陷性黄土，而另一些黄土受水浸湿后在自重压力和附加压力共同作用下才产生湿陷，称为非自重湿陷。

6.2.3 黄土的湿陷性评价

1）黄土的湿陷性，应按室内浸水（饱和）压缩试验，在一定压力下测定的湿陷系数，进行判定，并应符合下列规定：

（1）湿陷系数 δ_s 值小于 0.015 时，应定为非湿陷性黄土；

（2）湿陷系数 δ_s 值等于或大于 0.015 时，应定为湿陷性黄土。

2）湿陷性黄土的湿陷程度，可根据湿陷系数 δ_s 值的大小分为下列三种：

（1）当 $0.015 \leqslant \delta_s \leqslant 0.03$ 时，湿陷性轻微；

（2）当 $0.03 < \delta_s \leqslant 0.07$ 时，湿陷性中等；

（3）当 $\delta_s > 0.07$ 时，湿陷性强烈。

3）湿陷性黄土场地的湿陷类型，应按自重湿陷量的实测值 Δ'_{zs} 或计算值 Δ_{zs} 判定，并应符合下列规定：

（1）当自重湿陷量的实测值 Δ'_{zs} 或计算值 Δ_{zs} 小于或等于 70mm 时，应定为非自重湿陷性黄土场地；

（2）当自重湿陷量的实测值 Δ'_{zs} 或计算值 Δ_{zs} 大于 70mm 时，应定为自重湿陷性黄土场地；

（3）当自重湿陷量的实测值 Δ'_{zs} 或计算值 Δ_{zs} 出现矛盾时，应按自重湿陷量的实测值判定。

4）湿陷性黄土地基的湿陷等级，应根据湿陷量的计算值和自重湿陷量的计算值等因素按表 6.2-1 判定。

湿陷性黄土地基的湿陷等级

表 6.2-1

Δ_s(mm)	场地湿陷类型		
	非自重湿陷性场地	自重湿陷性场地	
	$\Delta_{zs} \leqslant 70$	$70 < \Delta_{zs} \leqslant 350$	$\Delta_{zs} > 350$
$50 < \Delta_s \leqslant 100$	Ⅰ（轻微）	Ⅰ（轻微）	Ⅱ（中等）
$100 < \Delta_s \leqslant 300$		Ⅱ（中等）	
$300 < \Delta_s \leqslant 700$	Ⅱ（中等）	Ⅱ（中等）或Ⅲ（严重）	Ⅲ（严重）
$\Delta_s > 700$	Ⅱ（中等）	Ⅲ（严重）	Ⅳ（很严重）

* 注：对 $70 < \Delta_{zs} \leqslant 350$、$300 < \Delta_s \leqslant 700$ 一档的划分，当湿陷量的计算值 $\Delta_s > 600$mm，自重湿陷量的计算值 $\Delta_{zs} > 300$mm 时，可判为Ⅲ级，其他情况可判为Ⅱ级。

6.3 湿陷性黄土地基处理

各种建筑物和构筑物对地基的要求主要包括以下三个方面：

（1）稳定问题：稳定问题是指建（构）筑物荷载（包括静、动荷载的各种组合）作用下，地基土体能否保持稳定。若地基稳定性不能满足要求，地基在建（构）筑物荷载作用下将会产生局部或整体剪切破坏，将影响建（构）筑物的安全与正常使用，严重的可能会引起建（构）筑物的破坏。地基的稳定性主要与地基土体的抗剪强度有关，也与基础形式、大小和埋深等影响因素有关。

（2）变形问题：变形问题是指在建（构）筑物的荷载（包括静、动荷载的各种组合）作用下，地基土体产生的变形（包括沉降，或水平位移，或不均匀沉降）是否超过相应的允许值。若地基变形超过允许值，将会影响建（构）筑物的安全与正常使用，严重的可能还会引起建（构）筑物的破坏。地基变形主要与荷载大小和地基土体的变形特性有关，也与基础形式、基础尺寸大小等因素有关。

（3）渗透问题：渗透问题主要有两类：一类是蓄水构筑物地基渗流量是否超过其允许值；另一类是地基中水力比降是否超过其允许值。地基渗流问题主要与地基中水力比降大小和土体的渗透性高低有关。

当天然地基不能满足建（构）筑物在上述三方面的要求时，需要对天然地基进行地基处理，大厚度湿陷性黄土更应该重视地基处理问题。

6.3.1 湿陷性黄土地基处理原则

1. 基本原则

湿陷性黄土地基上建（构）筑物的设计和施工，必须紧密围绕着黄土的湿陷性特点和建（构）筑物的具体情况，根据建筑类型、场地湿陷类型、地基湿陷等级、地基处理后的剩余沉陷量，结合当地的建筑经验和施工条件等因素采取合理、有效的措施，以保证建（构）筑物的安全可靠和正常使用。

在湿陷性黄土上施工建（构）筑物时，通常需要进行地基处理。湿陷性黄土进行地基处理时，应遵循以下原则：

（1）地基处理方案应针对具体工程的具体要求，本着工程安全、技术上可行、经济上节约的原则确定。

（2）在方案设计过程中应重视环保问题，减小或避免对周围空气、地面和地下水的污染以及对周围的振动、噪声等影响。

（3）水是发生湿陷的主要外因之一。要防止地基发生湿陷，要么消除内因，要么改变外因。要消除内因，就必须进行地基处理，预先破坏黄土的大孔隙结构，使地基土变得更加密实；要改变外因，就应采取必要的防水措施并控制基底压力。

（4）防止或减小建筑物地基浸水湿陷的设计措施，可分为地基处理措施、防水措施和结构措施三种。

（5）应采用以地基处理为主的综合治理方法，防水措施和结构措施一般用于地基不处理或用于消除地基部分湿陷量的建筑，以弥补地基处理的不足。

2. 地基处理措施

地基处理措施是解决黄土湿陷性的根本措施，可获得较好的效果。

针对地基湿陷性的处置措施按处理厚度分类，主要分两类，一是消除地基全部湿陷量，使处理后的地基变为非湿陷性地基；二是消除地基部分湿陷量，控制下部未处理湿陷性黄土层的剩余湿陷量或湿陷起始压力值。

鉴于甲类建筑的重要性和使用上对不均匀沉降的严格限制等，与乙、丙类建筑有所不同，地基一旦发生湿陷，在政治、经济等方面会造成不良影响或重大损失，后果严重，因此不允许甲类建筑出现任何破坏性变形，也不允许因地基变形影响建筑物正常使用，故对其处理从严，《湿陷性黄土地区建筑标准》GB 50025—2018 要求消除甲类建筑地基的全部湿陷量。当地基处理手段不能全部消除湿陷性或消除全部湿陷性不经济时，可采用桩基础穿透全部湿陷性黄土层，使上部荷载通过桩基础传递至压缩性低或较低的非湿陷性黄土（岩）层上。

乙、丙类建筑量大面广，重要性较甲类建筑低，地基处理的思想是在建筑物浸水条件下，确保建筑物整体稳定和主体结构安全，非承重部位允许出现裂缝，使在建筑物安全和节约建设投资之间达到合理平衡。因此，《湿陷性黄土地区建筑标准》GB 50025—2018 规定可消除地基部分湿陷量，同时根据地基处理程度及下部未处理湿陷性土层的剩余湿陷量或湿陷起始压力，采取防水措施和结构措施以弥补地基处理的不足。

3. 防水措施

防水措施是防止或减小建（构）筑物地基受水浸湿而引起的湿陷以保证建（构）筑物安全使用的重要措施。地基浸水的原因不外乎自上而下的浸水和地下水位的上升，前者是由于建筑场地积水、给水排水和采暖设备的渗水、漏水等和施工临时积水等原因造成的。

防止或减小建筑物地基浸水湿陷的防水措施主要包括以下几个方面：

（1）基本防水措施：在总平面设计、场地排水、地面防水、排水沟、管道铺设、建筑物散水、屋面排水、管道材料和连接等方面采取措施，防止雨水或生产、生活用水的渗漏。

（2）检漏防水措施：在基本防水措施的基础上，对防护范围内的管道增设检漏管沟和检漏井。

（3）严格防水措施：在检漏防水措施的基础上，提高防水地面、排水沟、检漏管沟和检漏井等设施的材料标准，如增设可靠防水层、采用钢筋混凝土排水沟等。

（4）侧向防水措施：在建筑物周围采取防止水从建筑物外侧渗入地基中的措施，如设置防水帷幕、增大地基处理外放尺寸等。

4. 结构措施

采取结构措施的目的在于使建（构）筑物能适应或减小因地基局部浸水所引起的差异沉降而不致遭受严重破坏，并能继续保持其整体稳定性和正常使用。在选择结构措施时，应考虑地基处理后的剩余湿陷量。

主要的结构措施包括以下几个方面。

（1）选择能适应差异沉降的结构体系和适宜的基础形式

这方面的措施有：①选择合适的结构形式，如对单层工业厂房（包括山墙处）宜选用铰接排架；围护墙下宜采用钢筋混凝土基础梁；当不处理地基时，对多层厂房和空旷的多层民用建筑宜选用钢筋混凝土框架结构和钢筋混凝土条形或筏形基础。②建筑体形应力求简单等。

（2）加强结构物的整体刚度

这方面的措施有：①对多层砌体结构房屋宜控制其长高比，一般不大于 3；②设置沉降缝；③增设横墙；④设置钢筋混凝土圈梁；⑤增大基础刚度等。

此外，构件还应有足够的支承长度，并应在相应部位预留适应沉降的净空。

5. 建筑物沉降观测

对建筑物沉降的观测是保证建筑物安全及检测地基处理效果最直观有效的方法。

在施工和使用期间，对甲类建筑和乙类中的重要建筑应进行沉降观测，并应在设计文件中注明沉降观测点的位置和观测要求。

观测点设置后，应立即观测一次。对多层、高层建筑，每完工一层观测一次，竣工时再观测一次，以后每年至少观测一次，至沉降稳定为止。

6.3.2　地基处理方法

近些年来，许多大型工程建设项目不得不建造在大厚度湿陷性黄土场地上，因而地基处理的深度和难度越来越大。而现有的地基处理方法以挤密桩法、夯实地基法为主，近年来 DDC 法（孔内深层强夯法）及 SDDC 法（孔内深层超强夯法）的应用也逐渐增多。采用沉管挤密桩的处理深度一般可达 15m，采用强夯法时最大处理深度可达 8～10m，SDDC 法及 DDC 法处理厚度可达 30m 以上。当基底下的湿陷性黄土层分布厚度大于 15m 时，采用地基处理很难消除地基土的全部湿陷性，往往需要采用桩基础穿透湿陷性黄土层予以处理。为了使地基处理工作技术先进、经济合理、确保质量，今后尚应研究和开发行之有效的处理大厚度湿陷性黄土地基的新方法。

湿陷性黄土地区地基处理常用以下几种方法：换填垫层法、夯实地基法、高压喷射注浆法、挤密桩法和碱液法等。本节仅针对上述湿陷性黄土地基的几种常见处理方法，从适用范围、加固原理及设计方法等方面进行介绍。

1. 换填垫层法

（1）定义

换填垫层法是一种浅层地基的处理方法，是将基础底面以下不太深的一定范围内的软弱土层或湿陷性地层挖除，然后以性能稳定、具有抗侵蚀性的灰土、水泥土等材料分层充填，并同时以人工或机械方法分层压、夯、振动，使之达到要求的密实度，形成良好的人工地基（图 6.3-1）。在大厚度湿陷性黄土地区不应该采用砂石、建筑垃圾、矿渣等透水性强的材料。

图 6.3-1　换填垫层法

（2）适用范围

当原土地基的承载力和变形满足不了建筑物的要求，而原土层的厚度又不很大时，采用换填垫层法能取得较好的效果。换填法适用于浅层地基处理，当其应用于湿陷性黄土地基时可消除黄土的湿陷性。换填土层与原土相比，具有承载力高、刚度大、变形小等优点。按换填材料的不同，将垫层分为土垫层、灰土垫层、水泥土垫层，以及用其他性能稳定、透水性差的材料做的垫层等。

当仅要求消除地基下 1～3m 湿陷性黄土的湿陷量时，可以采用土垫层；当同时要求提高垫层的承载力及增强水稳性时，宜采用灰土垫层或水泥土垫层。

（3）优缺点

①优点：换填垫层法可以提高地基的承载力，避免地基的破坏，还可以减少沉降量，因为土垫层、灰土垫层和水泥土垫层对应力的扩散作用，使得作用在下卧层土上的压力减小，以达到减小下卧层土的沉降量。

②缺点：换填垫层法是有应用范围的，如荷载小的建筑、地坪、道路工程等，如果建筑面积过大，是不适用这种方法的，会增加建筑成本，费时费力。

（4）加固原理

①提高地基承载力

浅基础的地基承载力与基础下土层的抗剪强度有关，如果以抗剪强度较高的土代替软弱土，可提高地基的承载力，避免地基破坏。

②减少沉降量

一般浅层地基的沉降量在总沉降量中所占的比例比较大，以较好土体代替软弱土层，可减少这部分的沉降量。由于较好土体对应力具有较好的扩散作用，使作用在下卧层上的压力减小，这样也会相应减少下卧层的沉降量。

（5）设计方法

垫层的设计主要是确定以下四个参数：垫层的厚度、垫层的宽度、承载力和沉降。对于垫层，既要求有足够的厚度来置换可能被剪切破坏的软弱土层，又要有足够的宽度以防止垫层向两侧挤出。

①垫层厚度的确定

垫层的厚度一般根据垫层底面处土的自重应力与附加应力之和不大于同一标高处软弱土层的容许承载力确定。

垫层厚度一般不宜大于3m，也不宜小于0.5m。太厚施工较困难，太薄则换土垫层的作用不显著。所以，垫层厚度的确定，除应满足计算要求外，还应根据当地的经验综合考虑。

②垫层宽度的确定

垫层的宽度除应满足基础地面应力扩散的要求外，还应考虑垫层侧面土的强度条件，防止垫层材料由于侧面土的强度不足或由于侧面土的较大变形而向侧边挤出，增大垫层的竖向变形，使建筑物沉降增大。

③垫层承载力的确定

经换填处理后的地基，由于理论计算方法尚不完善，垫层的承载力宜通过现场荷载试验确定，如对于一般工程可直接用标准贯入试验、静力触探和取土分析法等。

垫层的承载力特征值，应根据现场原位试验结果结合下位土层湿陷量综合确定。无承载力直接试验结果时，土垫层承载力特征值不宜超过180kPa，灰土垫层承载力特征值不宜超过250kPa。

④沉降计算

垫层地基的沉降分两部分：一是垫层自身的沉降，二是软弱下卧层的沉降。由于垫层材料模量远大于下卧层模量，所以在一般情况下，软弱下卧层的沉降量占整个沉降量的大部分。垫层下卧层的沉降量可按《建筑地基基础设计规范》GB 50007—2011 的有关规定计算以保证垫层的加固效果及建筑物的安全使用。

（6）施工方法

①现场定位线

开挖前应根据现场控制点，定出单体轴线控制点，作为轴线控制和放样的依据。用经纬仪测出各控制线及轴线，用钢卷尺丈量垫层和基础的位置以及开挖的宽度和长度，为了便于轴线和各个边长度的复核，在基坑四周定小桩控制轴线位置，书面报请监理复核，认定签字后开始开挖，将各轴线及控制标高引至基坑周围，并用红油漆做上标记，便于桩标高及中心的控制。

②换填层开挖

基坑开挖时应避免基底层受扰动，直到挖到地基持力层，可保留约200mm厚的土层暂不挖去，铺填垫层前再挖至设计标高。

③垫层换填

换填垫层铺筑前应先行验槽，检查垫层底部土层承载力是否满足要求，验槽合格后立即进行换填垫层施工。

④夯实或碾压

夯实或碾压的遍数，由现场试验确定，振实后的密实度应符合设计要求。

⑤找平验收

最后一层压（夯）完成后，表面拉线找平，并且要符合设计规定的标高。

2. 夯实地基法

（1）定义

夯实地基法即为强夯法，也称为动力压实法或动力固结法，是反复将重锤提到一定高度使其自由下落，给地基以冲击和振动能量，夯击土层使其承载力提高，降低其压缩性的方法。通常利用起吊设备，将 10～40t 的重锤提升至 10～40m 高处使其自由下落，依靠强大的夯击能和冲击波作用夯实土层。

（2）适用范围

强夯法适用于处理湿陷性黄土、碎石土、砂土、低饱和度的粉土和黏性土、素填土和杂填土等地基。对于湿陷性黄土，该方法主要用于处理地下水位以上、含水率在 10％～22％且平均含水率低于塑限含水率 1％～3％的黄土地基。

一般来说，湿陷性黄土饱和含水率和自然含水率的差值在一定程度上控制着黄土的湿陷性，并且湿陷性随着差值的增大而增加。湿陷性黄土处于饱和含水率状态时，通常不具有湿陷性，而兰州新区黄土在天然含水率状态时，其液性指数 $I_L<0.25$（硬塑），甚至 $I_L<0$（硬塑）。根据兰州新区已有工程经验，当地基土含水率在 10％～20％范围内时，达到设计效果需要的总夯击能较少，夯击能效较高，经济效果较好；当含水率超过 22％时，夯击时容易出现"橡皮土"现象，夯实法的适应性随之变差。

强夯不得用于对工程周围建筑物及设备有一定振动影响的地基加固，必需时，应采取防振、隔振措施。

（3）优缺点

①优点：同其他处理湿陷性黄土地基的方法相比，强夯法的施工设备、施工工艺和操作都比较简单，适用土质范围广，加固效果显著，处理后可取得较高的承载力。据有关资料显示，一般的地基强度可提高 2～5 倍，变形沉降量小，压缩性可降低 2～10 倍，加固影响深度可达 6～10m，土粒结合紧密，有较高的结构强度；工效高，施工速度快，与换填法和桩基法相比工期缩短一半，节省加固材料，施工费用低。

②缺点：施工噪声和振动较大，不宜在人口密集的城市内使用。

（4）加固原理

强夯法处理地基是利用夯锤自由落下产生的冲击波使地基密实。这种由冲击引起的振动在土中以波的形式向地下传播。这种波可分为体波和面波两大类。体波包括压缩波和剪切波。如将地基视为弹性半空间体，则夯锤自由下落的过程就是势能转换为动能的过程，即随着夯锤下落，势能越来越小，动能越来越大，在落到地面以前的瞬间，势能的极大部分都转换成动能，夯锤夯击地面时，这部分动能除一部分以声波形式向四周传播，一部分由于夯锤和土体摩擦而变成热能外，其余的大部分冲击动能则使土体产生自由振动，并以压缩波、剪切波和瑞雷波的波体系联合在地基内传播，在地基中产生一个波场。压缩波和剪切波在强夯过程中起到夯实作用。

（5）设计方法

①有效加固深度

对于强夯法处理地基来说，主要是根据工程要求的加固深度和加固后要求达到的主要技术指标来确定有效加固深度，强夯加固有效加固深度可根据锤重和落距大小按下式计算：

$$Z = \alpha \sqrt{0.1Mh} \tag{6.3-1}$$

式中　Z——有效加固深度（m）；

M——锤重（kN）；

h——落距（m）；

α——修正系数。

②夯击能

夯击能分为单击夯击能和单位夯击能，主要通过当地经验确定，强夯能级与夯实厚度对应关系见表 6.3-1。

单击夯击能是夯锤重和落距的乘积，一般根据工程要求的加固深度来确定。随着起重机械工业的发展，最大单击能已达到 50000kN·m。

单位夯击能是指施工场地单位面积上所施加的总夯击能，其大小与地基土的类别有关，在相同条件下，细粒土的单位夯击能要比粗颗粒土适当大些。同时，结构类型、荷载大小和要求处理的深度也是选择单位夯击能的重要因素。

③夯击次数

夯点的夯击次数是强夯设计中的一个重要参数。夯击次数一般通过现场试夯确定，常以夯坑的压缩量最大、夯坑周围隆起量最小为确定的原则。目前常通过现场试夯得到的夯击次数与夯沉量的关系曲线确定。对于湿陷性黄土地基，由于夯击时夯坑周围往往没有隆起或隆起量较小，故应尽量增大夯击次数，减少夯击遍数。

④夯击遍数

夯击遍数应根据地基土的性质确定。一般来说，由粗颗粒土组成的渗透性强的地基，夯击遍数可少些。反之，由细颗粒土组成的渗透性低的地基，夯击遍数要多些。

根据兰州地区工程经验，大部分工程采用点夯遍数 2～3 遍，最后再以低能量满夯 2 遍即可满足要求。

（6）施工步骤

强夯施工可按下列步骤进行（图 6.3-2）：

①清理并平整施工场地；

②标出第一遍夯点位置，并测量场地高程；

③起重机就位，夯锤置于夯点位置；

④测量夯前锤顶高程；

⑤将夯锤起吊到预定高度，开启脱钩装置，待夯锤脱钩自由下落后，放下吊钩，测量锤顶高程；若发现因坑底倾斜而造成夯锤歪斜时，应及时将坑底整平；

⑥重复上一步骤，按设计规定的夯击次数及控制标准，完成一个夯点的夯击；

⑦变换夯点，重复步骤3)～6)，完成第一遍全部夯点的夯击。

图 6.3-2　夯实地基法

强夯能级与夯实厚度对应关系　　　　　　　　表 6.3-1

强夯能级(kN·m)	夯实厚度(m)	
	全新世(Q_4)黄土或晚更新世(Q_3)黄土	中更新世(Q_2)黄土
1000	3.0～4.0	—
2000	4.0～5.0	—
3000	5.0～6.0	—
4000	6.0～6.5	—
5000	6.5～7.0	—
6000	7.0～7.5	6.0～6.5
8000	7.5～8.5	6.5～7.5

3. 高压喷射注浆法

（1）定义

高压喷射注浆法始创于日本，又称为旋喷法。它是在化学注浆法的基础上，采用高压水射流切割技术而发展起来的机械注浆技术。高压喷射注浆就是利用钻机钻孔，把带有喷嘴的注浆管插至土层的预定位置后，以高压设备使浆液成为 20～40MPa 以上的高压射流，从喷嘴中喷射出来冲击破坏土体，见图 6.3-3。部分细小的土料随着浆液冒出水面，其余土粒在喷射流的冲击力、离心力和重力等作用下，与浆液搅拌混合，并按一定的浆土比例有规律地重新排列。浆液凝固后，便在土中形成一个固结体，与桩间土一起构成复合地基，从而提高地基承载力，减少地基的变形，达到地基加固的目的。

（2）适用范围

旋喷注浆法以高压喷射流直接破坏并加固土体，固结体的质量明显提高。它既可用于工程新建之前，也可用于工程修建之中，特别是用于工程落成之后，显示出不损坏建筑物的上部结构和不影响运营使用的长处。

高压喷射注浆法宜用于非自重湿陷性黄土场地上的建筑物和设备基础的加固，在自重湿陷性黄土场地上应用时应通过试验验证其实用性。

图 6.3-3　高压旋喷桩机

（3）优缺点

①优点：能有效地减少地基的总沉降量，这对控制路堤的工后沉降具有明显的效果，具体表现在地基加固深度内沉降量的大幅度减少。加固后路基在填筑过程中可减少侧向位移。侧向位移的减少，不仅能增加路基的稳定，而且也减少地基的沉降。高压旋喷注浆复合地基能提高地基土的承载力，适应快速填筑施工，与排水固结法相比，可以允许有较高的填土速率。该法加固水泥土与周围土体形成复合地基，不需预压即可获得较高的复合地基承载力及复合变形模量。

②缺点：需要根据不同土质条件及设计要求，分别选择地基加固料种类及合理配比。

（4）加固原理

喷射注浆法加固地基通常分成两个阶段。第一阶段为成孔阶段，即采用普通的（或专用的）钻机顶成孔或者驱动密封良好的喷射管和带有一个或两个横向喷嘴的特制喷射头进行成孔。成孔时采用钻孔的方法，使喷射头达到预定的深度。

第二阶段为喷射加固阶段，即用高压水泥浆（或其他硬化剂），以通常为 15MPa 以上的压力，通过喷射管由喷射头上的直径约为 2mm 的横向喷嘴向土中喷射。与此同时，钻杆一边旋转，一边向上提升。由于高压细喷射流有强大的切削能力，因此喷射的水泥浆一边切削四周土体，一边与之搅拌混合，形成圆柱状的水泥与土混合的加固体。

（5）设计方法

高压喷射注浆加固设计应符合下列规定：

当为非自重湿陷性黄土场地时，按复合地基设计，也可按桩基设计；为自重湿陷性黄土场地时，按桩基设计。

喷射注浆的桩长应根据地层结构确定，桩端持力层宜选择承载力较高的非湿陷性地层。

喷射注浆桩的平面布置应根据既有建筑物的结构特点和基础形式确定，宜布置在基础下，确有困难时，可布置在承重墙基础两侧或独立基础周边。纵横墙交接处等应力集中区域应优先布置。

旋喷桩复合地基承载力特征值应通过现场复合地基浸水载荷试验确定，初步设计时可按下列公式估算：

$$f_{spk} = \lambda m \frac{R_a}{A_p} + \beta(1-m)f_{sk} \qquad (6.3\text{-}2)$$

$$m = \frac{\sum A_p}{\sum A} \qquad (6.3\text{-}3)$$

式中　f_{spk}——复合地基承载力特征值（kPa）；

　　　　λ——单桩承载力发挥系数；

　　　　m——面积置换率；

　　　　R_a——单桩竖向承载力特征值（kN）；

　　　　A_p——桩的截面积（m^2）；

　　　　β——桩间土承载力特征系数，宜按地区经验取值；

　　　　f_{sk}——桩间土承载力特征值（kPa）；

　　　$\sum A_p$——基础下旋喷桩截面积之和（m^2）；

　　　$\sum A$——需要加固的基础总面积（m^2）。

高压喷射注浆桩设计应符合下列规定。

①单桩竖向承载力特征值

单桩竖向承载力特征值可通过现场单桩载荷试验确定，也可按下式估算：

$$R_a = u_p \sum_{i=1}^{n} q_{si}l_i + \alpha_p q_p A_p \qquad (6.3\text{-}4)$$

式中　u_p——桩的周长（m）；

　　　　n——桩长范围内所划分的土层数；

　　　　q_{si}——桩周第 i 层土的侧阻力特征值，可按现行国家标准《建筑桩基技术规范》
　　　　　　　JGJ 94—2008 中的有关规定确定，或按地区经验取值；

　　　　l_i——桩长范围内第 i 层土的厚度；

　　　　q_p——桩端阻力特征值（kPa），可取桩端土未经修正的地基承载力特征值；

　　　　α_p——桩端端阻力发挥系数，可取 0.1。

②复合地基承载力

竖向承载旋喷桩复合地基承载力特征值应通过现场复合地基载荷试验确定。

（6）施工方法

①钻机就位：钻机安放在设计的孔位上并应保持垂直，施工时旋喷管的允许倾斜不得大于 1.5%。

②钻孔：单管旋喷法常使用 76 型旋转振动钻机，钻进深度可达 30m 以上，适用于标准贯入值小于 40 击的砂土和黏性土层。当遇到比较坚硬的地层时宜用地质钻机钻孔，钻孔的位置与设计位置的偏差不得大于 50mm。

③插管：插管是将喷管插入地层预定的深度。

④喷射作业：当喷管插入预定深度后，由下而上进行喷射作业。值班人员必须时刻注意检查浆液初凝时间、注浆流量、压力、旋转提升速度等参数是否符合设计要求，并随时做好记录，绘制作业过程曲线。

当浆液初凝时间超过 20h 时，应及时停止使用该水泥浆液（正常水灰比 1:1，初凝时间为 15h 左右）。

⑤冲洗：喷射施工完毕后，应把注浆管等机具设备冲洗干净，管内、机内不得残存水泥浆。通常把浆液换成水，在地面上喷射，以便把泥浆泵、注浆管和软管内的浆液全部排除。

⑥移动机具：将钻机等机具设备移到新孔位上。

4. 挤密桩法

1）定义

挤密桩法是湿陷性黄土地区常用的地基处理措施，主要通过成孔或夯扩成桩过程中对桩周土的横向挤压，使地基土体空隙比减小、压缩性降低、承载力提高、湿陷性消除或减小，从而达到地基处理的目的。其主要方法有沉管挤密、孔内深层强夯法（DDC）和孔内深层超强夯法（SDDC）。

桩体材料一般采用素土、灰土或水泥土，当地基处理以消除地基湿陷性为主，对承载力要求不高时，采用素土桩；当地基处理要求在消除地基湿陷性的同时，还需适当提高地基承载力以满足工程需要时，采用灰土桩或水泥土桩。为避免桩孔缩颈或桩周土隆起，当地基土的含水率大于 24%、饱和度大于 65% 时，应通过试验确定其适用性。

沉管挤密法是将带有管塞、活门或锥头的钢管压入或打入土中成孔并使土层挤密，然后往孔内投入灰土、素土等填料形成的桩。沉管挤密桩主要优点是不需要大挖大填，土方量少，有二次挤密作用，施工质量可控性较好。缺点是处理深度有限，一般处理厚度不超过 15m，兰州地区经改装施工机械，最大处理深度可达 22m；当采用柴油锤等打入式沉管设备时，噪声污染、大气污染及振动影响较大。

孔内深层强夯法（DDC 法）是通过纺锤状夯锤自由下落对桩孔内填料进行锤击、冲击，经锤击、冲击的高动能、强挤密作用，对不良土体结构和土层进行加固处理，使地基土体结构达到整体刚度均匀，且显著提高地基土体承载力和抗变形模量的一种地基加固处理技术方法。

孔内深层超强夯法（SDDC 法）是由孔内深层强夯法（DDC 法）技术演变而来，且"青出于蓝而胜于蓝"，有着 DDC 技术无法比拟的优越性。SDDC 技术是通过特种重锤冲击成孔、机械（大直径钻机、旋挖钻机、机械洛阳铲等）引孔或冲孔与引孔相配合施工至预定深度，形成桩体填料的通道，然后采用特种重锤自下而上分层填料强夯或边填料边强夯，形成高承载力的密实桩体和强力挤密的桩间土共同组成具有较高承载力的复合地基。

2）适用范围

灰土挤密桩法或土挤密桩法适用于处理地下水位以上的湿陷性黄土、素填土和杂填土等地基。处理深度宜为 5～15m，兰州地区最大处理深度可达 22m。灰土挤密桩或土挤密桩，在消除土的湿陷性和减小渗透性方面，其效果基本相同或差别不明显，但土挤密桩地基的承载力和水稳性不及灰土挤密桩，选用上述方法时，应根据工程要求和处理地基的目的确定。

当以提高地基的承载力或增强其水稳性为主要目的时，宜选用灰土挤密桩或水泥土挤密桩法；当以消除地基的湿陷性为主要目的时，宜选用土挤密桩法。兰州地区大量的试验研究资料和工程实践表明，土或灰土挤密桩用于处理地下水位以上的湿陷性黄土、素填土、杂填土等地基，不论是消除土的湿陷性还是提高承载力都是有效的。但当土的含水率大于 24％及其饱和度超过 65％时，在成孔及拔管过程中，桩孔及其周围容易缩颈和隆起，挤密效果差，故上述方法不适用于处理地下水位以下及处于毛细饱和带的土层。因此，当地基土的含水率大于 24％、饱和度超过 65％时，由于无法挤密成孔，故不宜选用上述方法。

3）DDC 和 SDDC 法及其优缺点

（1）孔内深层强夯法和孔内深层超强夯法的技术特征

①适用范围广泛，可用于局部含建筑垃圾地层的地基处理；②用料标准低，就地取材；③具有高动能、超压强和强挤密效应；④地基承载力提高显著；⑤地基加固处理深度大且均匀；⑥成桩直径大，挤密加固范围大，桩呈扩大头＋串珠状；⑦复合地基压缩模量高、沉降变形小、承载性状好；⑧具有消除杂填土、大厚度软弱土和黄土地基的湿陷性、砂土地基的地震液化等特性；⑨工程造价低；⑩均匀性好。

（2）与柔性加固桩的比较

石灰桩、灰土桩、砂桩、碎石桩等柔性桩所采用的桩锤小，成桩桩径小，夯击能量小，压密效果低，对桩侧土挤密的侧压力小，桩间土被加固的效果差。加固后的复合地基承载能力一般不超过原地基的 2 倍或接近于天然地基，且桩体质量存在诸多缺陷，其深度也是有限的。

DDC 和 SDDC 技术采用的特异型重锤，桩体直径达 0.6～3.0m，单位面积受到高动能、强夯击处理后的复合地基整体刚度均匀，地基承载力可提高 3～9 倍。高能量和高压夯击和动态冲、砸、挤压的强力压实和挤密作用，使桩体十分密实，桩体具有半刚性半柔性桩的特点。对于分层地基或软硬不均土层会形成串珠状态，有利于桩和桩侧土的"咬合"，增大桩侧摩阻力，使加固后的桩与桩间土形成一个密实整体，处理后的复合地基不仅刚度均匀，而且承载性状显著改善。

（3）与刚性加固桩的比较

DDC 和 SDDC 技术能适用于各种复杂地层的地基加固处理，具有广泛的适用性。通过成孔机械，只要能形成桩孔的地基，不论孔内有无地下水均可采用该法加固处理，既可消除地基土湿陷性、液化性，也兼有桩基的特性及复合地基的特性，不仅承载力高，而且地基刚度均匀。

钻孔混凝土灌注桩、预制桩、沉管灌注桩以及 CFG 桩等刚性加固桩虽然有其各自优点，但也存在诸多缺点：打入桩施工噪声大，截桩工作量大且费工，工程造价高，打桩机又污染空气；混凝土灌注桩或 CFG 桩存在桩身质量缺陷，桩侧土未被挤密，土对桩的约束力小；这类桩使用钢材和水泥等，工程造价远高于 DDC 和 SDDC 技术，且地基是靠刚性桩承载而不是复合地基承载。另外，由于混凝土灌注桩的桩侧土未被挤密，在混凝土硬化收缩时，桩体混凝土与桩侧土间出现缝隙，使桩侧摩阻力下降。而 DDC 和 SDDC 技术在成孔后桩侧土对桩体产生很好的"咬合"作用，可形成良好的整体受力的复合地基。对于复杂的、层厚和土质不均的地基经过 DDC 和 SDDC 技术处理后，可以做到压缩变形量值小，整个土层变形模量一致、上下密实均匀，成为均质的复合地基。

（4）优点

适用范围广泛，可用于各类地基处理；用料标准低，就地取材；具有高动能、高压强和强挤密效应；夯击处理后地基承载力提高显著；地基加固处理深度大；成桩直径大，挤密加固范围大，桩呈串桩状；复合地基压缩模量高，承载性状好，沉降变形小；技术、经济、社会效益好。

（5）缺点

设备自身没有持续改进，自动化程度低；质量不稳定，主要原因是人为因素影响较大，受操作者技术熟练程度、质量意识影响较大；受成孔垂直度、场地平整度影响夯锤不能达到在孔内自由落体的程度。

4）加固原理

湿陷性黄土属于非饱和的欠压密土，孔隙比较大而干密度小为其主要特征，同时也是其产生浸水湿陷性的根本原因。试验研究与工程实践证明，当使黄土的干密度及其压实系数（挤密系数）达到某一标准时，即可消除其湿陷性，挤密桩法正是利用这一原理，通过原位深层挤压成孔，使桩间土得到加密，并与分层夯实不同填料的桩体构成非湿陷性的承载力较高的人工复合地基。

（1）挤密作用：无论是锤击法还是振动法，对其周围都将产生较大的横向挤压力，使周围土孔隙比减小，密度增大；

（2）振密作用：挤密桩在施工过程中，振动能量以波的形式在地基中传播，引起地基土振动，产生振密作用。

5）设计方法

为消除黄土的湿陷性，桩间土挤密后的平均挤密系数不应小于 0.93，桩孔之间的中心距离即按这一要求来确定，可为桩孔直径的 2.0～3.0 倍。已知地基土的原始干密度，并通过室内击实试验求得其最大干密度后，当按等边三角形布置桩孔时，其间距可按下式计算：

$$S=0.95d\sqrt{\frac{\overline{\eta}\rho_{dmax}}{\overline{\eta}_{c}\rho_{dmax}-\overline{\rho}_{d}}} \tag{6.3-5}$$

式中　S——桩孔之间的中心距离（m）；

　　　d——桩孔直径（m）；

　　　$\overline{\eta}_{c}$——地基挤密后，桩间土的平均挤密系数，宜取 0.93；

　　　ρ_{dmax}——桩间土的最大干密度（t/m³）；挤密前土的平均干密度宜按主要持力层内各土层干密度的加权平均值确定，以保证基底下主要湿陷性土层能得到充分挤密。

处理填土地基时，鉴于其干密度值变动较大，可根据挤密前地基土的承载力特征值 f_{sk} 和挤密后处理地基要求达到的承载力特征值 f_{spk}，利用下式计算桩孔间距：

$$S=0.95d\sqrt{\frac{f_{pk}-f_{sk}}{f_{spk}-f_{sk}}} \tag{6.3-6}$$

式中　f_{pk}——灰土桩体承载力特征值（kPa）；

　　　f_{sk}——挤密前，填土地基的承载力特征值（kPa），应通过现场测试确定；

　　　f_{spk}——处理后要求的地基承载力特征值（kPa）。

6）灰土挤密桩施工方法

（1）施工顺序

根据相关规定及技术要求，灰土挤密桩施工顺序为采用先里排后外排，隔排隔桩跳打法施工。

（2）工艺流程

场地平整→放线定桩位→桩机就位→成孔→夯填→检验。

放线定桩位：

根据控制轴线，将排桩控制线引至基坑周边，然后根据施工图纸放出桩中心位置，用木楔或白灰点（用钢钎打入土中 20～30cm 拔出后用白灰灌孔）做好标记，桩位偏差控制在 0.4 倍桩孔直径以内。测量员应及时复核，准确无误后方可根据所放桩点成孔。为了保证放线的准确性，应尽量安排在白天进行，以免夜间放线错误，发现不及时造成质量问题。

成孔：

灰土挤密桩采用长螺旋钻孔法施工，见图 6.3-4。钻机就位后，先将钻头对准所放桩中心位置，用线坠从两个不同方向校正钻杆垂直度，确定在规范允许范围（桩身长度的 1.5% 内）后，用 D400 柴油锤，将钻杆打入土中。钻孔深度由桩尖 1/2 处向上至 9.5m 用红漆在钻机上做标记，提升成孔。当含水率大于 20% 时易出现缩孔现象，不得进行成孔施工。在成孔后应及时夯填，并应尽量避免钻机碾压造成上部缩孔。如因碾压而造成缩孔，应在夯填前进行二次成孔。成孔后应将地表松散土块由孔中心向四周拨开，以免掉入桩孔内影响成桩质量。

图 6.3-4　灰土挤密桩施工

灰土拌合：

首先，对土和消解后的石灰分别过筛，拌合好的灰土要及时夯填，不得隔日使用。每天施工前测定石灰土的灰剂量、含水率，确保拌合后灰土的灰剂量、含水率满足要求。

夯实：

向桩孔填料前，应先将孔底夯 2～3 锤，然后用灰土在最优含水率状态下分层回填夯实，每次填料厚度 400～500mm，分别从两个方向对称下料，避免因填料不平而造成桩体打歪，夯锤提升高度不小于 3m，夯击次数不少于 6 次，夯扩密实后方可填料。如此反复至设计标高为止。

按要求频率对桩体压实度进行检测。

整段施工完成后，检测承载力及挤密效果等是否符合设计要求。

6.4　地基处理工程实例

案例一：某土地一级开发项目

1. 工程与场地概况

拟建项目场地原为黄土丘陵区，沟壑纵横，地形复杂，最大相对高差近百米，在土地一级开发中，通过对黄土梁峁削山、沟壑回填进行土地整平开发。沟壑回填采用原始梁峁削山后的马兰黄土进行回填，整平后场地较为平坦，地势总体北高南低。场地地基土主要由填土和马兰黄土构成，其中，①层素填土（Q_4^{ml}）主要分布于原始场地地势相对较低的填方区，受原始地形影响，填土层厚度变化极大，层厚 8.50～92.50m；②$_1$ 层黄土状粉土（Q_4^{al+pl}）零星分布于场地内及周边较大冲沟、支沟沟底，层底埋深 104.10m，层厚 11.60m；③$_1$ 层湿陷性马兰黄土（Q_3^{eol}）在场地浅挖方区以及填方区普遍分布，层底埋深 26.50～43.70m，层厚 10.0～38.5m；③$_2$ 层非湿陷性马兰黄土（Q_3^{eol}）在全场地普遍分布，层底埋深 15.90～96.20m，层厚 9.30～85.50m。场地未见地下水。主要地基土的物理力学性质指标详见表 6.4-1、表 6.4-2。

①层素填土物理力学性质指标统计表　　表 6.4-1

地层岩性	指标	w_L(%)	w_P(%)	I_p	w(%)	ρ_0(g/cm³)	ρ_d(g/cm³)	S_r(%)	e_0	a_{1-2}(MPa⁻¹)	E_s(MPa)
①层素填土	频数	18	18	18	18	10	10	10	10	10	10
	最大值	26.5	17.1	9.4	10	1.75	1.59	39	1.126	0.26	22.51
	最小值	18.7	15.4	3.3	3.9	1.36	1.27	12	0.703	0.08	7.58
	平均值	24.1	16.6	7.5	6.9	1.5	1.4	22	0.911	0.162	13.16
	标准差	—	—	—	1.444	0.112	0.092	7.660	0.122	0.060	4.472
	变异系数	—	—	—	0.210	0.074	0.065	0.344	0.134	0.371	0.340
	标准值	—	—	—	6.28	1.46	1.36	26.79	0.983	0.20	10.54

③$_1$ 层湿陷性马兰黄土物理力学性质指标统计表　　表 6.4-2

地层岩性	指标	w_L(%)	w_P(%)	I_p	w(%)	ρ_0(g/cm³)	ρ_d(g/cm³)	S_r(%)	e_0	a_{1-2}(MPa⁻¹)	E_s(MPa)
③$_1$层湿陷性马兰黄土	频数	43	43	43	43	39	39	39	39	39	39
	最大值	30.8	18.1	12.7	15.1	1.66	1.54	40	1.024	0.22	36.06
	最小值	22	16.1	5.9	2.9	1.48	1.33	11	0.763	0.05	8.62
	平均值	24.7	16.7	8.0	5.8	1.6	1.5	19	0.840	0.099	20.07
	标准差	—	—	—	1.943	0.044	0.039	5.468	0.049	0.033	5.454
	变异系数	—	—	—	0.337	0.028	0.026	0.291	0.058	0.329	0.272
	标准值	—	—	—	5.26	1.54	1.46	20.30	0.853	0.11	18.57

场地属自重湿陷性黄土场地，湿陷等级为Ⅳ级（很严重），湿陷下陷深度变化较大，在地基处理试验区范围内为 43.6～48.6m。

2. 地基处理设计方案

该项目填方区拟采用沉管挤密桩法、SDDC 法和预浸水法处理，挖方区拟采用沉管挤密桩法处理。根据拟定地基处理方案分别对填方区场地治理和挖方区地基处理进行试验，试验区布置及相关参数见表 6.4-3。

1）填方区场地治理方案

（1）沉管挤密桩法

填方区沉管挤密桩桩径采用 0.4m，桩孔内填料采用素土或二八灰土。试验区分四个试验亚区，试桩间距分别为 0.7、0.75、0.80 和 0.85m，采用正三角形布置，试验桩桩长以设备最大成桩能力为准，且桩长不得小于 18m。试验区主要位于 30m 填方界线以内。

试验区布置　　　　　　　　　　表 6.4-3

试验区域	治理方法	试验分区	分类
浅填区地基处理	沉管挤密桩法	1 区	$d400@700$
		2 区	$d400@750$
		3 区	$d400@800$
		4 区	$d400@850$
	SDDC 法	1 区	$d900$（夯扩 1300）$@1600$
		2 区	$d900$（夯扩 1300）$@1800$
		3 区	$d900$（夯扩 1300）$@2000$
深填区地基处理	预浸水法	1 区	$d100@3000\ h=40000$
		2 区	$d100@3000\ h=60000$
挖方区湿陷性地基处理	挤密桩法	1 区	挤密桩 $d400@850$
		2 区	挤密桩 $d400@900$
		3 区	挤密桩 $d400@950$

（2）SDDC 法

SDDC 法地基处理桩径采用 0.9m，桩孔内填料采用素土或二八灰土，夯扩直径不得小于 1.3m。试验区共分三个试验亚区，试桩间距分别为 1.6、1.8 和 2.0m，采用正三角形布置，试验桩桩长以设备最大成桩能力为准，且桩长不得小于 30m。试验区主要位于填方区规划道路区域内。

（3）预浸水法

试验设计渗水孔直径为不小于 10cm，孔间距为 3.0m，采用梅花形布置。浸水孔周边土体围堰高度为 40cm，浸水水头高度不小于 30cm。浸水试验区结束标准以土体饱和度达到 80% 后方可停止。浸水应连续，停止浸水时间以湿陷变形稳定为准。

2）挖方区地基处理方案

挖方区沉管挤密桩桩径 0.4m，试验区分三个试验亚区，试桩间距分别为 0.85、0.9 和 0.95m，采用梅花形布置，试验桩桩长以设备最大成桩能力为准，且桩长不得小于 18m。挖方试验区选择湿陷性黄土下限深度介于 10～15m。

3. 地基处理检测主要内容

（1）挤密桩及 SDDC 法深层夯扩桩桩身压实度检测；

（2）挤密桩及 SDDC 法深层夯扩桩桩周土挤密系数和湿陷性评价；

（3）浸水试验区内土常规参数、湿陷性。

4. 检测结果与分析

1）填方区沉管挤密桩区域挤密桩检测结果

（1）挤密后桩间土湿陷性评价

填方区沉管挤密桩区域地基土处理前后湿陷性随深度典型变化曲线见图 6.4-1。桩间土的湿陷性试验结果表明，桩间距 0.7、0.75、0.8、0.85m 的挤密桩湿陷性消除深度分别为 18、17、15、13m。

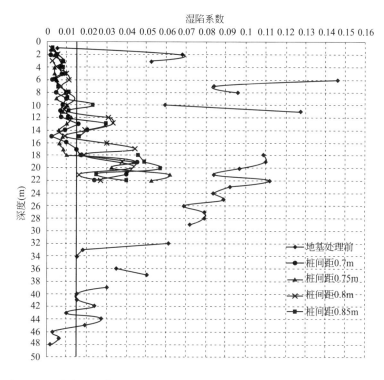

图 6.4-1　填方区沉管挤密桩区域地基土处理前后湿陷系数-深度变化曲线图

（2）桩体土压实系数和桩间土挤密系数检测

各检测点桩体土的平均压实系数、桩间土的挤密系数及综合评价汇总见表 6.4-4 和表 6.4-5。

填方区挤密桩桩体土压实度检测数据分析表　　　　表 6.4-4

压实系数达标率统计					
检测区域	检测点频数	≥0.97		<0.97	
填方区挤密桩	1580	频数	百分率	频数	百分率
		1055	66.8%	525	33.2%
压实系数区间分布					
检测区域	数值区间	<0.90	0.90～0.93	0.93～0.97	≥0.97
填方区挤密桩	频数	29	96	400	1055
	百分率	1.8%	6.1%	25.3%	66.8%

填方区挤密桩桩间土压实度检测数据分析表　　　表 6.4-5

挤密系数达标率统计					
检测区域	检测点频数	≥0.93		<0.93	
填方区挤密桩	550	频数	百分率	频数	百分率
		383	69.6%	167	30.4%

挤密系数区间分布					
检测区域	数值区间	<0.85	0.85~0.88	0.88~0.93	≥0.93
填方区挤密桩	频数	8	13	146	383
	百分率	1.5%	2.4%	26.5%	69.6%

2）填方区 SDDC 区域检测结果

（1）挤密后桩间土湿陷性评价

填方区 SDDC 区域地基土处理前后湿陷性随深度典型变化曲线见图 6.4-2。桩间土的湿陷性试验结果表明，处理后桩间距 1.6、1.8、2.0m 的桩间土基本上全深度仍有湿陷性。

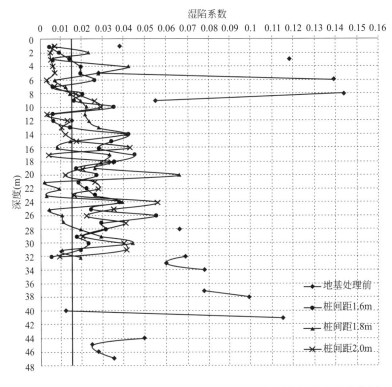

图 6.4-2　填方区 SDDC 区域地基土处理前后湿陷系数-深度变化曲线图

（2）SDDC 法夯扩桩桩体土压实系数和桩间土挤密系数检测

对桩体及桩间土压实度数据进行区间划分统计，见表 6.4-6、表 6.4-7。

SDDC 区桩体土压实度检测数据分析表　表 6. 4-6

压实系数达标率统计					
检测区域	检测点	≥0.97		<0.97	
SDDC	频数	频数	百分率	频数	百分率
	1344	629	46.8%	715	53.2%
压实系数区间分布					
检测区域	数值区间	<0.90	0.90~0.93	0.93~0.97	≥0.97
SDDC	频数	138	206	371	629
	百分率	10.3%	15.3%	27.6%	46.8%

SDDC 区桩间土压实度检测数据分析表　表 6. 4-7

挤密系数达标率统计					
检测区域	检测点	≥0.93		<0.93	
SDDC	频数	频数	百分率	频数	百分率
	768	460	59.9%	308	40.1%
挤密系数区间分布					
检测区域	数值区间	<0.85	0.85~0.88	0.88~0.93	≥0.93
SDDC	频数	8	49	251	460
	百分率	1.0%	6.4%	32.7%	59.9%

3）填方区预浸水 40m 区域检测结果——浸水前后地基土含水率对比

试验区（填方区预浸水 40m 区域）外部和内部浸水前后的含水率随深度变化曲线见图 6.4-3 和图 6.4-4。检测结果表明：浸水前地基土的含水率平均为 6.39%，浸水后的平

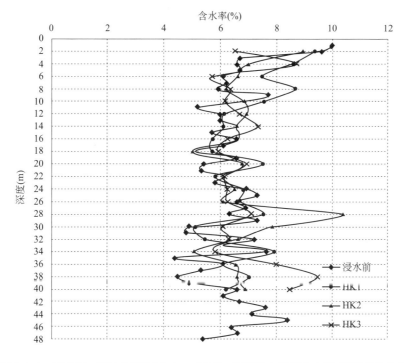

图 6.4-3　试验区（填方区预浸水 40m 区域）外部浸水前后含水率-深度变化曲线

均含水率为 6.77%～7.82%，浸水效果不明显。

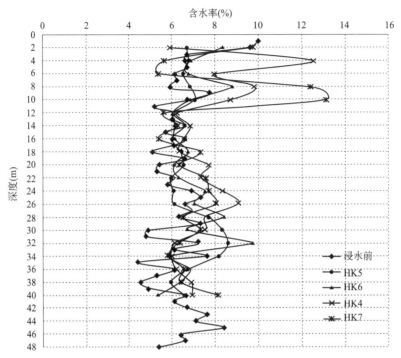

图 6.4-4　试验区（填方区预浸水 40m 区域）内部浸水前后含水率-深度变化曲线

4）填方区预浸水 60m 区域检测结果——浸水前后地基土含水率对比

试验区（填方区预浸水 60m 区域）外部和内部浸水前后的含水率随深度变化曲线见

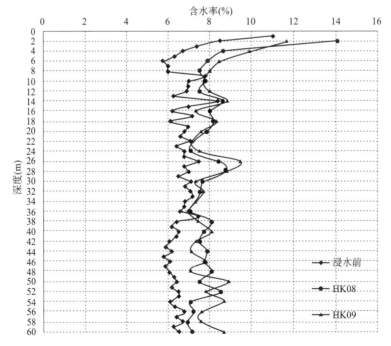

图 6.4-5　试验区（填方区预浸水 60m 区域）外部浸水前后含水率-深度变化曲线

图 6.4-5 和图 6.4-6。检测结果表明：浸水前地基土的含水率平均为 6.72%，浸水后周边孔的平均含水率为 7.97%～8.07%，浸水效果不明显。

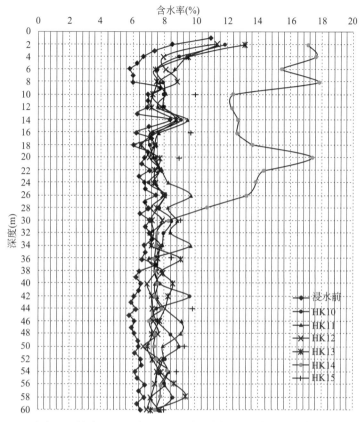

图 6.4-6　试验区（填方区预浸水 60m 区域）内部浸水前后含水率-深度变化曲线

通过预浸水前开挖探井预埋含水率传感器，测得不同深度处含水率随时间的变化趋势，见图 6.4-7。

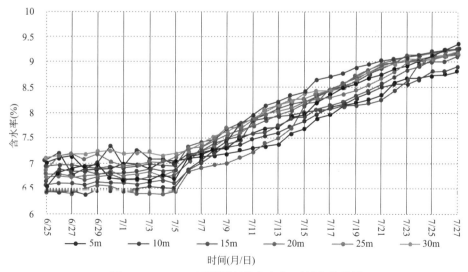

图 6.4-7　HK15 不同深度处含水率-时间变化曲线

5）挖方区挤密桩区域检测结果

（1）土体湿陷性评价

挖方区挤密桩区域地基土处理前后湿陷系数随深度典型变化曲线见图 6.4-8。桩间土的湿陷性试验结果表明，桩间距 0.85、0.9、0.95m 的挤密桩湿陷性消除深度分别为 15、19、17m。

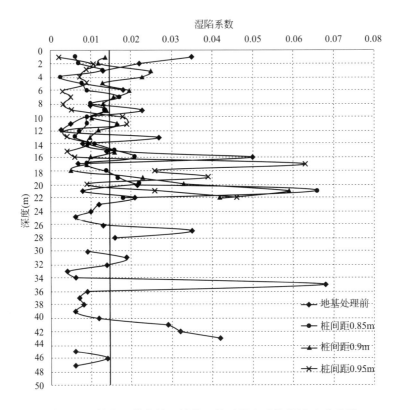

图 6.4-8　挖方区挤密桩区域处理前后湿陷系数-深度变化曲线

（2）桩体土压实系数和桩间土挤密系数检测

各检测点桩体土的平均压实系数、桩间土的挤密系数及综合评价汇总见表 6.4-8、表 6.4-9。

挖方区挤密桩桩体土压实度检测数据分析表　　　　表 6.4-8

压实系数达标率统计					
检测区域	检测点	≥0.97		<0.97	
挖方区挤密桩	频数	频数	百分率	频数	百分率
	1092	745	68.2%	347	31.8%
压实系数区间分布					
检测区域	数值区间	<0.90	0.90~0.93	0.93~0.97	≥0.97
挖方区挤密桩	频数	26	58	263	745
	百分率	2.4%	5.3%	24.1%	68.2%

挖方区挤密桩桩间土压实度检测数据分析表 表 6.4-9

挤密系数达标率统计					
检测区域	检测点	≥0.93		<0.93	
挖方区挤密桩	频数	频数	百分率	频数	百分率
	384	261	47.5%	123	52.5%
挤密系数区间分布					
检测区域	数值区间	<0.85	0.85~0.88	0.88~0.93	≥0.93
挖方区挤密桩	频数	11	12	100	261

5. 工程总结

（1）填方区沉管挤密桩桩间距 0.7、0.75、0.8、0.85m 的挤密桩湿陷性消除深度分别为 18、17、15、13m。为了保证 17~18m 的有效处理深度，故填方区沉管挤密桩桩间距不宜大于 0.75m。

（2）SDDC 桩桩间距 1.6、1.8、2.0m 对素填土湿陷性消除效果不明显，施工质量难以控制，工期长，成本高，填方区场地治理时不宜采用。

（3）受回填质量及现场原始地形影响，填方区深层预浸水增湿效果并不明显，增湿后的含水率并未达到强夯所需的最优含水率，各测点含水率增大趋势变化较为离散，表明在大厚度填方区采用预浸水法施工质量可控性较差。

（4）挖方区沉管挤密桩桩间距 0.85、0.9、0.95m 对湿陷性消除深度分别为 15、19、17m。规律性不明显，主要原因是地基土含水率太低和施工时桩长不能达到设计要求，对挤密效果影响较大。若挖方区后期采用沉管挤密桩，先增湿，因处理面积大、体量大，增湿工期不可控，可实施性差，因此要提前考虑增湿需要的工期和成本。

案例二：兰州中川国际机场 T2 航站楼

1. 工程概况

兰州中川国际机场 T2 航站楼位于原 T1 航站楼南侧，建设场地南北长 493m，东西宽 159m，总建筑面积约 6 万 m^2（图 6.4-9），总高度 38m，层数 2~3 层，8.0m 以下采用钢筋混凝土框架结构，柱网跨度分别为 12m×12m 和 12m×16m；8.0m 以上采用支承柱＋曲面钢屋盖形式，柱网跨度分别为 12m×24m 和 24m×32m；基础形式拟采用地基处理后的纯摩擦桩，地基处理方法采用素土换填垫层法（A 区）和素土沉管挤密桩法（A-1 区、B 区与 C 区）。

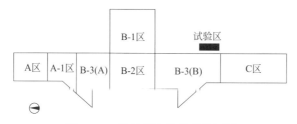

图 6.4-9 航站楼地基处理分区图

2. 场地工程地质条件

拟建场地勘探深度范围内揭示地层均为秦王川盆地第四系冲洪积地层，主要岩性为黄土状粉土、粉细砂、粉土、粉质黏土及角砾，基底为第三系咸水河组砂砾岩或泥岩。地层交错沉积，层位起伏较大，埋深 20m 范围内的地基土主要由②$_1$ 黄土状粉土、②$_2$ 粉细砂、②$_4$ 粉土及⑤$_3$ 角砾组成。其中，②$_1$ 层黄土状粉土广泛分布于场地上部，层厚 4.0～9.2m，工程性质较差，承载能力较低，属中等压缩性土，其物理力学性质指标详见表 6.4-10。

T2 航站楼地基土物理力学性质指标统计表　　　　表 6.4-10

地层编号	指标统计值	液限（％）	塑限（％）	含水率（％）	密度（g/cm^3）	饱和度（％）	孔隙比	压缩系数（MPa^{-1}）	压缩模量（MPa）
②$_1$层黄土状粉土	频数	59	59	59	59	59	59	59	59
	平均值	25.1	16.8	12.8	1.55	35.9	0.977	0.26	10.21
	标准差	—	—	6.137	0.135	17.821	0.139	0.168	5.341
	变异系数	—	—	0.478	0.087	0.496	0.143	0.639	0.523
	标准值	—	—	14.2	1.52	39.9	1.008	0.30	9.02

场地属自重湿陷性黄土场地，湿陷等级为Ⅱ级（中等），湿陷下陷深度 4.0～9.2m。

3. 地基处理方案

靠近原航站楼的 A 区采用素土换填垫层法整片处理，将②$_1$ 层全部挖除后换填，换填厚度为基础底面以下不小于 3.0m；A-1 区、B 区、C 区采用素土挤密桩整片处理，挤密桩径 400mm，桩间距 950mm，等边三角形布桩，处理深度为进入②$_2$ 层 0.5m。

4. 地基处理主要要求

换填垫层的压实系数不小于 0.96，承载力特征值不小于 200kPa。素土挤密消除②$_1$ 层的全部湿陷性，桩体压实系数不小于 0.97，平均挤密系数不小于 0.93，最小挤密系数不小于 0.88，承载力特征值不小于 200kPa，压缩模量不小于 15MPa。

5. 素土挤密地基主要检测结果与分析

1）承载力检测

在 A-1 区选取 6 个点进行单桩复合地基载荷试验，典型的 p-s 曲线见图 6.4-10～图 6.4-12。

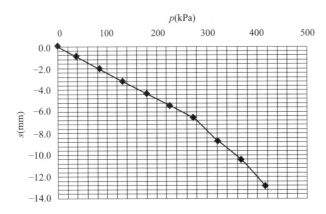

图 6.4-10　A1 素土挤密桩单桩复合地基平板荷载 p-s 曲线

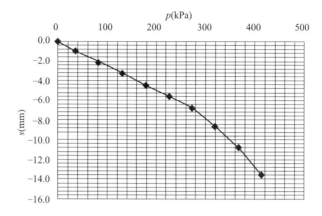

图 6.4-11　A2 素土挤密桩单桩复合地基平板荷载 p-s 曲线

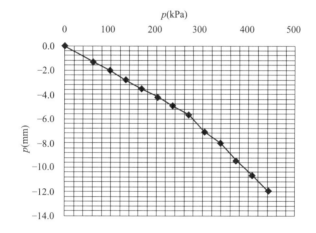

图 6.4-12　A4 素土挤密桩单桩复合地基平板荷载 p-s 曲线

试验结果表明，A-1 区各点的单桩复合地基承载力均大于 200kPa，地基承载力满足设计要求。在最大加荷 408.1～443.1kPa 作用下，素土沉管挤密桩单桩复合地基载荷板沉降量为 11.955～23.267mm；加荷 235.9～273.2kPa 以前，基本处于线性变形状态，沉降量变化为 6.566～9.028mm；加荷 235.9～273.2kPa 以后，变形渐趋增大，曲线形态呈缓变型，但未见极限破坏特征。按相对变形法确定承载力特征值（$s/d = 0.010$ 且承载力特征值不大于最大加载压力的一半），可得场地的承载力特征值为 201～221kPa，极差（13kPa）不超过平均值（208kPa）的 30%，可取平均值 208kPa 作为素土沉管挤密桩单桩复合地基承载力特征值。计算得到的变形模量为 20.87～32.80MPa，平均值为 25.56MPa。

2）桩体土压实度与桩间土挤密系数检测

依据规范及设计技术要求分别对桩体土及桩间土的干密度进行了现场测试工作。根据各点实测干密度及击实试验确定的各类土的最大干密度计算桩体土的平均压实系数和桩间土的平均挤密系数。

计算结果表明：

（1）A-1区素土桩的压实系数均大于0.90。但仅两根素土桩（T01-A和T01-B）桩体土平均压实系数满足设计要求，其余桩体土平均压实系数介于0.90和0.95之间，均小于设计要求的0.97。

（2）A-1区桩间土中大部分的平均挤密系数均满足设计要求，仅4处不满足，测试值介于0.91和0.92之间，接近设计要求；最小挤密系数有3处小于设计要求，最小值为0.83。

3）复合地基压缩模量与复合模量检测

（1）桩体土与桩间土的压缩性试验

根据室内试验结果，各类型试验区桩体土与桩间土的压缩性指标统计结果见表6.4-11。

A-1区桩体土与桩间土压缩性指标统计　　　　　　　　表6.4-11

取样部位	桩体土		桩间土	
统计项目	压缩系数（MPa^{-1}）	压缩模量（MPa）	压缩系数（MPa^{-1}）	压缩模量（MPa）
最大值	0.15	26.68	0.23	25.00
最小值	0.03	11.85	0.04	9.87
平均值	0.11	16.28	0.13	15.19
标准值	0.12	15.04	0.14	14.10

压缩性试验结果表明：素土沉管挤密桩桩体土与桩间土的压缩系数均具有很大的离散性：桩体土的最大压缩系数为0.15MPa^{-1}，最小压缩系数仅为0.03MPa^{-1}；桩间土的最大压缩系数为0.23MPa^{-1}，最小压缩系数仅为0.04MPa^{-1}；桩体土和桩间土的平均压缩系数分别为0.11MPa^{-1}和0.13MPa^{-1}，均属中等偏低压缩性土。计算得到的桩体土与桩间土压缩模量分别为16.28MPa和15.19MPa。

（2）复合地基压缩模量

根据柔性桩复合地基桩、土的应变假设，其复合地层的复合压缩模量E_{sp}可根据桩、土压缩模量按面积加权平均计算。计算结果见表6.4-12。根据室内土工试验成果，计算得到A-1区复合土层的复合压缩模量为15.36MPa；素土挤密桩复合地基复合土层的变形模量可由载荷试验确定，A-1区载荷试验变形模量平均值为25.56MPa。故A-1区复合土层的压缩模量和变形模量均大于15MPa，满足设计要求。

A-1区复合土层压缩模量　　　　　　　　表6.4-12

项目指标		桩体土E_p	桩间土E_s
复合压缩模量计算	压缩模量（MPa）	16.28	15.19
	置换率（m）	0.16	
	复合压缩模量E_{sp}（MPa）	15.36	
变形模量E_0（MPa）		25.56	
建议值		25.56	

第7章

湿陷性黄土区的刚-柔性桩复合地基试验研究

7.1 研究背景与主要研究内容

7.1.1 兰州新区湿陷性黄土常规处理方法

湿陷性黄土作为一种特殊性岩土，常用地基处理方法见表7.1-1，在选择地基处理方法时，应根据建筑物的类别、湿陷性黄土的特性、施工条件和当地材料，并经综合技术经济比较确定。

湿陷性黄土区常用的地基处理方法   表7.1-1

处理方法	适用条件	处理效果	注意事项
预浸水法（地表、深层）	1. 湿陷性土层厚度10～30m以上； 2. 现场有可靠的供水条件； 3. 浸水范围外侧50m内没有已建建筑物； 4. 工期允许有较长的浸水与消散时间	1. 6m以下土层在自重压力下产生预沉压密、自重湿陷性消除； 2. 6m以上土层起到增湿作用，利于其他夯实压密处理	1. 应通过试验和检测确定适当的浸水量、浸水深度和浸水时间； 2. 深厚土层可打设渗水孔加速浸水预沉过程； 3. 边坡地带应注意水穿洞漏水，留有一定距离； 4. 浸水后压缩性增大，需经一定的孔隙水消散过程后降低压缩性
强夯法	1. 待处理土层厚度一般小于8m，分层开挖处理可达10～15m； 2. 场地土含水率应接近最优含水率； 3. 场地30m内无邻近建筑物	不同处理厚度采用不同强夯能量，在有效加固范围内均可消除湿陷性，改善压缩性	1. 低含水率采取增湿措施； 2. 填方应先压实表层后强夯，以保证夯机安全、施工顺利； 3. 强夯中应注意边坡可能产生的坍塌滑动
挤密法	1. 沉管挤密可处理深度12m，钻孔内夯扩挤密可处理深度20m以及大直径夯扩挤密； 2. 场地含水率应接近最优含水率	挤密深度范围内均可消除湿陷性，提高密实度，形成桩土复合地基	1. 必须对低含水率土采取增湿措施； 2. 虚填方采用孔内夯扩挤密应通过工艺试验； 3. 处理深度超过12m时可采用机械成孔后扎内分扎 挤密
换填垫层法	1. 换填垫层深度应大于填方厚度，一般不大于3m； 2. 换填深度以下没有浸水侧渗条件； 3. 要求不高的一般建筑，均匀地基	置换部分湿陷性土，可扩散附加应力，减小沉降，提高承载力	1. 控制压实质量； 2. 挖填改造场地填用； 3. 应保证足够的外扩处理范围

挤密法是在兰州新区湿陷性黄土场地进行地基处理采用最多的方法之一，该法是用沉管、冲击、爆炸、预钻孔等方式在土中成孔（孔径一般 300～450mm），前三种属挤土（不排土）成孔，后一种成孔阶段不挤土（排土），成孔后在桩孔内夯填素土、灰土或水泥土等材料成桩（不得用粗颗粒的砂、石或其他透水性材料），预钻孔夯扩桩是在填料后用重量较大的长柱形锤（重 1～1.25t）夯扩桩孔，在土中形成桩体，土体被侧向挤出而得到挤密。也有沉管后再夯扩成桩的。素土、灰土、水泥土等桩体本身具有一定强度，由桩体和挤密土体共同承担荷载，从而形成复合地基，属于深层加固处理的一种方法。

挤密法处理的目的主要是消除湿陷性，提高承载力，或兼而有之。当以消除地基土的湿陷性为主要目的时，可选用素土挤密桩法；同时也有在强湿陷等级地基上先进行素土桩挤密地基，然后施工灌注桩的，目前比较常见，这种工程中土桩的作用就是消除湿陷性。当以提高地基土的承载力或增强其水稳定性为主要目的时，应选用灰土或水泥土桩法，其目的除消除湿陷性外，也为提高承载力。

挤密桩法适用于处理地下水位以上的湿陷性黄土地基。当采用挤密桩法进行地基处理时，可先按公式估算一定处理效果下的孔心距，然后通过现场试桩确定其适用性及相关技术参数，即根据挤密桩对土质（桩间土）的改良情况及桩体土的夯实质量，选定桩体材料、桩数、孔心距、桩径、桩长、布桩形式等参数，并确定挤密桩实施方案、施工工艺（成孔工艺、成孔挤密顺序）、质量控制与验收标准、施工组织等施工技术要求。

素土、灰土挤密桩法一般认为不适宜含水率高于 24%，饱和度大于 65% 的地基；含水率过低时也不宜采用。一般当低于 10% 时，挤密效果差，采用时宜先对地基含水率进行增湿。一般土层含水率于 14%～w_p（w_p 为塑限含水率）之间时都可采用，比 w_p 略低时最好。处理深度 5～15m，处理深度浅时采用沉管法较适宜，处理深度较大时采用夯扩法。

但素土、灰土沉管挤密桩受到最大处理深度（一般为 15m）及复合地基承载力特征值（一般不超过 250kPa）两方面的制约，水泥土挤密桩法也受到最大处理深度的制约，对于处理深厚湿陷性黄土往往具有局限性，工程界进而又推出挤密法 DDC 桩法（即孔内深层强夯法），大大地提高了复合地基承载力特征值，处理深度也不限于 15m，使处理深厚湿陷性黄土成为可能。

近年来，在湿陷等级较高、湿陷性土层较厚的自重湿陷性黄土场地上应用桩基时，常面临一个问题：扣除自重湿陷性土层的正摩阻力并计入负摩阻力后，计算桩长很长，经济性大幅降低，使用桩基方案的合理性受到质疑。因此，将以消除地基湿陷性的地基处理方法与刚性桩相结合而形成新型的复合地基成为解决问题的途径之一，即先通过素土挤密桩、强夯法等消除湿陷性土层的湿陷性，再使用桩基，不仅解决了负摩阻力问题，还有效地提高了桩周土的正摩阻力，取得了很好的效果。

7.1.2 单一桩型与多桩型复合地基

近十多年来，地基处理技术得到很大发展。地基处理技术最新发展不仅反映在机械、材料、设计理论、施工工艺、现场监测技术以及地基处理新方法的不断发展等方面，而且反映在多种地基处理方法的综合应用方面。

在地基处理的过程中，针对不同的地基条件，存在不同的加固措施，也就会形成不同种类的复合地基。当地基工程地质条件非常复杂或者建筑物对地基有着特殊的要求的时候，现有的某一种加固措施可能不能完全满足设计（包括技术上、经济上）的要求。例如，采用碎石桩可以有效地处理可液化粉细砂地层，消除其可液化性，但是作为一种散体材料桩，其桩体作用不明显，承载力相对于天然地基只能提高 15%～35%，当上部结构荷载较大时，就不能达到承载力的要求。相反，此时若单纯采用刚性桩复合地基，虽然可以满足强度和变形的要求，但不能消除液化层的可液化性；除此以外，刚性桩还具有投资相对较大、经济性相对于散体桩较差的弱点。

在上述情况下，可以考虑联合使用散体材料桩和刚性桩加固地基，形成所谓的"二元或多元复合地基"，这样不仅可以发挥刚性桩能向深部传递荷载的作用，使复合地基的承载力大幅度提高，地基变形减小，较大幅度地提高地基的承载力，还可以消除地基的可液化性。其中散体桩的侧限约束作用得到增强，其桩顶部分的压胀变形大大减小，避免产生膨胀破坏的可能，两种桩型的优势均得到了利用。除此以外，在下述情况下也可能会采用多元复合地基。

例如，在桩距固定时，根据承载力或变形计算设计的桩长不能达到一个合理的持力层上时，可以采用长短桩结合的形式，使两种长度的桩都可以支承在一个合适的持力层上。

例如，还有一种特殊的情况，当地基加固处理完成以后，经过测试发现现有的设计不能满足要求，需要补强，也可能根据所需要进一步提高的承载力或减少沉降在地基上补桩，但桩长可能会短一些，或采用稍柔的桩型。这样也客观地形成了多元复合地基。

1. 组合型复合地基的概念

组合型复合地基，国内学者最早称其为"多种地基处理方式的联合加固"，近几年来，也有人称其为"二次复合地基""二元复合地基""多元复合地基"，其由郑俊杰首先在文献中明确提出。

文献作者认为，组合型复合地基的概念可以描述为：为了实现多种加固功能或出于经济性因素的考虑，在加固区中均匀地设置由多于一种的加固方法或加固设计参数而形成的桩体，使地基得到两种（或以上）不同桩的加强所形成的复合地基。其中，桩身强度较高的桩可称为主桩，强度较低的桩可称为次桩。

上述定义解释如下：

（1）所谓"组合型"，是指组合型复合地基往往是由两种桩和土组成的三元结构，这与普通意义上的（桩式）复合地基由一种桩与土组成的二元结构相区别。在普通复合地基的理论研究中，可以将其简化成一个加固单元（桩及其加固区的桩周土）进行分析，而在组合型复合地基中，存在着两种以上不同的加固单元（主桩加固单元及次桩加固单元）。

（2）强调"均匀设置"，是将组合型复合地基与不同建筑单元或建筑部位之间采用的不同加固手段相区别。例如，在高、低层一体建筑中，高层采用刚性桩，而低层群楼采用柔性桩，这种情况不应属于组合型复合地基的范畴，对不同的建筑单元采用一般的复合地基设计计算方法即可胜任。又例如在目前的工程实践中，有时虽然建筑物总体荷载不大，但局部荷载集中，此时将承载力较高的桩设置在荷载较大的墙下或柱下，其他部位采用承载力较低的桩。这种情况也不应属于组合型复合地基的范畴，虽然在同一建筑单元中采用了不同的加固手段，但也可以采用一般的复合地基设计计算方法，总体按照承载力较低的桩进行计算，局部高荷载区域对承载力较高的桩进行校核即可。

2. 组合型复合地基的特点

根据日前对组合型复合地基承载机理和工程实践的初步研究，以及陈强等人通过数值分析方法对 CFG 桩和碎石桩组合型复合地基的模拟结果来看，组合型复合地基具有以下几个方面的特点：

1）内力均匀，以强带弱。组合型复合地基一般结合使用两种桩体刚度不同的桩型，例如散体材料桩（碎石桩）等与刚性或半刚性桩（例如 CFG 桩）。此时，刚度较大的桩一般会对散体桩存在以下两点影响：

（1）一般碎石桩的桩身应力随埋设深度衰减很快，但在组合型复合地基中，由于其周围存在着能够将荷载传递到深层的刚度较大的桩，较深处的碎石桩也将承担更多的荷载。因此，在纵向上，复合地基的内力分布将更加均匀。

（2）由于散体桩周围存在着刚度较大的桩，在荷载作用下，前者将受到后者的围箍作用，或称为"护桩"作用，因此在同样的荷载条件下，其发生鼓胀破坏的可能性将大为减小。上述两点影响将提高整体复合地基的承载力。

2）整体下沉，变形下移。组合型复合地基的桩土的沉降变形差别不大，表现为复合地基整体下沉，下卧土层的压缩变形占主导地位。因此，在场地软弱土层下有较好的持力层时，该类多元复合地基具有良好的应用前景。

3）多种作用，单效削弱。组合型复合地基中，由于联合采用多种加固措施，使复合地基的加固机理趋于多样化。但由于采用超过一种桩型加固地基，就某一种桩体来说，其置换率必然小于只采用这一类桩的情况，因此其有关加固效果必然会有所降低。例如，采用碎石桩、CFG 桩联合加固复合地基时，碎石桩由于用量减少，其对地基的排水固结作用必然减弱，这在设计中也是需要考虑的问题。

4）设计灵活，取长补短。散体材料桩、柔性桩、刚性桩各类复合地基在承载机理上各有特点，不同的加固措施均有其优势，也存在其固有的不足。多种桩型的联合应用，可以做到不同类型桩之间扬长避短（包括技术指标和经济指标），运用得当可以最大限度地发挥每一种加固措施的优势，从而也为岩土工程师的灵活设计、达到方案的优化提供巨大的空间。组合型复合地基的出现是复合地基的理论研究逐步走向成熟的表现，说明复合地基的设计和施工达到了更加科学合理的一个新的水平。组合型复合地基也存在着它的缺点，最为明显的就是施工程序相对复杂，在施工中可能会存在后施工的桩对已成桩产生影响，这一点在设计中也应该引起注意。

3. 组合型复合地基研究应用概况

随着土木工程的发展，地基处理理论研究和技术水平不断提高，复合地基应用越来越广泛。但对刚-柔组合桩这一比较新型的复合地基形式，研究成果相对较少，但是实践往往走在理论的前面，从实践—理论—再实践的角度看，实践先于理论是一般规律，对土木工程更是如此。但重视理论研究，用理论指导实践也是很重要的。目前，刚-柔组合桩复合地基的工程应用情况和研究现状综述如下。

海南省规划勘测院沙祥林（1996 年）等发展的 CM 三维高强复合地基在海南省得到了一定的应用，并通过了省级鉴定。这种"CM 地基"是在对国内外复合地基的工作机理、垫层效应、传力特性、应力分析、变形及承载力深入研究的基础上发明的一种新型复合地基。其主要特点是：采用刚性桩（C 桩）和水泥土亚刚性桩（M 桩）对复合地基进行整个平面上的刚度组合，从而使桩和土构成的地基中形成了平面和竖向合适的刚度级配梯度和三维共同工作的应力状态，达到了对天然地基承载力的有效补强，从而获得了满足强度设计要求的复合地基。"CM 地基"中采用长 C 桩、短 M 桩的布置，形成了三层地基刚度，减小了复合地基的沉降。实践证明，CM 三维高强复合地基可以提高地基承载力3～8 倍，沉降量仅为天然地基的 10%～20%。CM 三维高强复合地基事实上就是刚-柔组合桩复合地基的一种。郭昭、王景铭（1996 年）将之推广到上海，认为需要解决如下问题：①应用对象应着眼于小高层，采用常规水泥土系加固的承载力不够，采用大型桩基显得浪费的情况下；②应研究合理的 C 桩、M 桩竖向刚度分担方案，使得可以满足承载力要求，C 桩应考虑适当配筋、增强；③应从施工顺序、施工组织上摸索出对环境影响小、工期快的方案。

朱小友、尹华濂（1999 年）通过介绍某高层建筑灌注桩承载力未达到设计要求而采用水泥粉喷桩成功补强原基桩的实践，提出这种二元组合桩基作为一种桩基补救处理措施是经济可行的，应用前景广泛，值得推广。当这种二元组合桩基应用于多层及高层建筑地基基础设计时，朱小友建议：①二元体之间应具有较强的协调变形特征，采用水泥土类桩作辅助桩较理想，其变形以桩身压缩为主，可通过调整桩身水泥含量来调节其自身的变形性质，使之与主桩变形特性相适应；②辅助桩的平面布置应对称且其面积置换率尽可能小于 20%，以方便承台设计及充分发挥辅助桩的作用。

郭培红（1999 年）通过某建筑基础工程利用原有沉管桩，结合采用深层水泥搅拌桩的复合桩基设计方法，解决了因旧房拆除在旧桩基上新建房屋的基础设计问题。对这种组合型复合地基，郭培红认为：由于存在原有的沉管灌注桩，因此计算中将沉管灌注桩按变形一致的原则换算成等效水泥搅拌桩。即将沉管灌注桩的单桩竖向承载力予以折算成为与搅拌桩相似的以摩擦承载力为主的桩基，按深层搅拌桩相同的计算方法，计算复合地基承载力的变形。要满足这一点，必须使两种桩的变形协调，故在基础设计时，减小水泥搅拌桩的桩距，尽可能多布置水泥搅拌桩。另一方面，加大片筏基础中沉管灌注桩处基础的刚度，增加其配筋，让新旧基础更好地协调，使之能共同工作，变形一致，实践证明，该处理方法是成功的。

吴建华和张涛（1999 年）提出了刚性桩和柔性桩共同组合的组合型复合地基的承载力标准值的计算公式，并对组合型复合地基的优化设计进行了探讨。

应永法、章雷（2000 年）针对刚性桩和柔性桩复合地基各自的缺点，构想出复合桩地基，以期达到强度与变形的协调，技术与经济的有机统一。这个复合桩地基也就是本文所称呼的刚-柔组合桩复合地基。应永法、章雷根据赵锡宏、董建国等人（1992 年）的一些研究成果：对桩筏或桩箱基础，当桩间距增大时，桩分担荷载的比例减小，桩间土分担荷载的比例增大，角桩反力和边桩反力减小，对基础内力的影响不急剧，底板或梁的设计弯矩平缓增加。如果结合合理布桩，则基础的设计弯矩增加将会更小，甚至减小；另外，沉降和差异沉降也稍有增加。理论分析表明，在满足荷载的条件下，增减 10% 的桩数，对基础的沉降影响甚微（只增减 3%），这为该构想提供了理论依据。因此，应永法、章雷认为，在对该构想地基进行基础设计时，可按常规刚性桩基础进行。对该复合桩地基，应永法、章雷也提出了其承载力和变形计算公式。其强度公式以复合桩地基的综合承载能力计算，为桩间土、柔性桩、刚性桩承载能力的平均表达，未考虑变形协调的问题，变形公式按刚性桩和柔性桩复合地基各自承担的荷载比例分配沉降。

郭红梅、马培贤（2000年）结合一个工程实际，介绍了利用夯实水泥土桩与高压灌注桩组合进行地基处理的实践及应用，得出结论：通过合理布桩，并设置砂石褥垫层来协调两种桩及桩间土的受力及变形的刚-柔组合型复合地基处理方案是比较成功的。

戴浩、王兴梅、刘祖德（2000年）结合工程实践，提出了刚性桩和柔性桩复合地基的综合应用，即CM桩复合地基，也就是本文提出的刚-柔组合桩复合地基。其中，C桩为沉管灌注桩，M桩为深层搅拌桩。戴浩等认为，尽管类似CM桩的技术还不够成熟，但对于土层多样性来说，特别是在房屋的增层改造，对原有地基基础的进一步加固处理有一定的应用前景。

张忠苗、唐朝文等在白荡海小区CM桩试验基础上提出了CMG复合桩基的思路。C即刚性桩、长桩，其主要控制和满足承载力。M即柔性桩、短桩，主要改善桩间土体性状，控制土体变形。G即对桩上部2～3m范围内的软弱土体注浆，以提高CM桩的桩土协调性，减少沉降。实践证明，这种桩基不仅安全可靠，而且经济可行。

作为一种先进的地基处理及设计方法，刚-柔组合桩复合地基具有良好的应用前景，它将成为我国土木工程领域的一个研究热点。虽然近些年来对这一问题在理论分析、试验研究及工程实测等方面进行了一些探讨，并取得了一些成果，在工程设计中也得了应用，但是到目前为止，人们对这一崭新的设计理念的认识还停留在初级阶段，对其基本机理的认识还不够全面和深入，也未形成比较完善的设计理论和计算方法，研究工作仍处于探索阶段，许多问题有待于深入研究。

国内有关多元复合地基的工程实践于20世纪90年代初就已经开始。煤炭工业太原设计研究院王步云大师等人通过试验和工程实践，对采用碎（砂）石桩组合构成复合地基进行了试验、计算以及应用检测，试验结果认为组合型复合地基可发挥两种不同刚度加固体在复合地基中各自的特点，经济技术效益明显，应用效果良好。表7.1-2中列出了几个组合型复合地基的应用实例。

组合型复合地基的应用实例　　　　　　　　　　　　　　　表 7.1-2

工程地点及名称	组合加固措施		主桩、次桩的分工	
	主桩	次桩	主桩	次桩
山西省针纺织品进出口公司办公楼	低强度混凝土桩	振密砂桩	提高承载力	消除液化
北京某商住楼	高压灌注桩	夯实水泥土桩	提高承载力、降低变形效果好，但成本高	成本低，但承载力、变形的加固效果有限
上安电厂	石灰桩	干振碎石桩	地基土呈软塑、流塑、干振成孔困难，进一步提高承载力	提高承载力的主要加固手段
湖北某7层砖混住宅	深层搅拌水泥土桩	石灰桩	加固杂填土成桩效果好，起主要置换作用	辅助起到膨胀挤密作用
湖北某学院7层住宅	粉煤灰混凝土桩	粉喷桩	起辅助减小沉降的作用	置换作用为主，但承载力难以提高，且沉降可能过大
武汉双狮涂料厂6～7层砖混住宅楼	粉喷桩（12～14.5m）	粉喷桩（8.5m）	桩长按进入相对硬层确定，避免"悬浮"	桩长按有效桩长控制

7.1.3　主要研究内容

由于湿陷性黄土分布的广泛性和工程特性的特殊性，湿陷性黄土地区地基处理问题越来越受到工程界和学术界的关注。在地基处理中，如何根据土层性质和工程特点充分发挥各种地基处理方法的长处、提高地基土的承载力、减少土层的沉降变形，是目前黄土地区地基处理的热点研究问题。

近年来，组合型复合地基因能有效地综合两种或多种桩体复合地基的长处，已成功地应用于加固深厚软土、处理深厚液化粉土等大型建筑地基基础，并取得显著的成效；然而，在湿陷性黄土地区的应用尚处于初级阶段，且有关黄土地区组合型复合地基的研究资料鲜见。王占雷等在黄土地区采用刚性长桩和柔性短桩二次复合的地基处理方法，大幅度提高了复合地基承载力和抗变形能力，对解决湿陷性黄土地基承载力偏低和变形大等问题进行了有益尝试。郭志强介绍了一个在中等湿陷性黄土地区由 CFG 刚性桩和夯实水泥土柔性桩组成的组合型复合地基的工程实例，并指出了根据单桩静载试验确定复合地基承载力时应注意的事项。该复合地基在成功消除黄土层湿陷性的同时，承载力也满足工程需要。这一工程实例也说明长短桩复合地基用于湿陷性黄土地区是经济有效的。白晓红和崔广仁在位于Ⅰ级湿陷性黄土地基的工程项目，分析了CFG 桩与夯实水泥土桩组合的复合地基的承载机理和特性，证明长短桩复合地基在新近堆积黄土地基中的加固效果显著。以上刚性桩与柔性桩组合型复合地基在湿陷性黄土场地的应用实例，说明在湿陷性黄土地区，组合型复合地基不仅有利于消除黄土的湿陷性，还可以有效减小基础沉降。

随着国家经济的发展和西部大开发战略的实施，黄土地区的建设项目日益增多，规模越来越大，工程建设由低阶地向高阶地发展，湿陷性黄土层厚度增大，大型建筑结构对地基的要求日益提高，组合型复合地基在湿陷性黄土地区具有很好的发展前景。然而，对于黄土地区其应用实例鲜见报道，理论研究甚少。为此，本课题综合了素土桩挤密作用消除黄土湿陷性和刚性桩桩体有效传递荷载的优点，研究由刚性桩和土桩组成的二元（刚-柔性桩）复合地基处理自重湿陷性黄土的承载、变形特性和作用机理。期望本研究成果对自重黄土地区的组合型复合地基优化设计和工程应用提供有益的参考。

对于刚-柔性桩复合地基加固湿陷性黄土地基，到目前为止主要集中在个别的实例介绍上，系统研究少；尤其是刚性桩＋素土挤密桩加固湿陷性黄土的研究，目前尚未见报道。刚性桩、素土挤密桩组合型复合地基加固自重湿陷性黄土的处理效果、相应的作用机理和承载力计算方法尚处于初级阶段。

对刚性桩、素土挤密桩组合复合地基-新型加固技术的承载力和变形、作用机理进行深入研究，鉴于目前刚-柔性桩复合地基实践和研究尚处于初级阶段，缺乏大量的试验与工程经验积累，采用现场试验研究具有数据来源真实可靠、符合工程实际等特点，但现场试验研究需要大量的时间和人力、物力消耗，利用现场试验研究结合有限元数值分析对上述问题进行研究不失为一种可行的办法。

总结探讨前人研究结果的基础上，在中国建筑股份有限公司科技研发课题"刚-柔性桩复合地基处理自重湿陷性黄土作用机理与工程参数研究"的资助下，依托"兰州中川机场改扩建工程新航站楼地基处理项目"，进行刚-柔性桩复合地基现场试验，进行承载、变形特性和加固效果与作用机理研究，提出相关工程参数和工程应用的建议。研究内容具体为以下几个方面。

1. 自重湿陷性场地复合地基足尺试验研究

根据兰州地区湿陷性黄土工程地质特点，以兰州中川机场扩建工程新航站楼工程为依托，分别开展素土桩复合地基、灰土桩复合地基、刚性桩复合地基、刚-柔性桩复合地基足尺试验。通过试验，对比分析不同桩体复合地基处理效果，重点研究刚-柔性桩复合地基承载、变形特性。

（1）开展刚性桩复合地基和柔性桩复合地基静荷载试验，分别得出刚性桩和柔性桩的荷载传递规律。

（2）开展刚-柔性桩复合地基静荷载试验，在刚、柔性桩与地基土中埋设压力盒量测加载过程中桩土体的受力变形规律，分析刚性桩、柔性桩、桩间土荷载分担应力比，研究其荷载传递机理。

2. 刚-柔性桩复合地基承载变形机理研究

根据试验成果，分析不同荷载作用、不同垫层厚度等工程条件，深入研究其桩、土共同作用，刚性桩和柔性桩荷载传递机理、变形机理。

3. 刚-柔性桩复合地基处理湿陷性黄土工程参数研究

基于桩土共同作用原理、刚性桩和柔性桩荷载传递机理，提出刚-柔性桩复合地基承载力确定、复合模量等工程参数计算方法。

7.2 复合地基处治湿陷性黄土的试验

7.2.1 试验区工程地质条件

兰州中川机场新建航站楼建设场地南北长 493m，东西宽 159m，总建筑面积约 6 万 m^2，总高度 38m，层数 2～3 层，8.0m 以下拟采用钢筋混凝土框架结构，柱网跨度为 12m×12m 和 12m×16m；8.0m 以上拟采用支承柱＋曲面钢屋盖形式，柱网跨度为 12m×24m 和 24m×32m。基础形式拟采用独立柱基或桩基，基础埋深 2.5m，柱底反力设计值 N_{max}＝6500kN 和 N_{max}＝12000kN。

根据新航站楼的岩土工程勘察结果，拟建工程场地 50m 深度范围内没有连续稳定的桩基持力层。埋深 20m 以上，地基土主要由②$_1$ 黄土状粉土、②$_2$ 粉细砂、②$_4$ 粉土及⑤$_3$ 角砾组成，地基土物理力学性质指标统计结果见表 7.2-1，典型地质剖面特征见图 7.2-1。

试验区地基土物理力学性质指标统计表　　　表 7.2-1

地层编号	指标统计值	含水率 w（%）	密度 ρ(g/cm³)	饱和度 S_r（%）	孔隙比 e_0	压缩系数 a_{1-2}（MPa⁻¹）	压缩模量 E_s（MPa）
②$_1$ 层 黄土状粉土	平均值	10.4	1.52	28.6	0.973	0.31	8.66
	标准差	4.704	0.081	12.046	0.115	0.201	4.196
	变异系数	0.452	0.054	0.421	0.118	0.648	0.484
	标准值	11.5	1.50	31.7	1.002	0.36	7.53

续表

地层 编号	指标 统计值	含水率 w （%）	密度 ρ(g/cm³)	饱和度 S_r（%）	孔隙比 e_0	压缩系数 a_{1-2} （MPa⁻¹）	压缩模量 E_s （MPa）
②₄ 层 粉土	平均值	17.4	1.84	66.1	0.730	0.14	14.20
	标准差	4.623	0.119	18.721	0.089	0.062	5.091
	变异系数	0.265	0.064	0.283	0.121	0.440	0.359
	标准值	18.5	1.82	70.6	0.751	0.16	12.96

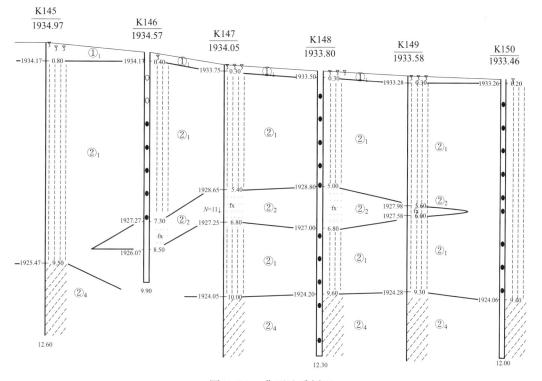

图 7.2-1　典型地质剖面

②₁ 层黄土状粉土广泛分布于场地上部，湿陷性土层下限深度一般为 10.35 ～ 15.85m，具有中等—强烈湿陷性，自重湿陷黄土场地，属 Ⅱ ～ Ⅲ 级自重湿陷性场地。黄土状粉土工程性质较差，承载能力较低，属中等压缩性土，未经处理不能作为拟建航站楼的浅基础持力层，拟建航站楼地基基础设计采用浅基础形式时，需对基础主要受力层深度范围内地基土进行有效的地基处理。

7.2.2　试验区地基处理设计与试验内容

通过反复论证后，新建航站楼基础形式拟采用挤密处理后复合地基上的独立基础＋基础梁或条形基础，基础埋深 2.5m。在主体结构荷载较大的基础上，拟采用挤密法处理＋刚性桩复合地基，地基处理的目的是消除湿陷性、降低压缩性、提高地基土的承载性能和桩土摩阻力，满足地基变形验算要求。

通过试验区验证刚-柔性桩复合地基的可行性及可靠性，检验地基处理方案和设计参数的合理性。本次地基处理试验区在现场划分为 A、B、C、D 四个区域，采用四种方案进行挤密桩地基处理，各试验区处理方案如下：

A 区：采用素土沉管挤密桩＋素混凝土刚性桩的二元复合处理方法（刚-柔性桩复合地基）；

B 区：采用单一的 3∶7 灰土沉管挤密桩处理方法；

C 区：采用素土预钻孔夯扩挤密桩与素混凝土刚性桩相结合的二元复合处理方法（刚-柔性桩复合地基）；

D 区：采用单一的 3∶7 灰土预钻孔夯扩挤密桩处理方法。

挤密桩地基处理试验区布桩形式均采用正三角形布桩，桩径 400mm，桩长 7.0m，桩间距为 950mm。A、B、C、D 每区各布桩 40 根，共计 160 根。刚性桩在 A 区（素土沉管挤密桩处理区）和 C 区（素土预钻孔夯扩挤密桩处理区）各布置 6 根，桩径 400 mm，桩长 8.0m。刚性桩桩孔成孔机械采用长螺旋钻，填料采用素混凝土，桩身强度不小于 C15。柔性桩置换率为 16％，刚性桩置换率为 8.6％。各试验区刚-柔性桩复合地基桩位布设见图 7.2-2、图 7.2-3。

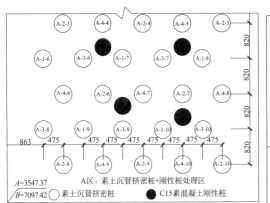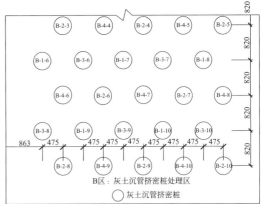

图 7.2-2　A、B 区刚-柔性桩复合地基桩位布设示意图

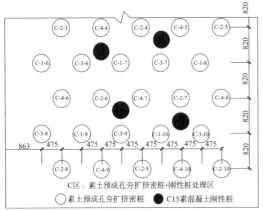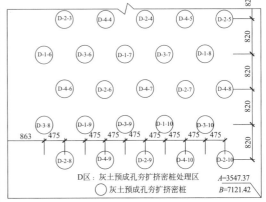

图 7.2-3　C、D 区刚-柔性桩复合地基桩位布设示意图

7.2.3 主要试验成果

1. 湿陷性试验

在整个试验区的地基处理区域内（A 区、B 区、C 区和 D 区）布置探井采取桩间土试样进行室内湿陷性试验，试验结果见图 7.2-4。

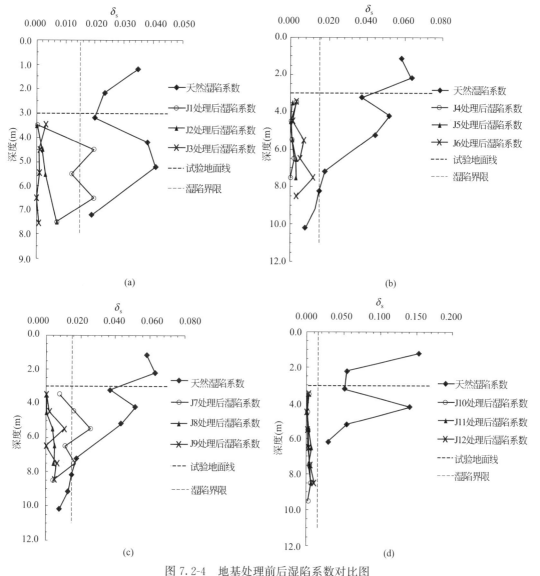

图 7.2-4 地基处理前后湿陷系数对比图

（a）A 区地基处理前后湿陷系数对比图；（b）B 区地基处理前后湿陷系数对比图；
（c）C 区地基处理前后湿陷系数对比图；（d）D 区地基处理前后湿陷系数对比图

桩间土的湿陷性试验结果表明：

（1）A 区地基处理深度范围内，15 件桩间土试验样品中，两件样品的湿陷系数为 0.020，大于 0.015，具有轻微湿陷性，其余 13 件样品的湿陷系数一般介于 0～0.007，均小于 0.015，不具有湿陷性。经计算，具湿陷性的地基湿陷量计算值为 40mm，小于

50mm，依据《湿陷性黄土地区建筑标准》GB 50025—2018 相关规定，可按一般地基考虑。综合评价 A 区具湿陷性的地基土经素土沉管挤密处理后，满足工程要求，达到全部消除湿陷性的目的。

（2）B 区地基处理深度范围内，桩间土的湿陷系数一般介于 0～0.012，均小于 0.015，表明具湿陷性的地基土经三七灰土沉管挤密处理后，满足工程要求，达到完全消除湿陷性的目的。

（3）C 区地基处理深度范围内，20 件桩间土试验样品中，3 件样品的湿陷系数为 0.016～0.026，大于 0.015，具有轻微湿陷性，其余 17 件样品的湿陷系数一般介于 0～0.011，均小于 0.015，不具有湿陷性。经计算，具湿陷性的地基湿陷量计算值为 43.5mm，小于 50mm，依据《湿陷性黄土地区建筑标准》GB 50025—2018 判定，C 区经素土预成孔挤密处理后，湿陷性已消除，可按一般地基对待。满足工程要求，达到全部消除湿陷性的目的。

（4）D 区地基处理深度范围内，桩间土的湿陷系数一般介于 0～0.006，均远小于 0.015，表明 D 区具湿陷性的地基土经三七灰土预钻孔挤密处理后，满足工程要求，达到完全消除湿陷性的目的。

2. 复合地基载荷试验

根据载荷试验的成果，分别绘制 p-s、s-t、$\lg p$-s、q-s、p-$\Delta s/\Delta p$、s-$\lg(1-p_i/p_j)$、s-s_i/p_i 等曲线进行综合整理和分析，判定相应曲线的比例界限荷载值、极限荷载值、控制相对变形时的荷载特征值及数值突变时的拐点特征值，综合确定相应载荷试验的承载力特征值。试验成果汇总见表 7.2-2、表 7.2-3。

载荷试验结果综合评价表 表 7.2-2

试验类型	试验指标		试验区			
			A 区	B 区	C 区	D 区
挤密桩单桩复合地基载荷试验	承载力（kPa）	范围值	262～314	307～314	257～304	304～348
		平均值	282	310	262	320
		设计要求	大于 200	大于 300	大于 200	大于 300
	变形模量（MPa）	范围值	23.1～40.76	28.9～31.9	25.4～39.1	30.0～35.7
		平均值	29.61	30.86	31.6	33.59
		设计要求	大于 12	大于 12	大于 12	大于 12
刚-柔性桩单桩复合地基载荷试验	承载力（kPa）	范围值	429～569	—	456～568	
		平均值	513		518	
		设计要求	大于 350		大于 350	
	变形模量（MPa）	范围值	106～176.7	—	108.9～217	
		平均值	144.0		158.5	
		设计要求	大于 20		大于 20	
刚性桩桩体载荷试验	承载力（kN）	范围值	442～619	—	413～477	
		平均值	501		420	
		设计要求	大于 250		大于 250	

续表

试验类型	试验指标	试验区			
		A 区	B 区	C 区	D 区
挤密桩桩体载荷试验	承载力(kPa)	800	845	400	900
	变形模量(MPa)	36.74	38.81	37.01	37.74
挤密桩桩间土载荷试验	承载力(kPa)	250	200	200	250
	变形模量(MPa)	8.68	5.15	5.71	8.65

设计要求荷载下的沉降量对比汇总表　　　　表 7.2-3

试验类型	试验指标		试验区			
			A 区	B 区	C 区	D 区
挤密桩单桩复合地基载荷试验	设计荷载(kPa)		200	300	200	300
	沉降量(mm)	范围值	3.380~5.940	6.480~7.140	3.520~5.420	5.790~6.900
		平均值	4.950	6.710	4.500	6.190
刚性桩单桩复合地基载荷试验	设计荷载(kPa)		350	—	350	—
	沉降量(mm)	范围值	1.855~3.077	—	1.505~3.010	—
		平均值	2.379	—	2.240	—
刚性桩桩体载荷试验	设计荷载(kN)		250	—	250	—
	沉降量(mm)	范围值	0.995~1.194	—	0.597~0.995	—
		平均值	1.061	—	0.796	—

载荷试验结果表明：不同成孔方式、不同填料挤密处理后，复合地基承载力和模量均可满足工程与试验区设计目的要求，差异性不明显。在设计荷载作用下，素土挤密桩单桩复合地基（沉管和预成孔）沉降量一般为 3.380~5.940mm，灰土挤密桩单桩复合地基（沉管和预成孔）沉降量一般为 5.790~7.14mm，刚性桩单桩复合地基沉降量一般为 1.505~3.077mm，刚性桩单桩沉降量一般为 0.597~1.194mm。各区载荷试验确定承载力结果分析如下。

1）A 区（素土沉管挤密桩＋素混凝土刚性桩处理试验区）

（1）在最大加荷 858.60~1138.95kPa（总荷重 1244.97~1651.47kN）作用下，刚性桩单桩复合地基沉降量为 6.036~7.547mm，且完全处于直线形弹性变形状态，未见变形拐点或变形加速的特征。按相对变形法确定的承载力特征值（$s/b=0.010$ 且承载力特征值不大于最大加载压力的一半）为 429~569kPa，承载力特征值取 510kPa 有较大安全性。计算的变形模量为 106.58~176.76MPa，平均值为 144MPa。典型载荷试验曲线见图 7.2-5。

（2）在最大荷载 885.00~1374.43kN 作用下，素混凝土刚性桩单桩沉降量为 3.718~13.408mm。加荷 886kN 以前，完全处于直线型弹性变形状态，沉降量小于 4.402mm，加荷 886~1238.93kN 区段，变形出现加速特征；加荷至 1238.93kN 时，沉降急剧增大，曲线出现陡降段，桩体达到极限破坏状态。按相对变形法确定的单桩竖向承载力特征值 R_a（承载力特征值不大于最大加载压力的一半）为 442~443kN，按极限承载力法确定的单桩竖向承载力特征值 R_a 为 619kN，极差（177kN）超过平均值（501kN）的 30%，取

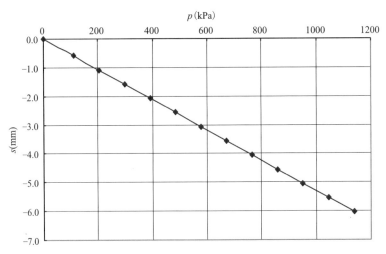

图 7.2-5 A 区典型刚-柔性桩二元复合地基单桩复合地基载荷试验曲线

最小值 442kN 作为单桩竖向承载力特征值有较大安全性。计算的桩体变形模量为 511.56～613.87MPa，平均值为 580MPa。典型载荷试验曲线见图 7.2-6。

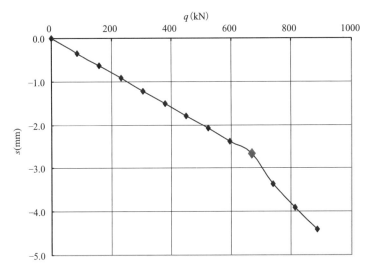

图 7.2-6 A 区典型刚性桩单桩载荷试验曲线

（3）在最大加荷 856.61～1339.93kPa（总荷重 672.44～1051.84kN）作用下，素土沉管挤密桩单桩复合地基沉降量为 31.052～41.516mm。加荷 300kPa 以前，基本处于线性变形状态，沉降量变化为 9.809～15.122mm；加荷大于 300kPa 以后，变形渐趋增大，曲线形态呈缓变型，未见极限破坏特征。按相对变形法确定的承载力特征值（$s/d=0.008$ 且承载力特征值不大于最大加载压力的一半）为 262～314kPa，按比例界限法及其他辅助曲线法确定的承载力特征值为 280～380kPa。计算的变形模量为 23.19～40.76MPa，平均值为 29.61MPa，建议变形模量取小值平均值 24.0MPa。典型载荷试验曲线见图 7.2-7。

（4）最大加荷 1832.16kPa（总荷重 230.12kN）作用下，素土沉管挤密桩单桩沉降量

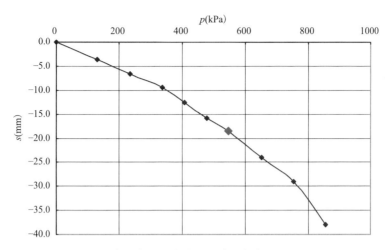

图 7.2-7　A 区典型素土沉管挤密桩单桩复合地基载荷试验曲线

为 16.592mm。加荷 797.52kPa（100.17kN）以前，完全处于直线形弹性变形状态，沉降量小于 5.981mm；加荷 797.52～1832.16kPa（总荷重 100.17～230.12kN）区段，变形略有增大，曲线形态呈近似直线的缓变型，未见变形拐点或变形急剧加速的特征。按相对变形法确定的承载力特征值（$s/d = 0.010$ 且承载力特征值不大于最大加载压力的一半）为 800kPa（100kN），按比例界限法及其他辅助曲线法确定的承载力特征值为 797.52kPa（100kN）。计算的变形模量为 36.74MPa。

（5）在最大加荷 882.85kPa 作用下，素土沉管挤密桩桩间土沉降量为 33.592mm。加荷 200kPa 以前，完全处于直线型弹性变形状态，沉降量小于 8mm；加荷大于 200kPa 区段，变形略有增大，曲线形态呈近似直线的缓变型；加荷 751.47kPa 时，沉降急剧增大，曲线出现陡降段，桩间土达到极限破坏状态。计算的变形模量为 8.68MPa。

2）B 区（三七灰土沉管挤密桩处理试验区）

（1）在最大加荷 856.61～908.86kPa（总荷重 672.44～713.46kN）作用下，灰土沉管挤密桩单桩复合地基沉降量为 25.738～38.012mm。加荷 300kPa 以前，基本处于线性变形状态，沉降量变化为 11.644～13.814mm；加荷大于 300kPa 以后，变形渐趋增大，曲线形态呈缓变型。按相对变形法确定的承载力特征值（$s/d = 0.008$ 且承载力特征值不大于最大加载压力的一半）为小于 300kPa，按比例界限法确定的承载力特征值为 304～317kPa。计算的变形模量为 28.94～31.89MPa，建议变形模量取值为 30.0MPa。典型载荷试验曲线见图 7.2-8。

（2）在最大加荷 2380.56kPa（总荷重 299kN）作用下，三七灰土沉管挤密桩单桩沉降量为 22.636mm。加荷 1198.12kPa（150.48kN）以前，完全处于直线形弹性变形状态，沉降量小于 8.507mm；加荷 1198.12～2380.56kPa（总荷重 150.48～299.00kN）区段，变形略有增大，曲线形态近呈斜率增大的直线型缓变形态，未见变形拐点或变形急剧加速的特征。按相对变形法确定的承载力特征值（$s/d = 0.008$ 且承载力特征值不大于最大加载压力的一半）为 845kPa（106kN），按比例界限法及其他辅助曲线法确定的承载力特征值为 1198kPa（150kN），计算的变形模量为 38.81MPa。

（3）在最大加荷 1014.23kPa 作用下，三七灰土沉管挤密桩桩间土沉降量为

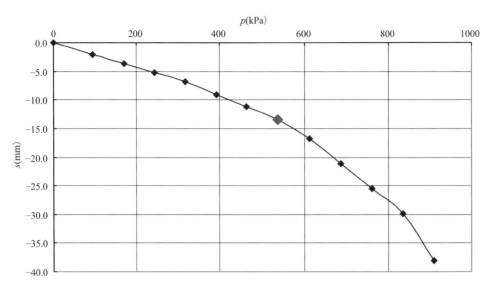

图 7.2-8　B 区典型灰土沉管挤密桩单桩复合地基载荷试验曲线

34.450mm。加荷 200kPa 以前，完全处于直线形弹性变形状态，沉降量小于 9.105mm；曲线形态呈典型的缓变型。加荷 839.06kPa 以后，沉降明显增大，桩间土达到极限破坏状态。按照比例界限法和极限荷载法确定的桩间土承载力特征值分别为 200kPa，按相对变形法（$s/d = 0.008$）确定的承载力特征值为 200kPa，计算的变形模量为 5.15MPa。

3）C 区（素土预成孔挤密桩＋素混凝土刚性桩处理试验区）

（1）在最大加荷 912.31～1136.59kPa（总荷重 1322.85～1648.05kN）作用下，刚性桩单桩复合地基沉降量为 4.566～8.525mm。加荷 763～837kPa 以前，完全处于直线型弹性变形状态，沉降量变化为 5.277～6.637mm；加荷 763～837kPa 以后，变形略微增大，曲线形态呈缓变型，未见变形加速的特征。按相对变形法（$s/d = 0.008$）确定的承载力特征值大于 800kPa，按比例界限法或承载力特征值不大于最大加载压力的一半确定的承载力特征值为 530～837kPa；承载力特征值取 530kPa 有较大安全性。计算的变形模量为 108.93～217.86MPa，平均值为 158MPa。典型载荷试验曲线见图 7.2-9。

（2）在最大荷载 827.75～871.29kN 作用下，素混凝土刚性桩单桩沉降量为 2.861～4.027mm。加荷 479.41～537.47kN 以前，完全处于直线形弹性变形状态，沉降量小于 2.140mm；加荷 479.41～537.47kN 以后，变形出现加速特征，曲线形态呈典型的缓变型。按相对变形法（$s/d = 0.008$）确定的单桩竖向承载力特征值 R_a（承载力特征值不大于最大加载压力的一半）为 413～435kN，按极限承载力法确定的单桩竖向承载力特征值 R_a 为 477～753kN，取 420kN 作为单桩竖向承载力特征值有较大安全性。计算的桩体变形模量为 613.87～1023.12MPa，平均值为 690MPa。典型载荷试验曲线见图 7.2-10。

（3）在最大加荷 718.52～1132.79kPa（总荷重 564.04～889.24kN）作用下，素土预成孔挤密桩单桩复合地基沉降量为 26.140～49.648mm。加荷 250～300kPa 以前，基本处于线性变形状态，沉降量变化为 9.000～15.730mm；加荷大于 300kPa，变形渐趋增大，曲线形态呈缓变型，未见极限破坏特征。按相对变形法确定的承载力特征值（$s/d =$

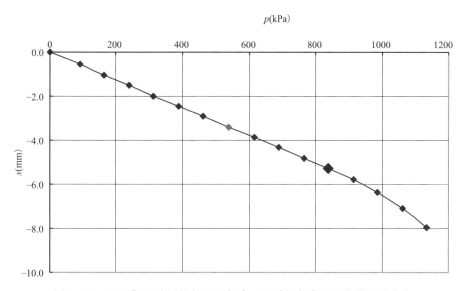

图 7.2-9　C 区典型刚-柔性桩二元复合地基单桩复合地基载荷试验曲线

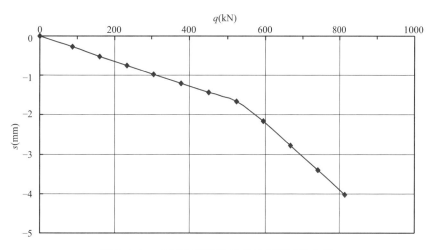

图 7.2-10　C 区典型刚性桩单桩载荷试验曲线

0.008 且承载力特征值不大于最大加载压力的一半）为 300kPa，按比例界限法及其他辅助曲线法确定的承载力特征值为 250～304kPa，二者取值基本一致。计算的变形模量为 25.42～39.14MPa，平均值为 31.59MPa。典型载荷试验曲线见图 7.2-11。

（4）在最大加荷 1043.66kPa（总荷重 131.08kN）作用下，素土预成孔挤密桩单桩沉降量为 41.404mm。加荷 465.88kPa（58.51kN）以前，完全处于直线型弹性变形状态，沉降量小于 7.547mm；加荷 465.88～812.55kPa（总荷重 58.51～102.06kN）区段，变形增大，曲线形态近呈斜率增大的直线形缓变形态；加荷 812.55kPa（102.06kN）以后，沉降急剧增大，沉降量大于 20mm，曲线出现陡降段，桩体达到极限破坏状态。按照比例界限法和极限荷载法确定的预成孔挤密桩单桩承载力特征值分别为 465 和 406kPa，取 400kPa（50kN）作为素土预成孔挤密桩单桩承载力特征值较为安全。计算的变形模量为 17.01MPa。

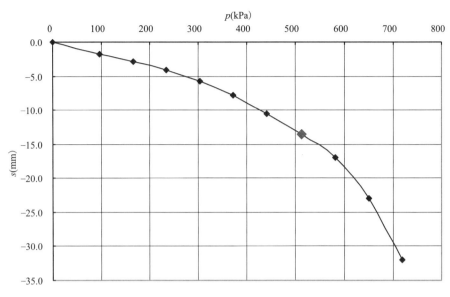

图 7.2-11　C 区典型素土夯扩挤密桩单桩复合地基载荷试验曲线

（5）在最大加荷 729.57kPa 作用下，素土预成孔挤密桩桩间土沉降量为 27.433mm。加荷 200kPa 以前，完全处于直线形弹性变形状态，沉降量小于 7.30mm；加荷 400kPa 以后，沉降急剧增大，曲线出现陡降段，桩间土达到极限破坏状态。综合考虑比例界限值及极限荷载值，取 200kPa 作为素土预成孔挤密桩桩间土承载力特征值有较大安全性。计算的变形模量为 5.71MPa。

4）D 区（三七灰土预成孔挤密桩处理试验区）

（1）在最大加荷 856.61～1130.73kPa（总荷重 672.44～887.62kN）作用下，灰土预成孔挤密桩单桩复合地基沉降量为 30.105～38.011mm。加荷 300kPa 以前，基本处于线性变形状态，沉降量变化为 7.296～12.399mm；加荷大于 300kPa，变形渐趋增大，曲线形态呈缓变型。按比例界限法确定的承载力特征值为 304～350kPa；而按相对变形法确定的承载力特征值（$s/d = 0.008$）小于 300kPa，作为灰土预成孔挤密桩单桩复合地基承载力特征值有较大安全性。计算的变形模量为 29.95～35.69MPa，平均值为 33.59MPa。典型载荷试验曲线见图 7.2-12。

（2）在最大加荷 2084.95kPa（总荷重 261.87kN）作用下，三七灰土预成孔挤密桩单桩沉降量为 26.305mm。加荷 902.51kPa（113.35kN）以前，完全处于直线型弹性变形状态，沉降量小于 6.588mm；加荷 902.15～1887.88kPa（总荷重 113.35～237.12kN）区段，变形增大，曲线形态近似呈斜率增大的直线型缓变形态；加荷 1887.88kPa（237.12kN）以后，变形急剧加速，桩体达到极限破坏状态。综合考虑比例界限值及极限荷载值，取 900kPa（113kN）作为灰土预成孔挤密桩单桩承载力特征值较为合理。计算的变形模量为 37.74MPa。

（3）在最大加荷 1014.23kPa 作用下，三七灰土预成孔挤密桩桩间土沉降量为 24.655mm。加荷 250kPa 以前，完全处于直线形变形状态，沉降量小于 8mm；加荷 250kPa 以后，沉降开始明显增大，在最大压力下桩间土达到极限破坏状态。按照直线段

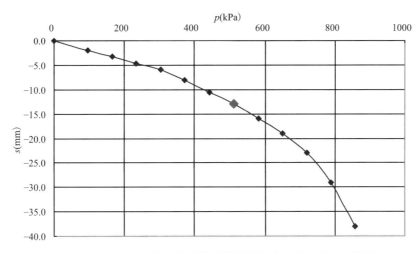

图 7.2-12 D区典型灰土夯扩挤密桩单桩复合地基载荷试验曲线

法确定的桩间土承载力特征值为 250kPa。计算的变形模量为 8.65MPa。

3. 桩体土压实度与桩间土挤密系数

依据规范及设计技术要求分别对桩体土及桩间土的干密度进行了测试,根据各点实测干密度及击实试验确定的各类土的最大干密度,按照《建筑地基处理技术规范》JGJ 79—2012 分别计算桩体土的平均压实系数和桩间土的平均挤密系数,各桩体土的平均压实系数、桩间土的平均挤密系数见表 7.2-4。

采用沉管挤密方法处理的 A 区和 B 区,质量明显好于采用预成孔挤密方法处理的 C 区和 D 区。而在相同成孔工艺和相同夯实方法条件下,采用三七灰土填料处理的地基比采用素土填料处理的地基,均匀性好,离散性低。

各试验区密实度检测数据分析表 表 7.2-4

	桩体土单点压实系数				
试验区	检测点频数	<0.97		≥0.97	
		频数	百分率	频数	百分率
A	36	13	7.1%	23	92.9%
B	34	0	0	34	100%
C	48	1	2.1%	47	97.9%
D	46	0	0	46	100%

	桩间土单点挤密系数				
试验区	检测点频数	<0.88		≥0.88	
		频数	百分率	频数	百分率
A	54	3	5.6%	51	94.4%
B	51	7	13.7%	44	86.3%
C	72	13	18.1%	59	81.9%
D	69	13	18.8%	56	81.2%

桩体土平均压实系数			
试验区	检测频数	<0.97 的数据区间	≥0.97 的数据区间
A	3 组	0.96	0.97～1.02
B	3 组	无	1.03～1.05
C	3 组	0.94	0.99～1.03
D	3 组	无	1.04
桩间土平均挤密系数			
试验区	检测频数	<0.93 的数据区间	≥0.93 的数据区间
A	3 组	无	0.95～1.00
B	3 组	0.91～0.92	0.95
C	3 组	0.90～0.90	0.94
D	3 组	0.91～0.93	0.94

为了进一步分析各试验区地基处理的效果及其变化规律，根据探井取样检测结果与地基土处理前、后干密度和含水率随深度的分布曲线，进行对比分析。典型变化曲线见图 7.2-13。

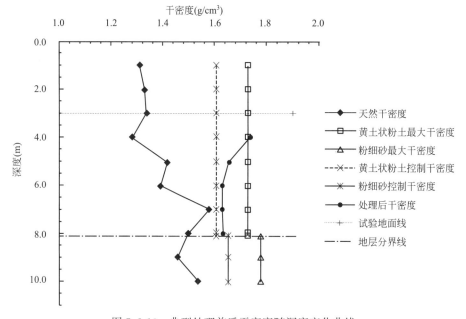

图 7.2-13 典型处理前后干密度随深度变化曲线

由各试验区干密度、含水率对比曲线分析可知：

（1）天然土在自然地面下埋深 3.5～5.5m 层段范围内，存在一个含水率高值区，含水率指标一般在最优含水率指标上下 3.0% 范围内波动。地基处理增湿后，含水率指标进一步增大，受基坑表面长期曝晒及深部浸水的向下消散影响，基坑面下 0.5m 深度范围内，含水率有明显降低，而含水率高值区，则向下延展了 0.5～1.0m。

（2）相应于含水率的高值区，地基处理后桩间土的干密度指标在基坑面下 2.0～

4.0m 深度范围内，测试指标明显偏低，达不到控制干密度的要求（挤密系数不小于 0.93，干密度不小于 $1.61g/cm^3$）。

（3）相比于天然土层，采用沉管挤密的 A 区和 B 区，干密度指标增大幅度明显高于采用预成孔挤密的 C 区和 D 区。

（4）A 区和 B 区干密度指标低于控制干密度的差值幅度明显低于 C 区和 D 区。

（5）A 区和 B 区干密度指标离散性较小，C 区和 D 区干密度指标离散性较大，表明沉管挤密处理地基的均匀性优于预成孔挤密。

4. 桩体剖验

（1）从抽芯检验、注水检验及开挖剖验均验证与低应变检测结果来看，桩体芯样绝大部分材质均匀，结构密实。桩体局部灌注有缺陷，芯样混凝土不密实，存在较明显的蜂窝现象，见图 7.2-14、图 7.2-15。

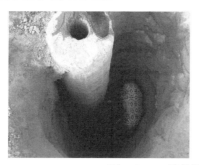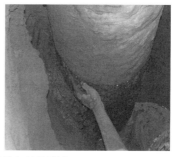

图 7.2-14　桩体剖验与缺陷形态

图 7.2-15　刚性桩桩径测量与灌注有缺陷的芯样

（2）依据实测桩体芯样抗压强度指标，对刚性桩单桩竖向承载力特征值 R_a 进行复核，结果表明确定的刚性桩单桩竖向承载力特征值满足规范要求。

（3）沉管挤密效果和成桩直径主要取决于成孔挤密作用，夯锤在桩孔填料夯实过程中的再挤扩作用不明显。预成孔夯扩挤密效果和成桩直径主要取决于夯扩作用，与夯填质量控制、夯锤的夯击能量、桩孔周边土的工程性质差异等诸多因素有关，成桩直径可控性较差，见图 7.2-16。

5. 小结

（1）A、B、C、D 四个试验区的载荷试验表明，不同处理工艺的各类型复合地基承载力特征值均可满足相应的设计要求。

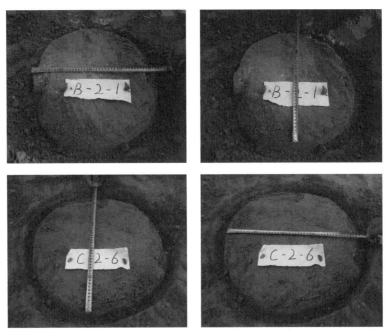

图 7.2-16　灰土、素土挤密桩桩径剖验

（2）B、D两个试验区的地基土经处理后，完全消除地基土湿陷性。满足工程要求，达到全部消除湿陷性的目的。

（3）A、B、C、D四个试验区的桩体土均呈低压缩性，桩间土均呈中等偏低压缩性。相比较而言，灰土处理的地基，无论是桩体土，还是桩间土，压缩性均低于素土处理的地基。桩体相同填料条件下，沉管挤密处理地基的压缩性低于预成孔夯扩挤密处理的地基。而沉管挤密处理地基的压缩性指标，无论是桩体土，还是桩间土，指标离散性均明显低于预成孔夯扩挤密处理的地基，表明沉管挤密处理的施工效果稳定性较高，均匀性较好，而预成孔夯扩挤密处理的施工效果稳定性较低，均匀性较差。

（4）沉管挤密的A区和B区，干密度指标增大幅度明显高于预成孔夯扩挤密的C区和D区。A区和B区干密度指标低于控制干密度的差值幅度明显低于C区和D区。沉管挤密处理地基的均匀性优于预成孔夯扩挤密地基。

7.3　刚-柔性桩复合地基作用机理

7.3.1　试验方法与试验技术

刚-柔性桩复合地基在刚性桩施工前对地基土进行柔性桩挤密处理，地基进行一次处理后，土体横向、竖向特性发生了变化，再在柔性桩挤密处理后的复合地基上施作刚性桩，形成刚-柔性桩二元复合地基。刚-柔性桩复合地基静荷载试验表现出与单桩静荷载试验不同的特点。现场试验见图7.3-1、图7.3-2。

（1）研究试验对象：根据挤密复合地基试验，选用沉管挤密法施工形成素混凝土桩＋素土桩组合的刚-柔性桩复合地基。

（2）褥垫层设置：褥垫层材料、厚度应与设计相符合。载荷试验时，压板下设置

图 7.3-1   载荷试验现场

图 7.3-2   载荷试验压板下压力盒布设

20cm 中粗砂垫层。

（3）承压板：试验时采取钢结构承压板。承压板尺寸根据复合地基置换率、布桩间距、桩径确定。挤密复合地基压板直径 0.785m，刚-柔性桩复合地基压板直径 1.359m。

（4）反力装置：采用压重平台反力装置。反力装置主梁采用 0.8m 高、次梁采用 0.45m 高专用箱形钢梁。加载反力装置提供的反力大于最大加载量 1.2 倍，堆重采用专用混凝土配重块，每块重量为 50kN。

（5）荷载及沉降量：载荷通过千斤顶施加，沉降测量采用位移传感器。千斤顶和压力传感器在测量前进行校准，加卸荷与稳压均由电脑软件自动控制，测试数据相对准确可靠。

（6）桩土位移测试：桩土位移测试是对复合地基承载力试验结果进行深入分析。从褥垫层下桩土位移分析桩嵌入褥垫层的深度，了解桩周摩阻力的发挥情况，量测褥垫层厚度压缩的动态情况，从而剔除 q-s 曲线中褥垫层压缩部分，修正褥垫层底土位移随荷载变化的曲线。

（7）土压力的测试：刚-柔性桩复合地基土反力测试一般采用压力盒，采取砂垫层埋设法。为了了解沿深度方向的应力状况，土压力盒沿深度埋置，各断面自上而下分别为 0、2、4、6、8、9m。

（8）素混凝土桩身轴力及侧摩阻力的测试：通过桩身埋置钢筋应力计来测量桩的轴力和摩阻力，钢筋应力计根据不同性质土和深度进行放置，测试过程中获得 6 个断面的测试数据，分别为 0、2、4、6、8、9m。

7.3.2   刚性桩单桩承载变形机理

1. 桩的荷载-沉降特性

单桩竖向静荷载试验测试得到的 q-s 曲线见图 7.3-3。素混凝土刚性桩 q-s 曲线明显表现出三折线特征，可划分为三个阶段。

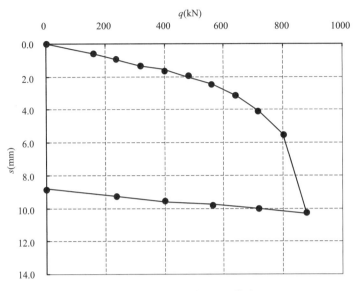

图 7.3-3　刚性桩单桩 q-s 曲线

第一阶段为弹性阶段。即 0～560kN 的曲线，q-s 曲线线性相关，曲线相当平缓，q-s 曲线斜率较小，可描述为线性。第二阶段为弹塑性阶段。即 560～800kN 的曲线，q-s 曲线呈现非线性特征，图中显示曲线出现拐点，斜率明显变大，素混凝土刚性桩比例界限可确定为 560kPa，相应沉降值为 2.424mm。第三阶段为塑性破坏阶段。即 800～880kN 的曲线，q-s 曲线出现陡降段，沉降急剧增大，说明刚性桩进入塑性破坏阶段。刚性桩总沉降值为 10.248mm，本级沉降值为 4.781mm，本级荷载下沉降递增值是一级荷载下沉降值的 3.5 倍。卸载后残余沉降为 8.791mm，回弹率为 14.2%，说明桩身内的残余应力较大，桩身钢筋应力计频率在长时间内降低不大也验证了这一问题。

2. 桩的轴力分布状态

根据试验测试数据及计算可得到每级荷载下不同截面的桩身轴力，结果见图 7.3-4。轴力图显示桩顶轴力随深度逐渐衰减，在小级别荷载下，轴力衰减斜率接近于直线；随着荷载的增加，桩中下部衰减速度加快，轴力沿深度分布仍近似直线。桩底处土压力荷载显示，桩底压力随桩顶荷载增加而增大，表明桩身荷载已传递至桩底土。

3. 桩侧摩阻力

1）平均摩阻力沿深度分布情况

轴力沿深度衰减是由桩周摩阻力引起的，相邻两断面摩阻力值可通过两断面轴力差值得出。为了分析方便，假定两断面之间的摩阻力相同，可求出桩侧平均摩阻力，见图 7.3-5。图 7.3-5 中显示荷载低于承载力特征值的情况下，摩阻力沿深度分布比较均匀，可近似为直线分布。应用 Geddes 公式计算桩基沉降时，往往桩侧摩阻力分布特点是一个难以确定的难点。本试验结果表明，经素土挤密处理后的湿陷性黄土地基，刚性桩桩侧摩阻力近似矩形分布。

2）实测摩阻力与理论摩阻力的比较

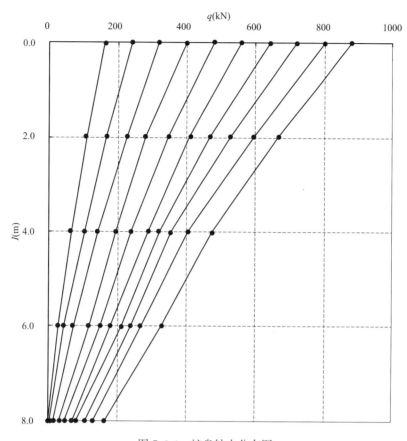

图 7.3-4　桩身轴力分布图

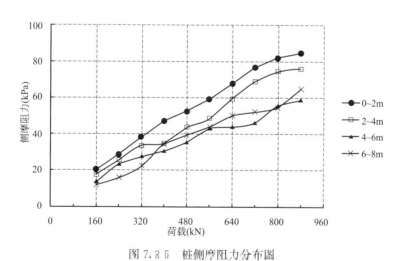

图 7.3-5　桩侧摩阻力分布图

《建筑桩基技术规范》JGJ 94—2008 提出了单桩竖向承载力标准值的公式：

$$Q_{uk} = U_p \sum_{i=1}^{n} q_{sik} l_i + q_{pk} A_p \qquad (7.3\text{-}1)$$

式中 Q_{uk}——单桩竖向极限承载力；

       U_p——桩周长；

       q_{sik}——桩侧第 i 层土的侧阻力；

       l_i——土层厚度；

       q_{pk}——端阻力；

       A_p——桩端面积。

根据实测值、规范参考值以及静力触探值，对实测摩阻力与理论摩阻力进行比较，见表 7.3-1。对于自重湿陷性黄土场地，桩基承载力计算尚应扣除桩侧的负摩阻力，现行《建筑桩基技术规范》JGJ 94—2008 与《湿陷性黄土地区建筑标准》GB 50025—2018 均给出了相应的负摩阻力系数或桩侧平均负摩擦力特征值，对于素土挤密桩处理后的湿陷性黄土地基钻孔灌注桩桩侧摩擦力取值尚无资料可查。表 7.3-1 中反映经素土挤密桩处理后的湿陷性黄土，由于经湿陷性试验检测地基土已消除湿陷性，则其桩土界面负摩阻力已消除。平均桩土摩阻力实测值大于静力触探值，且大于规范给出的密实粉土（$e<0.75$）的侧阻力标准值。

实测摩阻力与理论摩阻力比较（q_{sk}，标准值）   表 7.3-1

评价方法	土层名称	q_{sk}（按规范）(kPa)	备注
《建筑桩基技术规范》JGJ 94—2008	湿陷性黄土	$-8\sim-15$	自重湿陷性黄土：ζ_n(0.20～0.35)
	粉土	62～82	密实粉土（$e<0.75$）
《湿陷性黄土地区建筑标准》GB 50025—2018	湿陷性黄土	-15	自重湿陷性黄土：$z_s>200mm$
静力触探成果评价	挤密处理后的桩间土	84	素土挤密，挤密系数大于 0.93
研究试验实测值		90	

从测试结果分析可得出，对于小直径刚性短桩，在轴向压力作用下，桩相对于土产生向下位移，土对桩体产生向上的摩擦力，从而沿着桩身发生荷载传递。随荷载增大，摩擦力由桩顶逐渐向下发挥，由于桩长较短，荷载可传递至桩底，随荷载增大，桩体刺入持力层失稳破坏。对于刚-柔性桩复合地基，经素土挤密桩处理消除湿陷性后的地基土，其刚性桩桩侧摩阻力由未处理前的负摩阻力变为正摩阻力；处理范围内竖向可视为均质地基，实测摩阻力分布呈矩形，侧摩阻力实测值为 90kPa＞静力触探值 84kPa＞同孔隙比粉土规范建议值（密实粉土 62～82kPa）。根据此场地 6 根刚性桩单桩测试分析结果，小直径刚性短桩的竖向承载力可按《建筑桩基技术规范》JGJ 94—2008 中式（6.3-1）计算，挤密处理后的桩侧摩阻力取正值，数值大小可按规范对粉土的推荐值取值，查表时，桩间土孔隙比可根据设计挤密系数计算。

值得注意的是，由于刚性桩长度较短，介于 8～12m，根据测试结果，桩身轴力可传递至桩底。朱奎、徐日庆等学者研究成果表明，小直径长桩存在着有效桩长，超过该有效桩长，侧摩阻力必须进行折减，以符合实际情况。

7.3.3 挤密桩复合地基承载变形机理

素土挤密桩其桩体土指标略高于桩间土，桩体作用较弱。本次研究工作刚-柔性桩组合中柔性桩采用素土挤密桩，主要原因为其成孔过程对桩间土中良好的挤密作用和工程造价低廉的优点。素土挤密桩桩体作用稍优于桩间土体，桩体传递作用弱，研究单桩承载性无太多意义，试验以素土挤密桩单桩复合地基作为载荷试验单元研究对象，分析其承载变形性状桩和共同作用机理。

1. 素土挤密桩单桩复合地基的荷载沉降特性

素土挤密桩单桩复合地基的 p-s 曲线见图 7.3-6～图 7.3-8。从 p-s 曲线可知，素土挤密桩单桩复合地基竖向受荷后，地基变形呈缓变型，比例界限不明显，复合地基承载力特征值按相对变形确定。按照《湿陷性黄土地区建筑标准》GB 50025—2018 规定，素土挤密桩复合地基承载力特征值可取 $s/d=0.01$ 所对应的压力，但不大于最大加荷的一半。该试验素土挤密桩单桩复合地基承载力特征值可取 $s/d=0.01$ 所对应的压力值。试验结果见表 7.3-2。

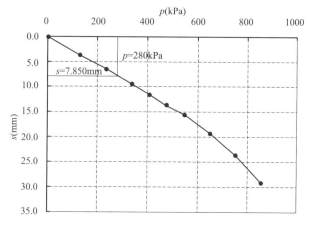

图 7.3-6　素土挤密桩单桩复合地基 p-s 曲线（1 号）

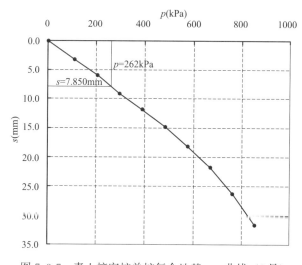

图 7.3-7　素土挤密桩单桩复合地基 p-s 曲线（2 号）

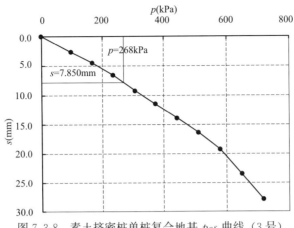

图 7.3-8 素土挤密桩单桩复合地基 p-s 曲线（3 号）

素土挤密桩复合地基承载力

表 7.3-2

试验编号	面积置换率	$s/d=0.008$ 对应的压力(kPa)	$s/d=0.01$ 对应的压力(kPa)	最大荷载(kPa)	复合地基承载力特征值(kPa)
1 号	0.16	230	282	860	282
2 号	0.16	200	262	860	262
3 号	0.16	220	268	720	268

柔性桩单桩复合地基承载力特征值 f_{spk} 为 262～280kPa，柔性桩复合地基变形模量 E_0 平均值为 29.6MPa。

2. 素土挤密桩复合地基桩土应力比

桩土应力比是刚-柔性桩复合地基设计计算过程中一个很重要的参数，它与桩体质量、复合地基置换率、桩间土力学性能参数、荷载大小以及垫层性质等很多因素有关，并且荷载作用下柔性桩复合地基桩土应力比是一个不断变化最终趋于稳定值的过程，其变化过程十分复杂。为了研究柔性桩复合地基桩土应力比随荷载大小的变化过程，通过在柔性桩和桩间土桩顶位置埋设土压力盒进行载荷试验过程中同步量测其应力分布。桩土应力比测试结果见图 7.3-9，根据桩土应力比计算的桩土荷载分担百分比见图 7.3-10～图 7.3-12。

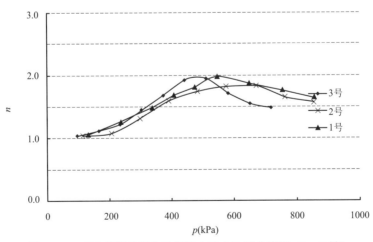

图 7.3-9 素土挤密桩复合地基桩土应力比例曲线图（1～3 号）

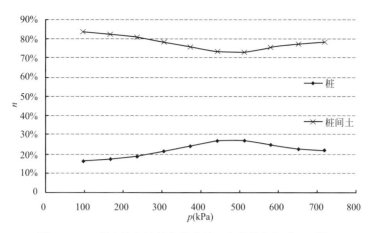

图 7.3-10　素土挤密桩复合地基桩、土荷载分担比（1 号）

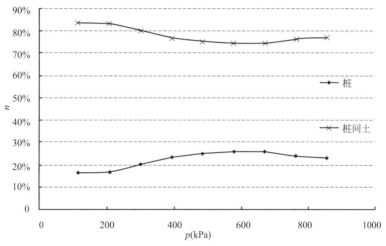

图 7.3-11　素土挤密桩复合地基桩、土荷载分担比（2 号）

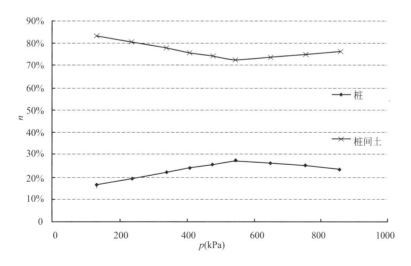

图 7.3-12　素土挤密桩复合地基桩、土荷载分担比（3 号）

通过本次实测试验可以得知：素土挤密桩复合地基中桩土应力比随着荷载的变化而发生变化，大致可分为如下三个阶段：

（1）第一阶段，当上部荷载还是比较小的时候，桩体与桩间土都还处在压缩变形不是很大的阶段，两者都是属于直线变形，这时桩间土承担的应力没有超过土的临塑荷载，所以这个时候的桩土应力比也也是比较小的。

（2）第二阶段，随着上部荷载不断增大，桩间土所承担的应力也随之增大，这时桩间土分配到的应力超过土的临塑荷载，处在土的临塑荷载与土的极限荷载之间，桩间土不再是弹性形变，应力应变已经不再是直线关系，但这时桩体却还是处于弹性变形阶段，而复合地基是属于一个整体，桩体与桩间土的变形仍然要保持一致，这就使得应力产生重新再分布，桩顶处的应力逐渐会集中，所以桩土应力比也就逐渐变大，达到最大值。

（3）第三阶段，上部荷载继续增大，素土桩所分配到的应力已经达到其极限强度，桩土应力比经过最大值之后开始慢慢变小，桩体已经开始产生塑性变形。从图 7.3-9 中可见，已经从直线状变成曲线，随着荷载的增大，桩体所分配到的应力增大幅度逐渐减小，所以桩土应力比渐渐变小。

从图 7.3-9 可见，素土挤密桩复合地基桩土应力比整体呈先升后降的趋势，自受荷后从 1.0 逐渐上升至 2.0 左右，然后下降至 1.7 附近。对应于承载力特征值桩土应力比约 1.5，对应于极限荷载桩土应力比约 2.0，从图 7.3-10～图 7.3-12 可见，素土挤密桩复合地基受荷后桩间土荷载分担比呈先降后升的趋势，相应的桩体荷载分担比呈先升后降的变化趋势。对应于地基承载力特征值，约 75% 的上部荷载为桩间土承担，随上部荷载增加，桩间土将分担更多的上部荷载。

素土挤密桩复合地基桩土应力比整体维持在较小的水平，素土桩在地基承载力特征值附近出现的最大荷载分担比仅为 25% 左右，说明素土桩复合地基受桩体材料的影响，素土桩强度较小，桩体作用弱，其主要作用为消除湿陷性，同时通过成孔挤密过程提高桩间土强度，消除地基土湿陷性。

3. 复合地基中素土挤密桩的轴力分布状态

通过素土挤密桩（2 号桩）施工时预埋土压力盒，在柔性桩单桩复合地基载荷试验过程中，对柔性桩桩身轴力进行了同步测量，获取了各级压力作用下柔性桩 0、2、4、6、8m 处的桩体轴力，测试结果见图 7.3-13。柔性桩复合地基受荷后，桩顶压力随荷载增大而增大，但沿深度方向，桩身应力急剧衰减。在桩顶以下 4 倍桩径范围内，桩顶应力衰减 60%，桩顶以下 4 倍桩径至 8 倍桩径范围内，桩身轴力衰减 90%，桩底处应力接近 0。素土挤密桩荷载传递规律进一步验证了素土挤密桩桩体作用弱，素土挤密桩复合地基承载力的提高主要为成孔过程中对桩间土的挤密作用，提高桩间土的承载力和消除湿陷性。

7.3.4 刚-柔性桩复合地基承载变形机理

1. 刚-柔性桩复合地基荷载沉降特性

图 7.3-14 为 Z01 的 p-s 曲线，从图 7.3-14 中可以看出刚-柔性桩复合地基二元复合 p-s 曲线呈缓变型。后期随荷载增加变形有加快的趋势。7.3.2 节表明刚性桩单桩 q-s 曲线呈三折线陡降型，两者显然有很大不同。

但从该图很难判断其极限承载力值，结合图 7.3-15 中 $\lg p$-s 曲线、综合沉降情况可

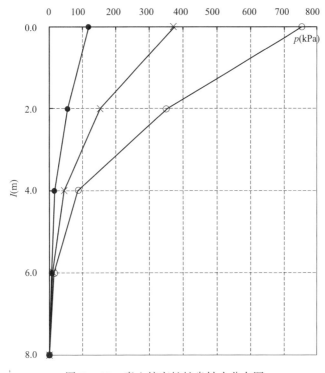

图 7.3-13　素土挤密桩桩身轴力分布图

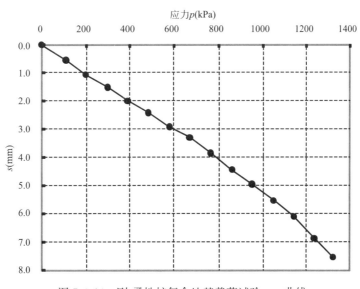

图 7.3-14　刚-柔性桩复合地基载荷试验 $p\text{-}s$ 曲线

确定极限承载力值为 1140kPa，相应的沉降值为 6.084mm，承载力特征值为 570kPa，所对应的沉降值为 2.904mm；综合确定承载力特征值为 570kPa，承载力特征值所对应的沉降值为 2.904mm，s/b（b 为承压板短边长度）值为 0.00215。由此可见，刚-柔性桩复合地基承载力特征值难以根据"承载力控制"原则在 $p\text{-}s$ 曲线中判定，可按"沉降控制"的原则来确定。

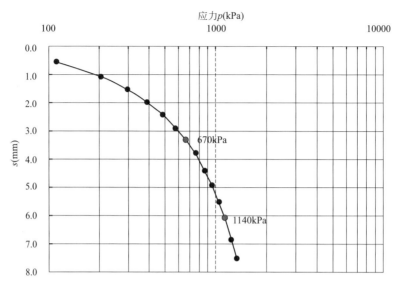

图 7.3-15　刚-柔性桩复合地基载荷试验 lg$p$-s 曲线

2. 刚-柔性桩复合地基桩、土应力

（1）承压板下土反力分布情况

图 7.3-16 所示为承压板下土反力分布情况，当荷载较低时，土反力曲线接近于水平线，即土反力分布比较均匀。随荷载增加，中部和角部土反力差异变大，总体上中部大边部小，呈倒盘形。出现这种现象的主要原因：一方面，刚性桩、柔性桩的存在改变了复合地基应力状态。刚-柔性桩复合地基设置褥垫层后，在褥垫层材料流动调节作用下，使刚性桩、柔性桩以下及不同部位土变形出现差别成为可能，刚性桩会刺入褥垫层，出现桩侧

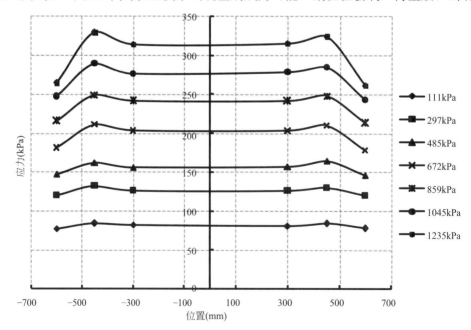

图 7.3-16　刚-柔性桩复合地基载荷试验承压板下土反力分布

负摩阻力，桩对土产生向上的负摩阻力，使靠近桩体的土反力小于离桩体远的土反力。另一方面，中部土变形相对于边部土变形大，土反力与变形成正相关，故土反力出现上述情况。

（2）桩土应力情况

图 7.3-17 所示为本次刚性桩-素土挤密桩复合地基静载试验过程实测刚性桩、素土挤密桩、桩间土应力情况。测试结果表明：随荷载增加，刚性桩、素土挤密桩以及桩间土应力均呈稳步上升状态，桩土共同作用情况良好。刚性桩桩顶应力随荷载增加而快速增大，素土挤密桩应力增速略大于桩间土，两者增速均较慢。由于刚性桩刚度比素土挤密桩刚度相差 4 个数量级，素土挤密桩刚度仅略高于桩间土，显然刚性桩桩顶应力集中现象明显，而本次测试结果表明桩、土应力未严格按照刚度分配，说明褥垫层发挥了重要作用，大大缓解了刚性桩的应力集中度，对保持桩土协调作用有着重要的意义。

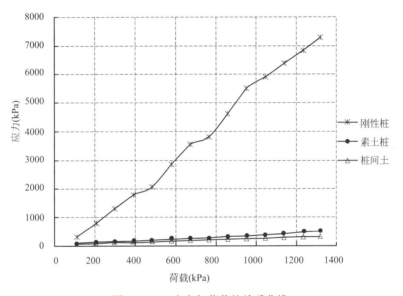

图 7.3-17　应力与荷载的关系曲线

图 7.3-18 所示为本次刚性桩-素土挤密桩复合地基静载试验刚性桩与桩间土应力比、素土挤密桩与桩间土应力比随荷载的变化情况。测试结果表明，刚性桩桩土应力比随荷载增大而增大，在 400～800kPa 压力下桩土应力比维持在 10～20。其中，低水平荷载下桩土应力比较低，这说明在褥垫层流动调整下，刚性桩在受荷初期强度发挥并不充分，随荷载增加刚性桩承载作用才明显凸显出来。素土挤密桩与桩间土应力比维持在较低水平，在 1～1.5 波动，这是由于两者刚度较接近，同时受刚性桩应力集中的影响，刚柔性桩复合地基中，柔性桩桩土应力比小于单纯的素土挤密桩复合地基桩土应力比。同时亦说明，在刚-柔性桩复合地基中，柔性桩桩体荷载传递作用微弱。

图 7.3-19 所示为桩土荷载分担比随荷载的变化曲线。刚性桩在受荷初期荷载分担比并不大，随荷载增加刚性桩在荷载分担中起主导作用。极限荷载时刚性桩荷载分担比接近 60%，这说明刚性桩不仅有控制沉降的作用，而且在提高承载力方面有较大的贡献。素土挤密桩荷载分担比始终维持在较低值，初期相对较大，以后逐渐衰减，大致保持在 10% 左右。桩间土在承担荷载的过程中也起了不可忽视的作用，基本在 30% 附近波动。通过

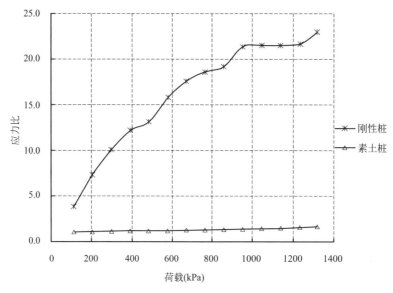

图 7.3-18　桩、土应力比随荷载变化曲线

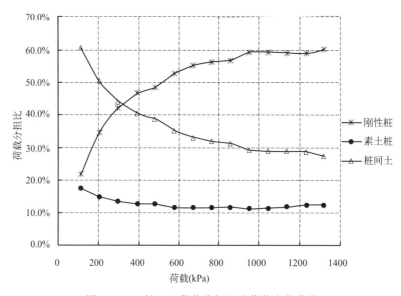

图 7.3-19　桩、土荷载分担比随荷载变化曲线

对刚性桩-素土挤密桩组成的二元复合地基静载试验过程中由实测桩土应力计算的不同增强体和桩间土荷载分担比，进一步验证了褥垫层协同刚性桩、素土挤密桩、桩间土共同作用的机理，实现了增强体和桩间土共同承担上部荷载的作用，同时亦表明素土挤密桩桩体作用弱，单纯靠素土挤密桩桩体提高复合地基承载力的作用可忽略不见。

3. 刚性桩荷载传递规律

（1）轴力分布情况

刚-柔性桩复合地基中刚性桩轴力分布状况见图 7.3-20。图 7.3-20 表明刚-柔性桩复合地基受荷后，在荷载较小的情况下，刚性桩轴力最大值出现在桩顶，随荷载增大，刚性桩轴力最大值部位逐渐下移，最终稳定在桩顶以下 1～2m 处，说明 1～2m 出现负摩阻力。

桩端部轴力随荷载增大而增加，表明刚性桩具有较好的桩体作用，将荷载传递至桩底土质较硬的细砂层。

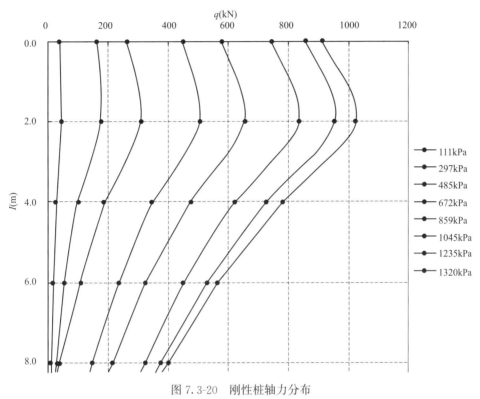

图 7.3-20　刚性桩轴力分布

（2）摩阻力分布情况

图 7.3-21 显示桩顶平面位移以下 1～2m 负摩阻力较大，2m 以下摩阻力上大下小，随荷载的增加摩阻力分布逐渐均匀。实测摩阻力分布及其随荷载变化规律表明荷载较小

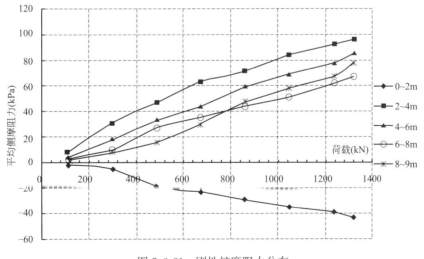

图 7.3-21　刚性桩摩阻力分布

时，下部桩土位移相对较小，桩摩阻力尚未发挥；随荷载增大，摩阻力逐渐由上至下发挥，由于挤密桩处理范围内竖向较均匀，故试验压力接近极限荷载时，桩侧摩阻力分布较均匀。

（3）轴力时程曲线

图 7.3-22 所示为刚-柔性桩复合地基受荷 1045kPa 时刚性桩桩顶以下 8m 处轴力-时间曲线。图 7.3-22 显示刚性桩应力随时间有一个调整过程，说明刚-柔性桩复合地基在上部荷载作用下，刚性桩、素土挤密桩和桩间土在褥垫层调节下对于承载力有自我调整能力。

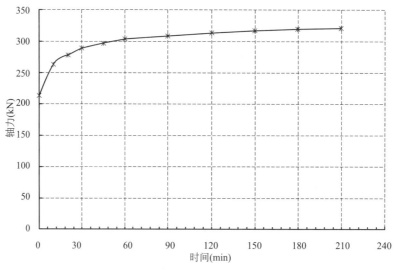

图 7.3-22　刚性桩 8m 处轴力-时间曲线

（4）刚-柔性桩复合地基中刚性桩和自由状态下刚性桩性能比较

刚-柔性桩复合地基中桩通过基础和褥垫层承受上部结构传下的荷载。这使得实际工作中的桩荷载传递规律不同于自由状态下的桩荷载传递规律。根据现场刚性桩单桩载荷试验和刚-柔性桩复合地基载荷试验过程中对桩体应力应变的测试结果，对复合地基中刚性桩工作性和自由状态下刚性桩工作性进行比较，以期加深对刚-柔性桩复合地基中桩承载变形规律的认识，为其设计提供参考，使设计更符合其实际状态，取得更好的经济技术效果。刚-柔性桩复合地基的承载模式是刚性桩、柔性桩和土相互作用，在加载过程中刚性桩、柔性桩、土位移相互协调、应力相互影响，刚性桩周围应力处于复杂状态。

①变形模式：根据试验结果，刚性桩单桩受荷后 p-s 曲线呈现三折线特征，比例界限和极限荷载明显，超出极限荷载后，p-s 曲线出现陡降段。刚-柔性桩复合地基 p-s 曲线呈缓变型特征，比例界限与极限荷载不明显，需借助 s-$\lg t$ 曲线、$\lg p$-s 曲线等辅助曲线方可判别其极限荷载，其承载力特征值难以根据"承载力控制"原则判断，可按沉降控制原则确定。

②桩轴力与侧摩阻力分布：自由状态下刚性桩受荷后，轴力最大位置出现在桩顶处，受桩侧摩阻力影响桩体轴力由上至下衰减，荷载传递至桩底，随荷载增加桩端土破坏，桩体达到极限承载力。而刚-柔性桩复合地基受荷后随荷载增加，桩顶应力集中，由于桩间土和素土挤密桩模量远小于刚性桩，桩间土相对于桩体向下变形，刚性桩桩头刺入褥垫

层，桩体上部受到桩间土负摩阻力影响，桩身轴力最大值亦从桩顶向下移，最大值出现在桩顶以下 1~2m 范围内。同时，由于桩间土受褥垫层协同作用始终参与承担基础传递的荷载，桩间土围压增加，有利于摩阻力的发挥，使刚性桩轴力衰减速度慢于自由状态下的刚性桩。

4. 柔性桩荷载传递规律

刚-柔性桩复合地基中素土挤密桩轴力分布状况见图 7.3-23。由此可以看出，素土挤密桩的轴力分布不同于复合地基中刚性桩的轴力分布，素土挤密桩最大值出现在桩顶处，说明其上部未出现负摩阻力。素土挤密桩桩体模量与桩间土模量相接近，远低于刚性桩刚度，桩体作用很弱，桩顶应力不高，刚-柔性桩复合地基受力后，素土挤密桩难以向上刺入褥垫层。受桩身强度限制，素土挤密桩应力传递长度很小，4m 以下位置桩体应力衰减至 20% 左右，轴力较大值主要发生在 0~2m 区段。

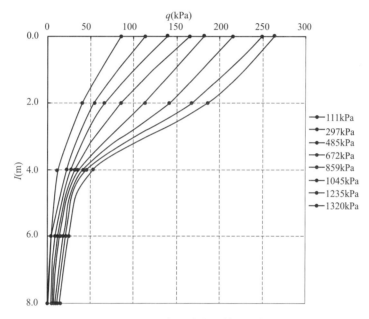

图 7.3-23　素土挤密桩轴力分布

5. 刚-柔性桩复合地基作用机理探讨

刚-柔性桩复合地基通过对自重湿陷性黄土地基进行素土挤密桩加固后施工素混凝土刚性桩形成一种新型的两个竖向增强体的复合地基，达到消除湿陷性黄土地基湿陷性，提高地基承载力，减少沉降和不均匀沉降的目的。采用素土挤密桩处理湿陷性黄土地基是挤密并置换了部分湿陷性黄土，消除了地基湿陷性，使桩周土负摩阻力变成了正摩阻力，同时挤密后的地基土侧摩阻力得到了提高。采用强度高的刚性桩进一步加固素土挤密桩复合地基，刚性桩可将上部荷载传递至湿陷性黄土以下较坚硬地层，从而大幅度提高了原挤密地基的承载力并减少了地基沉降。素土挤密桩-刚性桩所组合成的复合地基二元处理体系在上部荷载的作用下，各个部分相互作用，共同工作，共同促进地基承载条件的改善。结合本文前述现场试验结果分析，素土挤密桩-刚性桩复合地基的共同作用机理基本上可以概述为以下几个方面。

（1）素土挤密桩

素土挤密桩成桩过程中，桩孔周围的土体被排挤出现水平向和竖向位移，并产生扰动和重塑。随着成孔过程中贯入阻力的增大，紧靠桩身土体发生急剧变形而破坏，桩侧土体产生塑性变形和挤密侧移，桩尖以下土体被向下和侧向压缩；在地表处，土体会向上隆起，在地层深处由于上覆土层的压力，土体主要沿径向挤出，使临近桩周土体结构破坏，孔隙比减小，干密度增大，湿陷性消失，地基承载力和水稳性提高，土体性质得到明显的改善。群桩挤密后，由于交界处挤密效果的叠加作用，将使桩间土干密度进一步增加。

（2）刚性桩复合地基竖向增强作用

当基础承受垂直荷载时，桩和桩间土都将发生沉降变形。荷载一定时，由于褥垫层的协调作用，桩与土的荷载分担均为一常值，不随时间变化而改变。随着上部载荷逐步增加，复合地基中桩与桩间土之间的应力应变相互作用、相互制约、相互协调，见图7.3-24。

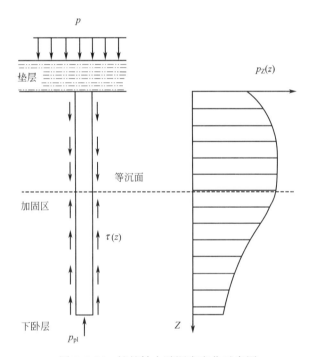

图 7.3-24 桩的轴力随深度变化示意图

在上部荷载作用下，桩与桩间土受到应力作用开始发生相应变形。由于桩体压缩变形模量远大于桩间土体的压缩变形模量，桩间土体发生压缩变形大于桩体的压缩变形，从而使得桩顶平面处桩间土体位移大于桩体位移。这一应力应变协调过程表现为桩间土体中的应力向桩体集中，即桩体的应力集中效应。

随着荷载的增加，桩体应力集中效应更加明显。由于褥垫层的设置，桩开始向上部垫层刺入，以协调桩、土间因差异沉降而引起的应力不协调，从而在桩顶出现负摩阻区，并在桩顶以下一定深度处出现等沉面。等沉面以上桩间土相对桩向下移动，对桩产生负摩阻力，方向向下；而等沉面以下桩受正摩阻力，方向向上。

随着荷载的进一步增加，桩侧下部摩阻力进一步发挥，当桩侧摩阻力全部发挥至极限状态后，桩端开始产生位移，桩端阻力得以发挥。此后，桩体中的应力增量全部由桩端土承担，桩底产生向下刺入，桩顶与桩端附近土体进入塑性状态。

（3）素土挤密桩与刚性桩组成的约束调节与支撑体系

在褥垫层的协同作用下，刚性桩、柔性桩、桩间土受上部荷载后相互作用、共同工作，形成一个二元的复合地基体系。刚-柔性桩复合地基在荷载作用下，刚性桩、柔性桩和桩间土分别按一定的比例分担荷载作用。褥垫层的存在能够有效地调节桩土应力比。在荷载作用下，褥垫层对桩土应力比的调节是十分复杂的过程，其间包括刚性桩桩顶受到较大的荷载作用首先发生沉降变形，变形达到一定程度后素土挤密桩与桩间土开始承受荷载并和刚性桩共同沉降，同时还有桩体和桩间土的相互影响，最终达到按一个稳定的比例分担荷载的阶段。在荷载的初始阶段，由于挤密处理后的桩间土强度得以提高并接近于素土挤密桩，分担了一部分垫层传递的荷载，桩间土体开始产生压缩变形，由于刚性桩模量远大于素土挤密桩与挤密后的桩间土，刚性桩桩顶产生应力集中现象，此时桩土应力比逐渐增大。密实的桩间土对刚性桩和柔性桩桩体上部变形具有更大的约束作用，使桩侧摩阻力发挥加大，其承载力得到充分发挥，这也是刚性桩桩土应力比始终维持在一个较高的水平的原因。由于素土挤密桩桩体材料模量小，稍高于桩间土模量，故前述试验结果显示其桩土应力比较小，且沿桩身衰减很快，桩体作用相对刚性桩基本可以忽略。荷载经过褥垫层的均化和扩散作用，由刚性桩、素土挤密桩以及经素土挤密桩改良的桩间土多元体系组成的复合地基共同承担，极大地提高了地基的极限承载力，从前述试验结果分析得到的极限承载力可以得到证明。

7.4　主要研究成果与结论

通过一系列的柔性桩复合地基、刚性桩复合地基及刚-柔性桩组合型复合地基现场试验研究和分析，取得了如下主要研究成果：

（1）通过现场试验，获取了不同地基处理方法处理后的土性参数（湿陷系数、挤密系数、压实度、压缩模量、侧摩阻力等）及承载力、变形模量等工程指标，综合对比分析其处理效果表明，挤密桩能有效消除地基湿陷性，提高承载力，且稳定性好，但处理后的复合地基承载力特征值小于 300kPa，承载力提高幅度有限。刚性桩-素土挤密桩组合型复合地基可有效地挤密地基土、消除湿陷性，且复合地基承载力特征值可达到 500kPa 以上。增大刚性桩置换率，地基承载力仍有进一步提升的潜力，可满足一般高层建筑要求。

（2）现场试验对比了刚-柔性桩复合地基采取不同施工方法的处理效果，素土沉管挤密桩与预钻孔夯扩挤密桩均可有效挤密地基土，消除地基土湿陷性；但沉管挤密技术处理后地基土挤密系数、湿陷性消除效果、桩侧摩阻力等土性参数和工程指标均优于预钻孔夯扩挤密桩，且指标离散性小，稳定性好。

（3）刚性桩-素土挤密桩复合地基 $p\text{-}s$ 曲线呈缓变型，设计中可采用"沉降控制"的原则确定地基承载力特征值。在刚-柔性桩复合地基承载力计算时，对挤密处理效果好的情况下，承载力发挥系数及面积置换率可取大值。刚性单桩承载力计算时可按挤密后桩间土孔隙比对应的粉土桩侧摩阻力规范取值，研究实测标准值为 90kPa。二元复合地基是挤密的素土桩、桩间土与刚性桩共同作用，相互协调变形，考虑挤密复合地基变形条件，采

用 ξ 系数法计算刚-柔性桩复合地基复合模量。

（4）自由状态下，经素土挤密桩处理后的湿陷性黄土地基处理范围内竖向基本可视为均质地基，刚性桩轴力分布近似为直线；小直径刚性桩桩侧摩阻力近似矩形分布，当应用 Geddes 公式计算沉降时，可采用矩形分布模型。

（5）素土挤密桩复合地基 $p\text{-}s$ 曲线呈缓变型特征，挤密后地基承载力幅度大，可达 250kPa 以上。素土挤密桩复合地基中素土桩与桩间土应力比小，约为 1.5；且素土桩轴力衰减快，桩体作用差。其地基承载力的提高机理主要为成桩过程中对桩间土的改良作用，密实的桩间土承担了约 80% 的上部荷载。

（6）褥垫层改善了刚性桩-素土挤密桩复合地基中刚性桩、素土挤密桩以及土的共同作用特征。褥垫层设置减少了刚性桩的应力集中，使素土挤密桩、桩间土在受荷初期便参与了承担荷载，改良了复合地基的工作性能，对保证桩土共同承担荷载起着明显的效用。褥垫层设置对应力分布特点影响较大，带褥垫层的刚-柔性桩复合地基土反力分布为中部大、边部小，呈倒盘形。褥垫层厚度、模量增加到一定程度对刚-柔性桩复合地基承载变形影响幅度不大。平均沉降随褥垫层厚度增加而增大，差异沉降随褥垫层厚度改变变化很小，褥垫层厚度变化对位移场影响主要在浅部。

（7）刚性桩-素土挤密桩复合地基的主要作用机理为：采用素土挤密桩处理湿陷性黄土地基，挤密并置换了湿陷性黄土，改善了其土体性质，消除了地基湿陷性，初步提高了地基承载力，使桩土负摩阻力变成了正摩阻力，同时挤密后的地基土侧摩阻系数得到了提高。采用强度高的刚性桩进一步加固素土挤密桩复合地基，刚性桩可将上部荷载传递至湿陷性黄土以下地基土，从而大幅度提高了原挤密地基的承载力并减少了地基沉降。

（8）刚性桩桩长改变对刚-柔性桩复合地基的变形特性影响较大；刚性桩模量对刚-柔性桩复合地基承载变形特性影响很小。柔性桩长度对平均沉降影响较显著，对差异沉降值影响不大。柔性桩模量对刚性桩及柔性桩荷载分担比影响较大，柔性桩模量变化对下卧层变形基本无影响。

（9）挤密复合地基是影响承载特性的最主要因素，模量增大可以充分发挥土的承载贡献作用，土的荷载分担比增大。下卧层土质对复合地基变形特性影响很大，下卧层土模量增大可以明显降低刚-柔性桩复合地基的总沉降量与刚-柔性桩的桩顶、桩底位移，下卧层土模量较小时，下卧层土刚度变化对沉降影响较大，而当下卧层土刚度达到一定值以后，下卧层土模量增大对变形特性影响削弱。

第 8 章

大厚度挖填改造场地存在的问题及应对措施

8.1 兰州黄土丘陵区削山造地的发展

8.1.1 兰州中心城区削山造地的发展

兰州中心城区地处狭长的黄河河谷盆地内，受南北两山相夹的地形限制，呈典型的线状城市形态，城市空间极其有限，作为省会城市，城市建设用地越来越成为制约兰州发展的主要因素，拓展城市空间，拉大城市框架势在必行。由于兰州中心城区周边的低丘缓坡等未利用地多达 7618km^2，占全市土地总面积的 57%，开发利用潜力巨大，向荒山荒沟要空间，成为一条拓展城市发展空间的必由之路。

近年来，在国家相关政策的支持下，兰州市提出了"东扩西展、南伸北拓"的发展战略，实施低丘缓坡沟壑等未利用地的综合开发利用成为重大战略举措，俗称"削山造地"。但是，市区东边是黄河桑园峡，西边是黄河八盘峡、盐锅峡，使兰州中心城区无间隔地"东扩西展"没有太大发展余地；市区南部山大沟深，海拔在 2000m 以上的山地比比皆是，使"南伸"也受到限制；只有北部是与中心城区相连的黄土丘陵沟壑区，虽然开发有一定的难度，但与其他方向扩展相比，"北拓"具有更好的实施条件和发展前景。

兰州中心城区向北发展的探索，最早可以追溯到中华人民共和国成立初期，对比1954、1978、2001 及 2011 年版《兰州市总体规划图》，兰州中心城区由黄河南向黄河北的扩展历程清晰可见。1954 年发布的第一版城市规划中，位于黄河北岸的安宁，以及城关区的盐场堡地区，被纳入了兰州城市发展的版图之中，并担负着工业发展和科学教育的重要职能。20 世纪 80 年代，九州经济开发区成立，成为兰州中心城区最早进行"削山造地"的区域。多年来，"削山造地"面积累计达 10000 余亩。如今，九州经济开发区已经从最初的荒山沟发展成了一个楼盘林立的新兴片区。

2012 年，兰州市政府与国内大型房企碧桂园签订合作协议，在城关区青白石乡的低丘缓坡荒山进行大规模商住区开发，迄今已开发至全第二期，总造地面积达 8000 余亩；同年，兰州安宁区的大清沟和盐锅沟两侧黄土丘陵沟壑区域，保利、华远等房企也开始"削山造地"，迄今总造地面积已逾 8000 亩；2013 年，太平洋建设集团在青白石乡附近的盐什公路东侧进行了 7000 余亩土地整理……不断扩大的北山土地开发使兰州中心城区"削山造地"在 2015 年前后达到发展高潮。

8.1.2　兰州新区削山造地的发展

兰州新区地处兰州市以北的秦王川地区，规划控制面积 $806km^2$，南北最长约 $49km$，东西最宽约 $23km$。从规划控制区的地形条件看，兰州新区的核心区坐落于秦王川盆地冲洪积平原上，地势平坦开阔，但其西部、南部和东部则为黄土丘陵区，总面积约占规划控制区的一半，主要分布于南部，尤以东南部为最。在东西方向上，规划控制区东部西岔镇—皋兰县城一线所在的龚巴川与秦王川盆地之间被黄土丘陵区隔开，规划控制区东北部的西小川也与秦王川盆地之间被黄土丘陵区隔开，总体呈"三川夹两山"的空间格局。广泛分布的黄土丘陵区，既限制了兰州新区自身的整体性发展，也限制了兰州新区与兰州市区的相向发展，因此，随着兰州新区城市建设的快速发展，以一级土地开发形式为主的大规模"削山造地"也随之而来，主要区域分布于规划控制区的东部和东南部。

2013年，乾川公司首先在兰州新区东南片区开工 $6.2km^2$ 的土地整治项目，至2016年，土地整治项目完成并通过验收，如今，区内的城市基础设施建设已基本完成，包括乾川、海亮、恒大等多家大型房企已在区内陆续开工建设。

同年，以西岔镇为发展中心的职教园区自东向西开始一级土地开发，截至目前，职教园区在龚巴川与秦王川盆地之间黄土丘陵区的土地整治已基本贯通，甘肃财贸职业学院、甘肃卫生职业学院、甘肃能源化工职业学院等学校已入驻职教园区，形成了规模化的职业教育集群。

2016年以来，在兰州新区东南部，以水秦快速路为中轴的东西两侧陆续开展了低丘缓坡未利用地的大规模土地整治，其他区域也有较为分散的土地整治区，但规模都相对较小。

截至目前，兰州新区开展的"削山造地"建设集中分布于经十五路以东、龚巴川以西、纬五十四路以南、南绕城路以北的广大区域，各区域也在陆续连片贯通。兰州新区开展的"削山造地"，范围之广，面积之大，时间之快，在国内都是罕见的，然而，快速完成的土地整治，一方面为兰州新区的城市建设提供了广阔的发展空间，另一方面由于"削山造地"形成众多的大厚度填方场地，也不可避免地为该区域的工程建设留下了一定的隐患。

8.2　兰州黄土丘陵区削山造地的经验教训

8.2.1　兰州中心城区削山造地的经验教训

如前所述，在兰州中心城区"削山造地"建设开展较早，大体分为两个阶段：第一个阶段是20世纪80年代至21世纪初，典型代表为兰州九州经济开发区；第二个阶段是2012年至今，典型代表有兰州碧桂园片区、保利领秀山片区和恒大文旅城片区等。两个阶段虽均是"削山造地"建设，但特点不尽相同，经验教训也有明显差异。

第一阶段的兰州九州经济开发区，受当时的经济条件所限，开发规模较小，主要沿罗锅沟纵向发展，横向上主要是切削罗锅沟两侧的山体坡脚回填沟谷拓展建设用地，基本未超出罗锅沟的流域范围，从宏观上讲，还属于单一的小流域土地开发整治范畴。挖山填沟虽然一定程度上改变了自然环境和地下水的补排均衡，但宏观的生态环境和地质环境问题并不是很突出。后期开展的工程建设所产生的一些经验和教训表明，一是挖山填沟造地未能很好地解决场地稳定性问题；二是工程建设未能很好地解决挖填方场地的地基稳定性问题。这两大问题直观地表现为：过量的地基沉降导致建筑物沉陷或桩基础负摩阻力增大而失效，不均匀沉降导致建筑物倾斜直至破坏，地基土强度不足导致建筑物破坏，另外还有挖方边坡加固处置措施不当导致的边坡失稳垮塌甚至滑坡。

如兰州九州经济开发区早期的某建筑工程，建设场地位于罗锅沟沟底斜坡填方区，建筑物均为三层砖混结构，采用桩基础，填土地基浸水后产生过量沉陷，使桩基础所受负摩阻力急剧增大，导致桩基失效，建筑物严重破坏，见图 8.2-1。

图 8.2-1　某工程桩基负摩阻力导致的建筑物破坏

但兰州九州经济开发区更多的建设工程经验证明，在工程建设过程中如能很好地解决场地稳定性和地基稳定性等主要岩土工程问题，还是足以保证建筑物的安全使用的。如文溯阁《四库全书》藏书楼工程，建设场地位于九州台北麓原始黄土梁峁斜坡地带挖填改造成的黄土平台区域，场地自西向东条带状分布有厚度 5~25m 的新近填土、厚度 2~25m 的 I~IV 级自重湿陷性黄土与填土和非湿陷性老黄土，存在着场地与地基自重压密沉降和浸水湿陷变形以及边坡冲刷失稳等隐患。工程实施时根据不利地段边坡地形和不同厚度土层的分布特点，制定了全场地经过深层预浸水处理后，大厚度填土与湿陷性黄土采用二次分层强夯，其余地段采用一次性强夯处理的方法（图 8.2-2），取得了良好的效果，并经历了时间的检验。

图 8.2-2　深层预浸水＋强夯联合处理技术

兰州中心城区第二阶段的"削山造地"建设,与第一阶段相比,既有相同或相似之处,更有截然不同的特点。第一,开发区域不同。第一阶段属于单一的小流域土地开发整治范畴,第二阶段则属于多个有关联的小流域土地联合整治范畴,宏观的生态环境和地质环境问题较为突出。第二,开发强度不同。第一阶段主要为切削两侧山体坡脚回填沟谷,挖填厚度相对较小,第二阶段则以平山填谷营造人工小平原为主,挖填厚度明显增大,部分深沟处填方厚度达百余米。第三,开发利用率不同。第一阶段对于平整开发的土地,基本都可用作建设用地,利用率较高,第二阶段对于深厚填方区的平整土地,还没有用作建设用地的先例,不适宜用作建设用地,利用率相对较低。第四,对于同样的问题,其侧重点也是不同的,如永久性边坡问题,第一阶段侧重点为挖方边坡,而第二阶段侧重点为填方边坡。第五,即使如岩土工程问题等相似之处,第二阶段也远比第一阶段复杂得多,严重得多。

兰州中心城区第二阶段的"削山造地"建设,虽然仅有短短的不足十年时间,却也有不少经验教训。如 2018 年 4 月青白石街道因降雨引发洪水,洪水沿马路顺势而下,路面上停放的车辆被冲走,低洼处民房、厂房积水严重,居民被洪水围困,见图 8.2-3。又如 2018 年 7 月,兰州遭暴雨侵袭山洪突发,其中以安宁片区受灾最为严重,从北环路北方下来的洪水,沿着学府路向南下泻,交通瘫痪。上述灾害与近年来兰州降雨量激增有关,但在某种程度上,邻近区域大面积"削山造地"破坏了区域内已基本趋于平衡的原始的雨水排泄系统,一定程度上加剧了山洪灾害的危害。

图 8.2-3　2018 年 4 月青白石街道受灾现场

8.2.2　兰州新区削山造地的经验教训

与兰州中心城区第二阶段的"削山造地"建设时序相同,兰州新区的"削山造地"建设也是自 2012 年以后大规模开展的,开发区域和开发强度也基本相似,都是投资和工程量都巨大的多流域联合整治开发,以建造大范围的城市建设用地为主;不同之处在于前者造地后的工程建设开展较为迅速,经验教训出在生态环境建设、市政基础设施建设、房屋建筑工程建设等多个方面,后者工程建设开展相对缓慢和滞后,经验教训主要出在先期的市政基础设施建设、初期的房屋建筑工程建设等阶段以及宏观的生态环境和地质环境等方面。

　　例如，在宏观方面，兰州新区东南部的连片开发，从根本上改变了天然形成的流域形态，将秦王川盆地南部部分地表水出口和多个单独的小流域改变为较大的单一流域，洪水暴发时，较大流域的汇流对沟道下游沿线防洪设施等级较低的城镇防洪带来很大的压力，不得不在上游设置规模较大的调蓄水池以迟滞和削减洪峰。

　　兰州新区开展的"削山造地"形成了众多的大厚度填方场地，由于缺乏严格的回填质量控制，填方区的松散填土不仅经受着长期的自固结沉降，兼之地表水入渗，导致场地出现大幅度沉陷，产生损毁新建的市政基础设施等危害。图 8.2-4 所示为兰州新区某企业新厂址浸水沉陷形成的塌陷坑洞，急需加大二次地基处理，迫使新厂建设延后一年多；图 8.2-5 则为兰州新区东南部某处回填场地产生的沉陷破坏和市政基础设施的破坏情景。

图 8.2-4　回填场地浸水沉陷造成的破坏

图 8.2-5　回填场地浸水沉陷造成的市政基础设施破坏

　　大厚度填方场地在浸水条件下，不仅产生地表破坏，而且还会在地下形成浸水通道并冲刷形成地下空洞，这种病害分布无序且十分隐蔽，给建设工程实施带来不可预测的安全隐患。如 2018 年，兰州新区某住宅小区桩基施工时，从成孔到灌注混凝土均未出现异常，但次日发现包括钢筋笼在内的灌注桩下沉 2.6m，且周边形成 5m×7m 的椭圆形陷坑，见图 8.2-6。

图 8.2-6　在施的钻孔灌注桩下沉

8.3 大厚度挖填场地建设工程存在的问题

兰州市的"削山造地"在为城市发展、扩张带来好处的同时，在开发建设过程中也存在着诸多值得引起重视的问题。

不同于延安新区由政府牵头组织、先整体规划设计、后有序挖填造地的建设，兰州市的"削山造地"项目，往往是由土地出让方或地产开发商挖填整平，为追求低成本，往往是无组织回填，各自为战，零星而分散，缺少统一规划及标准要求；总体布局不合理，防洪工程设计缺失；填方体压实度普遍偏低，有时在表层覆盖的粉土之下还会填有体量较大的建筑垃圾和生活垃圾；至于在挖填之前先进行一个整体的综合开发规划设计更是无从谈起。这就给后续的工程建设带来了很多的难题和风险。兰州中心城区和兰州新区各"削山造地"项目在工程建设中陆续出现了或多或少的问题，有的还影响了市民的正常生活，引发了群体性的投诉事件，给兰州北拓战略的实施造成了不良社会影响。

归纳起来，兰州"削山造地"建设中存在的主要工程问题有如下几类：

（1）一定程度上，加剧了暴雨所引发山洪灾害的严重程度。这些在 8.2 节的兰州中心城区和兰州新区的介绍中已作阐述，既有现实洪灾的发生，也有对防洪的被动应对，在此不再赘述。应该重视的是，"削山造地"建设缺少尊重自然规律的规划，防洪安全考虑不到位，破坏了区域内已基本趋于平衡的原始雨水排泄系统，破坏地表植被而使其丧失了保护土层免遭洪水冲刷、截留雨水径流、调节产水汇流等作用。

（2）使用阶段场地地下水环境变化问题。"削山造地"建设场地总体地势均较高，地下水埋深大，勘察期间一般无法揭露出地下水，施工期间无地下水影响。但在工程建成交付使用后，随着雨污水及绿化浇水等长时间下渗，会导致地基土逐渐浸水至饱和（图 8.3-1），尤

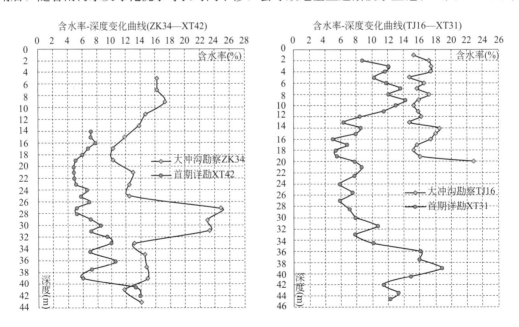

图 8.3-1　某挖填改造场地填方区地基土含水率随深度变化曲线

其是在挖填交界面以上形成水流通道，如果受原始地形或挖填影响而排泄不畅，则将产生上层滞水，地下水位从挖填交界面开始逐渐抬升，进而会引起填方体出现较大的沉降。

（3）工程建成后在使用阶段场区地面塌陷现象较为严重。通常，在地基基础设计时，重建筑基础、轻场地治理，进行工期和经济性比选后，"削山造地"工程场地上的建筑物一般选用桩基础方案，该基础方案在理论上是安全可靠的。但往往因为控制成本或设计忽视了建筑物范围以外场地及基底下部地基处理的重要性，一般简单地处理浅表垫层或不处理，且少见将填方场地与挖方场地区别对待，近年来各"削山造地"工程场地由于严重沉陷或基底脱空而影响后期建筑物正常使用，甚至危害建筑物安全的实例屡见不鲜，见图 8.3-2 和图 8.3-3。此外，"削山造地"而成的建设场地往往道路塌陷严重，尤其是填方区路段在很短的时间内即表现出路基路面不均匀沉降，给水排水管线断裂渗漏，加剧填方沉降，进而造成塌陷，影响通行安全，造成不良社会影响。挖方区路段短时间内一般问题不大，但若地基土湿陷性严重，水敏感性较为强烈，后续在水的作用下土颗粒流失而引起路面塌陷的风险亦较大。

图 8.3-2　地基沉陷、基底脱空、桩体裸露

图 8.3-3　道路塌陷

（4）"削山造地"工程场地上的各建筑物主体安全仍有待时间的检验。在"削山造地"场地进行桩基础施工，当黄土层或填土层厚度较大时，桩底沉渣厚度的控制是一大难题，如何减少在下放钢筋笼过程中因钢筋笼剐蹭桩孔孔壁而产生的掉渣和如何处理下放钢筋笼后在孔底堆积的沉渣，是现今最为困扰现场施工人员的问题。为预防因桩底沉渣厚度大而

造成桩基础承载力不符合要求的现象产生，设计会考虑采取桩底后压浆的施工工艺，该工艺在较大幅度增加工程造价的同时，并不能适用于桩底沉渣厚度较大的情况。近年来，兰州已发生的多起建筑物倾斜超标事件均与桩底沉渣未清理干净有关。但考虑到实际工程中未采取桩底后压浆的施工工艺的桩基础仍较多，且各"削山造地"工程竣工、交付使用的时间尚短，地基土的负摩阻力尚未充分发挥，原设计桩基础桩端承载力未发挥作用或发挥作用较小，桩底沉渣压缩未完成，现阶段的建筑物沉降稳定其实是暂时的假稳定状态，从建筑物长期使用而言，主体沉降是否最终稳定仍有待时间的检验。

如某挖填改造项目，位于填方区的几栋高层建筑物（25 层），均采用端承桩基础，基底下最大填方厚度约 30m，于 2017 年年底竣工，验收时建筑物沉降监测结果显示沉降已处于"稳定"状态，待住户入住一年半之后，发现邻近建筑物道路下污水管道破裂、渗漏，同时造成地面出现了大范围、明显的沉陷，在探查过程中发现建筑物筏板底之下的地基土出现了严重的脱空现象，故对该几栋建筑物重新进行变形监测（图 8.3-4）。倾斜率监测结果显示，住户入住后因受到水的影响，建筑物出现了较大的二次沉降。

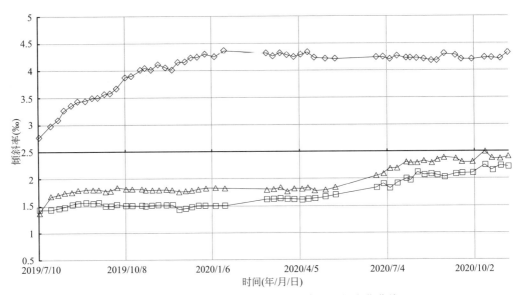

图 8.3-4　某填方场地高层建筑倾斜率随时间变化曲线

（5）填土地基处理难度大。因兰州地区黄土含水率偏低，一般挖填改造场地填土（粉土）含水率通常介于 3%～5%，平均值为 7%～8%，远低于最优含水率。目前，针对此类地层兰州地区常用的地基处理方法有换填法、强夯法、沉管挤密法、DDC 法、SDDC 法，各种方法处理深度不同、优缺点不同，总体而言应用最多、工艺最成熟、处理效果最好的还是换填法、强夯法和沉管挤密法。其中，换填法、强夯法适用于浅层填土处理，沉管挤密法最大可达 22m。若需处理更深，则必须选择 DDC 法或 SDDC 法。然而，因填土的低含水率且增湿困难、施工过程难以控制，最终处理的效果基本失控。

如某典型挖填改造场地内填土孔隙比介于 0.703～1.126，平均为 0.911，考虑到部分填土过于松散无法取样，填土的实际孔隙比更大。为验证地基处理效果，进行了不同桩间距的沉管挤密法现场试验。如图 8.3-5 所示，从试验检测结果看，设计 22m 沉管挤密法地基处理（0.4m 桩径）的实际有效处理深度仅为 18m，且为达到处理效果，桩间距不宜大于 0.75m；而兰州地区含水率相对适宜的原状湿陷性黄土地基，采用沉管挤密法处理时，桩间距一般为 0.95～1.0m。

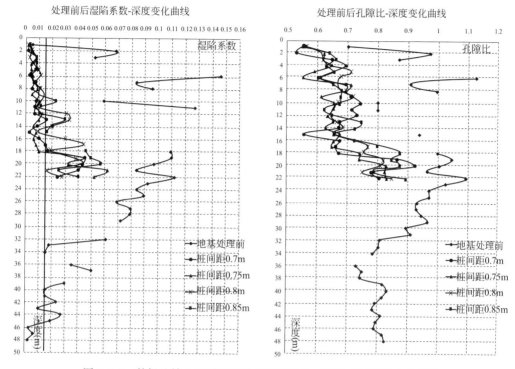

图 8.3-5　某场地填土地基处理前后湿陷系数、孔隙比随深度变化曲线

（6）填方区桩基负摩阻力取值问题。如某典型挖填改造场地建设项目，拟建建筑物主要为 11～26 层高层住宅楼、1 层附属商业、-1～-2 层整体地下车库，其中浅挖方区和浅填方区均采用以下部基岩为持力层的端承桩基础方案。根据设计文件，该项目单桩设计承载力特征值约 4000kN，根据负摩阻力大小不同，调整桩端入岩深度。按自重湿陷量差异，浅挖方区桩侧平均负摩阻力特征值取 10kPa 或 15kPa；填方区（上部填土全深度沉管挤密处理，消除湿陷性；因设备能力，下部湿陷性马兰黄土无法处理）桩侧平均负摩阻力特征值按已处理填土和未处理湿陷性马兰黄土深度范围统一取 15kPa。从理论上说，如果下部马兰黄土浸水湿陷，上部挤密处理后的填土层桩侧平均负摩阻力特征值取值是否合理，还值得深究。

（7）基坑肥槽回填质量普遍无法达到设计要求。因紧邻建筑的肥槽内工作面较为狭窄，且分布有进出建筑物的各种管道（线），回填施工难度相对较大；加之思想上的不重视，认为只要主体结构基础可靠，肥槽回填密实与否影响不大，兰州地区大厚度湿陷性黄土、"削山造地"场地工程建设普遍存在肥槽回填质量差的问题。后期，肥槽内填土逐步下沉，引起位于肥槽上方的建筑物周边散水下沉、脱空、断裂，见图 8.3-6。地表水随之汇入，填土下沉加剧，进而导致进出建筑物管道（线）接头拉断，尤其是雨污水管道断裂、渗漏，造成湿陷性黄土或填土地基大面积、长时间浸水，会引发一系列工程问题，影响建筑物正常使用，甚至危及建筑物安全。

（8）忽视填方边坡稳定性及高边坡坡面的水土保持问题。首先，由于无组织回填，为

图 8.3-6　某项目肥槽回填及后期沉陷情况

追求进度，在原始梁峁斜坡地带一般采取从上往下推填的方式，原始边坡坡面处基本未采取任何的处理措施，在该处易形成滑动面，加之推填形成的边坡坡度一般较陡，填方体亦较为松散，填方边坡的稳定治理和变形控制问题较为突出，甚至危及坡顶建筑安全。其次，普遍重视边坡整体稳定性安全（结构性措施），忽视了边坡坡面的安全（坡面防冲刷、生态绿化措施），在雨水的长期冲刷下，裸露坡面破坏严重，不仅影响视觉美观，而且雨水携带的大量泥土又会造成雨水管道淤塞。

（9）填方体变形监测环节缺失。对于"削山造地"场地，填方体的变形监测数据是预测其沉降稳定时间、判断其沉降是否稳定、确定其可否用于工程建设的重要依据。据了解，在兰州地区的"削山造地"项目中，对填方体的变形监测数据较少且不规范，而大多数项目则是环节缺失。

8.4　应对措施

正如前文所述，兰州北拓和兰州新区"削山造地"工程在为城市发展、扩张带来好处的同时，也存在着诸多值得引起大家关注和警惕的问题或不足。尤其是在兰州地区降雨量呈逐年上升的趋势下，"削山造地"建设场地上与水相关的工程问题将会越演越烈。有关部门应通过及时、有效的控制措施，努力将不利影响降到最低，让兰州北拓和兰州新区的"削山造地"工程，即低丘缓坡沟壑等未利用地综合开发利用，为兰州经济社会发展、生态文明建设以及和谐美好的生活作出应有的贡献。

（1）在此类大厚度黄土挖填改造场地进行工程建设，工程的成败不仅仅取决于地质、岩土、结构专业细致、周全的勘察、设计工作，还依赖于建筑规划、园林景观、小区给水排水管网、施工质量管控、成本控制等；其是系统性工程，需要各专业结合特殊的地质条件和工程经验教训，高度重视、协调一致、相互妥协。

（2）就兰州地区"削山造地"工程建设的现状而言，建议建筑物尽量布设在挖方区，填方区进行建设时，应对填土进行全深度地基处理；否则，应予以避让。

（3）建议对"削山造地"工程由政府牵头组织实施，或通过行政干预规范实施程序，改变无序挖填、粗暴平地卖地的现状。要求对拟实施的"削山造地"工程先进行可行性论证，然后对该工程进行岩土工程综合设计并予以评审，再严格遵照评审通过后的设计方案进行挖填施工，施工过程中应加强回填质量的检测与控制，同时严格遵照相关规范要求埋设必要的监测器件并进行长期监测，最后还需对该"削山造地"工程进行验收，验收通过后方可用于工程建设。

（4）建议针对兰州地区大厚度湿陷性黄土"削山造地"场地治理技术、大厚度填土变形规律及控制技术、桩底沉渣控制技术、肥槽回填质量控制关键技术、黄土高填方边坡变形特性及新型支挡结构体系、"削山造地"建设场地水环境变化、冲洪积地层内土夹层工程性质等方面立项进行科研攻关。

（5）收集地区成功或失败的已有挖填改造场地工程资料，汲取成功经验和失败教训，组织省内相关科研院所和勘察设计单位专业技术人员研讨，以期形成基于现有认识和成果的兰州地区"削山造地"场地工程建设标准手册。

结　语

秦王川地区是建设与发展兰州新区的空间载体,在该区域内实施的引大入秦灌溉工程和黄土丘陵区挖山填沟造地工程,是不同时期、不同区域体现工程建设与环境地质之间相互作用、相互影响最为典型的工程案例,能够反映兰州新区开发建设的一些区域性工程问题和共同性问题。兰州中川国际机场建设项目(包括历期扩建),则是该区域内建设周期最长、建设范围最广、建设内容最全、系统性最强的综合性大型工程群体,能够反映对一些典型岩土工程问题的认知发展、认知程度和认知检验。甘肃中建勘察院自 20 世纪 60 年代末开始涉足秦王川地区的工程地质勘察工作,五十余年来,从未脱离过这片土地,并且以上述典型工程为主要平台,开展岩土工程勘察、岩土工程设计、岩土工程咨询、岩土工程治理、岩土工程检测与监测等工作,获取了大量的基础性勘测设计成果和验证性检测与监测资料,在充分分析和研究这些资料的基础上,梳理出了一些影响或制约工程建设的典型岩土工程问题及环境地质问题,针对这些问题,参与研究的技术人员,通过系统查阅相关的国内外文献资料及综合分析来提高认知程度,并结合实际工程开展了多项专题研究,获得了一些新的研究进展,取得了一些实用性成果和观点。

1. 区域地下水位变化趋势分析与评价方面

(1) 秦王川盆地地下水的补给来源主要有盆地北部山区基岩裂隙水、沟谷潜流、盆地内降水入渗、灌溉渠系水入渗和田间灌溉水入渗,其中,灌溉渠系水入渗和田间灌溉水入渗是盆地地下水的主要补给源之一。盆地内第四系孔隙潜水总的径流方向是由北向南运动,地下水主要沿数个古沟槽自北向南运动,地下水呈股状流而不是呈面流。地下水的排泄形式主要有潜水溢出、地面蒸发、沟谷潜流及人工开采等,其中,潜水溢出和沟谷潜流是主要的地下水排泄方式。

(2) 盆地内地下水以沟谷潜流排泄的主要出口分布在盆地的东南部,自北而南有大槽沟、西岔沟和姚家川沟。各沟谷地下水潜流排泄量分别为:大槽沟 $134.9 \mathrm{m}^3/\mathrm{d}$,西岔沟 $545.8 \mathrm{m}^3/\mathrm{d}$,姚家川沟 $50.1 \mathrm{m}^3/\mathrm{d}$。

(3) 结合引大入秦灌区的实际,对灌区降雨入渗补给系数、灌溉入渗补给系数、潜水蒸发等问题进行了深入的研究,并提出了确定方法。

(4) 本区地下水补给总量为 $2430.0929 \times 10^4 \mathrm{m}^3$,地下水排泄总量为 $474.324 \times 10^4 \mathrm{m}^3$,二者相差 $1955.7689 \times 10^4 \mathrm{m}^3$,与均衡期地下水储量变化量 $1914.2845 \times 10^4 \mathrm{m}^3$ 非常接近,呈正均衡状态,表明各均衡要素的分析计算是比较合理和准确的,计算方法及计算参数能够正确反映客观实际。

(5) 东一干渠以北地区,地下水位上升值和下降值基本接近,可认为该区水位变幅值近似为零;东一干渠以南地区,地下水位普遍上升,均衡期内地下水位年平均上升幅度约 0.6933m,与机场区地下水动态观测结果基本一致。

(6) 利用地下水数学模型预测结果，获得了秦王川灌区和机场区在引大入秦工程实施后 5、10、15 年末的地下水上升预测结果，并绘制了相应的地下水位、埋深、上升幅度等值线图。

(7) 引大入秦灌溉实施 15 年后，机场区地下水位基本上处于角砾层面以下 5～15m 的位置和暗埋砂井砂巷等不良地质体的下部，只有在跑道西侧停机坪的局部地带地下水位可上升至角砾层中。因此，地下水位上升不会对拟建机场跑道土基产生不良影响。

(8) 2012 年兰州新区成立后，秦王川盆地地下水补给条件发生了根本性变化，应进一步完善兰州新区地下水动态监测网，合理规划布局水位上升影响区的土地开发利用。

2. 暗埋不良体探查技术方面

(1) 暗埋不良地质体是秦王川地区历史上历代农民旱田耕作时为压砂保墒而开挖砂坑、砂巷或竖井平巷采掘砂砾后形成的洼坑或空洞，后经坍落或水田改造平整土地时填埋以及灌溉浇水陷落而成的软弱地质体。

(2) 暗埋不良地质体的成因类型和形态特征随表层黄土厚度而定，并随后期农田平整与灌溉入渗等人类活动因素而演变。其规模大小与农民采砂方式、历时长短有关，其类型可划分为填埋型、塌陷型和空洞型三类。

(3) 与小煤窑采空区、人防工程、岩溶土洞等同类探查对象相比，暗埋砂坑砂巷具有成因的随意性、后期演变的复杂性和缺乏明显的探测物性条件的典型特征。

(4) 暗埋不良地质体探查应坚持以地面调查和多种物探为先导普查手段，以钻探、触探为详查验证手段，进行综合探查。物探与常规勘察工作应互相沟通，紧密结合，克服和排除对物探工作的片面认识与干扰，发挥各种勘察手段的优势，进行综合分析与判定。

(5) 物探工作应坚持由已知到未知、由点到面、由简单到复杂、多种方法互相补充印证、反复研究、逐步认识的工作原则。在缺乏探查经验的工程场地上应进行物探前期试验与验证，选择适宜有效的物探方法。

(6) 单纯依靠或片面强调钻探与触探等常规手段的作用，工作无的放矢，将大量浪费探查工作量并易漏探造成隐患，而片面强调物探或地面调查的作用，则易出现误判漏探，将浪费处理工程量或造成工程隐患。

(7) 采用定性与定量评价相结合的方法分析了空洞型暗埋不良地质体的稳定性，定量分析评价了黄土类空洞顶板在天然状态、浸水状态和受力状态下的稳定性。

(8) 由于农田掏砂活动的随意性和后期演变的复杂性，要详细圈定暗埋不良地质体的平面与立面形态将花费大量工作量。一般工程勘察只要确定其平面分布位置、范围、顶板深度、坍落或充填状态及成因类型，即可满足地基处理设计对范围和深度的要求。

3. 深层地基土工程特性研究方面

(1) 针对角砾层下细颗粒地基土、地下水位以下深层地基土和泥岩层，分别采用"麻花钻＋机械洛阳铲＋人工刻槽取样"、TS-1 型单动双管薄壁取土器取样、"双层岩芯管钻进＋单动双管取样器取样"的方式和钻探施工工艺，解决了采取高质量试验样品的问题。

(2) 针对深部不同层位的粉质黏土及泥岩，分别进行了旁压试验，均得到较完整的旁压曲线，表明旁压试验对于兰州新区的各层地基土均是适宜而高效的原位测试方法。

(3) 将旁压试验与室内试验确定的地基承载力进行对比，不同方法所得地基承载力数值大小有所差别，通过旁压试验确定的地基承载力普遍大于室内试验，但随着地基土的变化总体变化趋势是相同的。

（4）根据旁压试验成果分析，岩土体达到临塑压力 p_f 之后破坏曲线发展仍相对缓慢，达到极限压力 p_L 仍需一段时间，建筑物施工完毕之后所产生的地基土附加压力是永久性的，而本次目标地基土层土体破坏模式多属蠕变破坏，故考虑地基土附加压力的受力模型和破坏模式，承载力取值建议时，选取利用临塑压力 p_f 法为主，极限压力 p_L 法进行复核。

（5）对于地基土层的压缩模量指标，通过固结试验直接测定指标与旁压试验的计算数值相差不大，证明了旁压试验在推算土体压缩模量的计算中有很好的应用。旁压试验测试技术与固结试验相比来看，优势在于试验目标更接近工程实际，并且更具有针对性，在一些难以取样进行室内试验的情况下，可以有效地进行测试。

（6）旁压试验能较好地反映岩体在一定围压状态下的强度特征及不同深度处的应力状态，在确定软岩地基承载力方面具有独特的优势。

（7）对于长桩及超长桩，试桩在整个抗压静载试验过程中，所有地层桩身侧摩阻力均有发挥，除部分地层侧摩阻力达到极限外，多数地层侧摩阻力随加载量增加而逐渐增大，未达收敛状态，实际测试的侧摩阻力普遍高出勘察建议值 2.0～3.0 倍。

（8）长桩及超长桩的桩端阻力占加载荷载总量的比例最大不超过 10%，呈端承摩擦桩和摩擦桩受力特征。

4. 湿陷性黄土地基处理方面

（1）素土沉管挤密桩与预钻孔夯扩挤密桩均可有效挤密地基土，消除地基土湿陷性；但沉管挤密技术处治后地基土挤密系数、湿陷性消除效果、桩侧摩阻力等土性参数和工程指标均优于预钻孔夯扩挤密桩，且指标离散性小，稳定性好。对于常规厚度为 20m 内的湿陷性黄土场地采用沉管挤密技术优于预钻孔夯扩挤密技术。

（2）挤密处治后的湿陷性黄土地基对小直径刚性桩桩侧摩阻力近似矩形分布，当应用 Geddes 公式计算沉降时，可采用矩形分布模型。

（3）素土挤密桩复合地基 p-s 曲线呈缓变型特征，素土挤密桩复合地基中素土桩与桩间土应力比小，为 1.5 左右；且素土桩轴力衰减快，桩体作用差。其地基承载力的提高机理主要为成桩过程中对桩间土的改良作用，密实的桩间土承担了约 80% 的上部荷载。

（4）刚性桩-素土挤密桩组合型复合地基可有效地挤密地基土、消除湿陷性，且复合地基承载力特征值可达到 500kPa 以上，通过增大刚性桩置换率，地基承载力仍有进一步提升的潜力，可满足常规超高层建筑要求。

（5）刚性桩-素土挤密桩复合地基主要作用机理为：采用素土挤密桩处理湿陷性黄土地基，挤密并置换了部分湿陷性黄土，改善了其土体性质，消除了地基湿陷性，初步提高了地基承载力，使桩土负摩阻力变成了正摩阻力，同时挤密后的地基土侧摩阻系数得到了提高。采用强度高的刚性桩进一步加固素土挤密桩复合地基，刚性桩可将上部荷载传递至湿陷性黄土以下较坚硬地层，从而大幅度提高了原挤密地基的承载力并减少了地基沉降。

（6）褥垫层改善了刚性桩-素土挤密桩复合地基中刚性桩、素土挤密桩以及土的共同作用特征。褥垫层设置减少了刚性桩的应力集中，使素土挤密桩、桩间土在受荷初期便参与了承担荷载，改良了复合地基的工作性能，对保证桩土共同承担荷载起着明显的效用，是保证桩土共同作用形成复合地基的一项重要措施。

（7）在褥垫层作用下，刚性桩-素土挤密桩复合地基 p-s 曲线呈缓变型，设计中可采用"沉降控制"的原则确定地基承载力特征值。

（8）刚-柔性桩复合地基中刚性桩存在临界桩长；刚性桩桩长改变对刚-柔性桩复合地基的变形特性影响较大。刚性桩模量对刚-柔性桩复合地基承载变形特性影响很小。

5. 大厚度挖填场地治理方面

（1）归纳总结兰州削山造地建设中存在的主要工程问题有九类：一是一定程度上加剧了暴雨所引发山洪灾害的严重程度；二是使用阶段场地地下水环境变化问题；三是工程建成后在使用阶段场区地面塌陷现象较为严重；四是削山造地工程场地上的各建筑物主体安全仍有待时间的检验；五是填土地基处理难度大；六是填方区桩基负摩阻力取值问题；七是基坑肥槽回填质量普遍无法达到设计要求；八是忽视填方边坡稳定性及高边坡坡面的水土保持问题；九是填方体变形监测环节缺失。

（2）在大厚度黄土挖填改造场地进行工程建设，工程的成败不仅仅取决于地质、岩土、结构专业细致、周全的勘察、设计工作，还依赖于建筑规划、园林景观、小区给水排水管网、施工质量管控、成本控制等；其是系统性工程，需要各专业结合特殊的地质条件和工程经验教训，高度重视、协调一致、相互妥协。

（3）就兰州地区"削山造地"工程建设的现状而言，建议建筑物尽量布设在挖方区，填方区进行建设时，应对填土进行全深度地基处理；否则，应予以避让。

（4）建议对"削山造地"工程由政府牵头组织实施，或通过行政干预规范实施程序，改变无序挖填、粗暴平地卖地的现状。要求对拟实施的"削山造地"工程先进行可行性论证，然后对该工程进行岩土工程综合设计并予以评审，再严格遵照评审通过后的设计方案进行挖填施工，施工过程中应加强回填质量的检测与控制，同时严格遵照相关规范要求埋设必要的监测器件并进行长期监测，最后还需对该"削山造地"工程进行验收，验收通过后方可用于工程建设。

（5）建议针对兰州地区大厚度湿陷性黄土"削山造地"场地治理技术、大厚度填土变形规律及控制技术、桩底沉渣控制技术、肥槽回填质量控制关键技术、黄土高填方边坡变形特性及新型支挡结构体系、"削山造地"建设场地水环境变化、冲洪积地层内土夹层工程性质等方面立项进行科研攻关。

（6）收集地区成功或失败的已有挖填改造场地工程资料，汲取成功经验和失败教训，组织省内相关科研院所和勘察设计单位专业技术人员研讨，以期形成基于现有认识和成果的兰州地区"削山造地"场地工程建设标准手册。

6. 其他方面

（1）兰州新区所处的大地构造部位属祁连山褶皱系中祁连隆起带的东段（II_3），所处的区域构造分区为陇中黄土高原轻微隆起区（I_{2-2}）。

（2）秦王川盆地西缘断裂规模小，未出露地表，亦不具有在地表形成破裂的构造能力和控制中强地震空间分布的控震能力，因此该断裂对秦王川盆地的构造稳定性不构成影响，亦不影响兰州新区的规划与发展。秦王川盆地东缘断裂不存在，盆地东缘与黄土丘陵地貌部分地段所显示的线性特征为古河道侵蚀作用所致，与断裂无关。

上述几方面的研究，是甘肃中建勘察院伴随兰州新区近十年的发展，针对兰州新区开发建设存在的区域性工程问题和共同性问题，紧密结合实际工程所进行的。这些研究成果有力支撑了相关的实际工程的建设，但也应该清醒地认识到，事物总是在发展变化的，这些研究有的还不够深入和系统，尚需要在未来进一步拓展和深入研究；有的研究背景条件已发生彻底改变，影响对象和影响方式也发生了变化，尚需要结合新的边界条件开展新的研究；有的还在初步探索阶段，尚需结合工程经验与教训进行概念化综合分析。所以，在未来对兰州新区典型岩土工程问题的研究，应继续遵循定性判断和定量计算兼顾、理论和经验并重的指导方针，把为兰州新区的工程建设提供高质量技术服务作为开展研究工作的主旨目标。

人们对自然规律的认知过程是一个循序渐进的过程，发展无止境，创新是永恒。这是我们岩土人应该秉承的科学理念，也是我们岩土人应该具有的探索精神。

参 考 文 献

[1] 李吉均，方小敏，潘保田，等．新生代晚期青藏高原强烈隆起及其对周边环境的影响［J］．第四纪研究，2001，（5）：381-391．

[2] 柳煜，李明永，刘洪春，等．秦王川盆地西缘断裂活动性综合研究及盆地成因分析［J］．震灾防御技术，2019，14（1）：138-151．

[3] 袁道阳，刘百篪，张培震，等．兰州庄浪河断裂带的新构造变形与地震活动［J］．地震学报，2004（5）：626-632．

[4] 张向红，杨斌，周俊喜，等．兰州中川民用机场扩建工程场地隐伏活断层探测研究［J］．西北地震学报，2000，22（4）：107-113．

[5] 袁道阳，杨斌，周俊喜，等．兰州秦王川盆地形成和演化特征的初步研究［J］．西北地震学报，2000，22（3）：89-93．

[6] 袁道阳，刘小凤，郑文俊，等．兰州地区活动构造格架与变形特征［J］．地质学报，2004，78（5）：626-632．

[7] 戴聚昌，袁道阳．兰州地区活动构造的基本特征［J］．高原地震，2002，14（3）：35-40．

[8] 潘世兵，王忠静．延安河西走廊地下水系统数值模拟中的几个问题探讨［J］．工程勘察，2003，12（6）：27-30．

[9] 曲焕林．中国干旱半干旱地区水资源评价［M］．北京：科学出版社，1991．

[10] 朱中华．甘肃省引大入秦工程秦王川南部灌区地下水动态分析研究［D］．西安：西安理工大学，2004．

[11] 魏国孝，王刚，李常斌，等．秦王川盆地南部地下水流场数值模拟［J］．兰州大学学报，2006，42（6）：16-21．

[12] 方祥位，申春妮，汪龙．Q2黄土浸水前后微观结构变化研究［J］．岩土力学，2013，34（5）：1319-1324．

[13] 毕美乐．基于粒观尺度的黄土湿陷机理研究［D］．西安：长安大学，2020．

[14] 邵生俊，李骏，李国良．大厚度自重湿陷黄土湿陷变形评价方法的研究［J］．岩土工程学报，2015，37（6）：965-978．

[15] 杨校辉，黄雪峰，朱彦鹏．大厚度自重湿陷性黄土地基处理深度和湿陷性评价试验研究［J］．岩石力学与工程学报，2014，33（5）：1063-1074．

[16] 张继周．黄土地基湿陷性处理技术探讨［J］．甘肃水利水电技术，2020，56（10）：56-61．

[17] 谢婉丽，王延寿，马中豪．黄土湿陷机理研究现状及发展趋势［J］．现代地质，2015，29（2）：397-407．

[18] 姚志华，黄雪峰，陈正汉．兰州地区大厚度自重湿陷性黄土场地浸水试验综合观测研究［J］．岩土工程学报，2012，34（1）：65-74．

[19] 李保雄，牛永红，苗天德．兰州马兰黄土的水敏感性特征［J］．岩土工程学报，2007，（2）：294-298．

[20] 黄雪峰，杨校辉．湿陷性黄土现场浸水试验研究进展［J］．岩土力学，2013，34（S2）：222-228．

[21] 王雪浪．大厚度湿陷性黄土湿陷变形机理、地基处理及试验研究［D］．兰州：兰州理工大学，2012．

[22] 黄雪峰，陈正汉，方祥位．大厚度自重湿陷性黄土地基处理厚度与处理方法研究［J］．岩石力学

与工程学报，2007，（S2）：4332-4338.

[23] 张世径，黄雪峰，朱彦鹏，等．大厚度自重湿陷性黄土地基处理深度和剩余湿陷量问题的合理控制 [J]．岩土力学，2013，34 (S2)：344-350.

[24] 沈萍．结合工程实例浅谈兰州新区地基处理经验 [J]．城市道桥与防洪，2020，(3)：43-44，11.

[25] 朱熙明．结合兰州新区 NCE10#路道路工程浅析湿陷性黄土路基处理方案的比选 [J]．城市道桥与防洪，2021 (1)：61-63，10.

[26] 张森安，龙照，何腊平．兰州彭家坪大厚度黄土场地湿陷性评价与基础选型探讨 [J]．西部探矿工程，2013 (6)：14-18.

[27] 张森安，刘若琪．兰州地区大厚度湿陷性黄土场地岩土工程问题 [J]．工程勘察，2006 (S1)：344-348.

[28] 陈海军．兰州新区湿陷性黄土地基处理 [J]．西安科技大学学报，2014，34 (2)：204-209.

[29] 钱鸿缙，罗宇生．湿陷性黄土地基 [M]．北京：中国建筑工业出版社，1985.

[30] 关文章．湿陷性黄土工程性能新篇 [M]．西安：西安交通大学出版社，1992.

[31] 高国瑞．黄土湿陷变形的结构理论 [J]．岩土工程学报，1990 (4)：1-10.

[32] 冯连昌，郑晏武．中国湿陷性黄土 [M]．北京：中国铁道出版社，1982.

[33] 裴章勤，刘卫东．湿陷性黄土地基处理 [M]．北京：中国铁道出版社，1992.

[34] 吕永平．钻孔夯密桩处理湿陷性黄土地基的试验研究，湿陷性黄土地区地基处理工程实录 [M]．北京：中国建筑工业出版社，2003.

[35] 龚贵林．换填法与灰土挤密桩法处理湿陷性黄土地基试验研究 [D]．兰州：兰州交通大学，2015.

[36] 朱彦鹏，杜晓启，杨校辉．挤密桩处理大厚度自重湿陷性黄土地区综合管廊地基及其工后浸水试验研究 [J]．岩土力学，2019，40 (8)：2914-2924.

[37] 米海珍，杨鹏．挤密桩处理湿陷性黄土地基的现场试验研究 [J]．岩土力学，2012，33 (7)：1951-1956，1964.

[38] 郭院成，周同和，刘丽娜．复合地基处理湿陷性的机理研究 [J]．河南科学，2001，9 (2)：180-183.

[39] 龚晓南．复合地基理论及工程应用 [M]．北京：中国建筑工业出版社，2003.

[40] 刘海涛，谢新宇．刚-柔性桩复合地基试验研究 [J]．岩土力学，2005，26 (2)：303-306.

[41] 陈丽萍．长短桩复合地基设计理论研究 [D]．武汉：武汉理工大学，2007.

[42] 朱奎．刚柔性桩复合地基特性研究 [D]．杭州：浙江大学，2006.

[43] 张森安，曹程明，项龙江，等．自重湿陷性黄土挤密处理后刚性桩侧阻力的确定 [J]．山西建筑，2014，40 (1)：72-74.

[44] 齐善忠，付春梅．灰土挤密法在高层建筑湿陷性黄土地基中的应用 [J]．煤炭工程，2011，(6)：47-49.

[45] 连杰明．挤密法处理湿陷性黄土地基主要设计指标探讨 [J]．水文地质工程地质，2012，39 (6)：87-92.

[46] 陈岳飞．灰土挤密法在消除黄土湿陷性方面的实际应用 [J]．地球，2012，(11).

[47] 龚晓南．复合地基引论 [J]．地基处理，1991，2 (3).

[48] 龚晓南．复合地基理论及工程应用 [M]．北京：中国建筑工业出版社，2002.

[49] 龚晓南．复合地基 [M]．杭州：浙江大学出版社，1992.

[50] 叶书麟．地基处理工程实例应用手册 [M]．北京：中国建筑工业出版社，1998.

[51] 阎明礼，张东刚．CFG 桩复合地基技术及工程实践 [M]．北京：中国水利水电出版社，2001.

[52] 郑俊杰，区剑华，吴世明，等．多元复合地基的理论与实践 [J]．岩土工程学报，2002 (2)：

208-212.

[53] 刘奋勇，杨晓斌，刘学．混合桩型复合地基试验研究［J］．岩土工程学报，2003（1）：71-75.

[54] 龚晓南．复合桩基与复合地基理论［J］．地基处理，1999，（1）．

[55] 王长科，郭新海．基础-垫层-复合地基共同作用原理［J］．土木工程学报，1996，29（5）．

[56] 毛前，龚晓南．桩体复合地基柔性垫层的效用研究［J］．岩土力学，1998，（2）：67-73.

[57] 朱小友，尹华滦．二元组合桩基及其在高层建筑中的应用［J］．建筑结构，1999，（12）．

[58] 戴浩，王兴梅，刘祖德．刚性桩复合地基设计和施工中一些问题的探讨［J］．岩土工程技术，2000：12-16：11-16.

[59] 白晓红，葛忻声，解秀娟．两种桩体材料复合地基性状的对比研究［J］．岩土力学，1997，18（3）：75-81.

[60] 郑俊杰，区剑华，吴世明，等．多元复合地基的理论与实践［J］．岩土工程学报，2002，24（2）．

[61] 刘海涛，谢新宇，程功，等．刚-柔性桩复合地基试验研究［J］．岩土力学，2005，26（2）．

[62] 周德泉，张可能，刘宏利．组合桩型复合地基桩、土受力特性的试验对比与分析［J］．岩石力学与工程学报，2005，24（5）：872-879.

[63] 李国维，杨涛．柔性基础下复合地基桩土应力比现场试验研究［J］．岩土力学，2005，26（2）：265-269.

[64] 赵明华，何腊平，张玲．柔性基础下刚性桩复合地基沉降计算［J］．公路交通科技，2010，27（5）：72-77，82.

[65] 吕伟华，缪林昌．刚性桩复合地基桩土应力比计算方法［J］．东南大学学报（自然科学版），2013，43（3）：624-628.

[66] 但汉成，李亮，赵炼恒，等．CFG桩复合地基桩土应力比计算与影响因素分析［J］．中国铁道科学，2008，29（5）：7-12.

[67] 朱奎，魏纲，徐日庆．刚-柔性桩复合地基中桩荷载传递规律试验研究［J］．岩土力学，2009，30（1）：201-205，210.

[68] 朱奎，徐日庆．有无褥垫层刚-柔性桩复合地基性状对比研究［J］．岩土工程学报，2006，28（10）：1230-1235.

[69] 朱奎，徐日庆，吴冬虎，等．刚-柔性桩复合地基荷载分担比研究［J］．浙江大学学报（工学版），2008，42（2）：359-363.

[70] 朱奎，徐日庆，郭印．刚-柔性桩复合地基中承载性状原位试验研究［J］．浙江大学学报（工学版），2008，42（1）：72-76，115.

[71] 朱奎，徐日庆，吴冬虎，等．刚-柔性桩复合地基中刚性桩和自由状态下刚性桩性能比较［J］．岩土力学，2007，28（11）：2353-2358.

[72] 陈龙珠，梁发云，严平，等．带褥垫层刚-柔性桩复合地基工程性状的试验研究［J］．建筑结构学报，2004，25（3）：125-129.

[73] 朱奎，吴冬虎，邵少锋，等．刚-柔性桩复合地基静荷载试验探讨［J］．铁道建筑，2006，（5）：67-70.

[74] 顾宝和．岩土工程典型案例述评［M］．北京：中国建筑工业出版社，2015.

[75] 董琪，李阳，段旭，等．黄土梁峁区高填方地基变形规律研究［J］．工程地质学报，2016，24（2）：309-314.

[76] 梅源．湿陷性黄土高填方地基处理技术及稳定性试验研究［D］．西安：西安建筑科技大学，2013.

[77] 高建中，等．延安新区黄土丘陵沟壑区域工程造地实践［M］．北京：中国建筑工业出版社，2019.